《数学中的小问题大定理》丛书（第七辑）

斯蒂尔杰斯积分

——从一道国际大学生数学竞赛试题的解法谈起

刘培杰数学工作室 编

- ◎ 微积分基本定理
- ◎ Stieltjes 与 Stieltjes 积分
- ◎ Stieltjes 积分和抽象积分的极限性质
- ◎ Stieltjes 积分的单调收敛定理
- ◎ Stieltjes 积分及其应用
- ◎ 非线性 Volterra-Stieltjes 积分方程的解

哈尔滨工业大学出版社
HARBIN INSTITUTE OF TECHNOLOGY PRESS

内容提要

本书共分三编：第一编为引言，主要介绍了 Stieltjes 与 Stieltjes 积分、Radon-Stieltjes 积分等；第二编为性质篇，主要介绍了 Stieltjes 积分和抽象积分的极限性质、Riemann-Stieltjes 积分和积分中值定理等相关知识；第三编为应用篇，重点介绍了 Stieltjes 积分及其应用、用 Lebesgue-Stieltjes 积分定义的双曲型方程广义解等知识。

本书适合大学师生及数学爱好者阅读参考。

图书在版编目（CIP）数据

斯蒂尔杰斯积分——从一道国际大学生数学竞赛试题的解法谈起/刘培杰数学工作室编．—哈尔滨：哈尔滨工业大学出版社，2024.12．——ISBN 978-7-5767-1665-8

Ⅰ．O172.2

中国国家版本馆 CIP 数据核字第 20243VN269 号

SIDIERJIESI JIFEN

策划编辑	刘培杰　张永芹
责任编辑	聂兆慈
封面设计	孙茵艾
出版发行	哈尔滨工业大学出版社
社　　址	哈尔滨市南岗区复华四道街 10 号　邮编 150006
传　　真	0451—86414749
网　　址	http://hitpress.hit.edu.cn
印　　刷	哈尔滨久利印刷有限公司
开　　本	787 mm×1 092 mm　1/16　印张 14.75　字数 289 千字
版　　次	2024 年 12 月第 1 版　2024 年 12 月第 1 次印刷
书　　号	ISBN 978—7—5767—1665—8
定　　价	68.00 元

（如因印装质量问题影响阅读，我社负责调换）

目录

第一编 引言 ⋯⋯⋯⋯⋯⋯⋯⋯⋯⋯⋯⋯⋯⋯⋯⋯⋯⋯⋯⋯⋯ 1

第1章 两道竞赛试题的积分方法 ⋯⋯⋯⋯⋯⋯⋯⋯⋯⋯⋯ 3

第2章 一文搞懂的微积分 ⋯⋯⋯⋯⋯⋯⋯⋯⋯⋯⋯⋯⋯⋯ 7
§1 从面积说起 ⋯⋯⋯⋯⋯⋯⋯⋯⋯⋯⋯⋯⋯⋯⋯⋯⋯ 7
§2 一千年以后 ⋯⋯⋯⋯⋯⋯⋯⋯⋯⋯⋯⋯⋯⋯⋯⋯⋯ 10
§3 严密性和实用性 ⋯⋯⋯⋯⋯⋯⋯⋯⋯⋯⋯⋯⋯⋯⋯ 12
§4 初见积分 ⋯⋯⋯⋯⋯⋯⋯⋯⋯⋯⋯⋯⋯⋯⋯⋯⋯⋯ 14
§5 直线和斜率 ⋯⋯⋯⋯⋯⋯⋯⋯⋯⋯⋯⋯⋯⋯⋯⋯⋯ 16
§6 曲线和切线 ⋯⋯⋯⋯⋯⋯⋯⋯⋯⋯⋯⋯⋯⋯⋯⋯⋯ 18
§7 初见微分 ⋯⋯⋯⋯⋯⋯⋯⋯⋯⋯⋯⋯⋯⋯⋯⋯⋯⋯ 19
§8 导数 ⋯⋯⋯⋯⋯⋯⋯⋯⋯⋯⋯⋯⋯⋯⋯⋯⋯⋯⋯⋯ 20
§9 导数的意义 ⋯⋯⋯⋯⋯⋯⋯⋯⋯⋯⋯⋯⋯⋯⋯⋯⋯ 22
§10 互逆运算 ⋯⋯⋯⋯⋯⋯⋯⋯⋯⋯⋯⋯⋯⋯⋯⋯⋯⋯ 23
§11 v-t 图像 ⋯⋯⋯⋯⋯⋯⋯⋯⋯⋯⋯⋯⋯⋯⋯⋯⋯⋯ 25
§12 原函数 ⋯⋯⋯⋯⋯⋯⋯⋯⋯⋯⋯⋯⋯⋯⋯⋯⋯⋯⋯ 27
§13 微积分基本定理 ⋯⋯⋯⋯⋯⋯⋯⋯⋯⋯⋯⋯⋯⋯⋯ 28
§14 数学的力量 ⋯⋯⋯⋯⋯⋯⋯⋯⋯⋯⋯⋯⋯⋯⋯⋯⋯ 30
§15 扩张的微积分 ⋯⋯⋯⋯⋯⋯⋯⋯⋯⋯⋯⋯⋯⋯⋯⋯ 32
§16 被忽略的无穷小 ⋯⋯⋯⋯⋯⋯⋯⋯⋯⋯⋯⋯⋯⋯⋯ 34
§17 柯西来了 ⋯⋯⋯⋯⋯⋯⋯⋯⋯⋯⋯⋯⋯⋯⋯⋯⋯⋯ 35
§18 Weierstrass 和 ε-δ 极限 ⋯⋯⋯⋯⋯⋯⋯⋯⋯⋯⋯⋯ 38
§19 积分的重建 ⋯⋯⋯⋯⋯⋯⋯⋯⋯⋯⋯⋯⋯⋯⋯⋯⋯ 39
§20 导数的重建 ⋯⋯⋯⋯⋯⋯⋯⋯⋯⋯⋯⋯⋯⋯⋯⋯⋯ 40
§21 微分的重建 ⋯⋯⋯⋯⋯⋯⋯⋯⋯⋯⋯⋯⋯⋯⋯⋯⋯ 41
§22 收官的 Lebesgue ⋯⋯⋯⋯⋯⋯⋯⋯⋯⋯⋯⋯⋯⋯⋯ 43
§23 结语 ⋯⋯⋯⋯⋯⋯⋯⋯⋯⋯⋯⋯⋯⋯⋯⋯⋯⋯⋯⋯ 44

第3章 Stieltjes 与 Stieltjes 积分 ⋯⋯⋯⋯⋯⋯⋯⋯⋯⋯⋯ 46
§1 Stieltjes 积分 ⋯⋯⋯⋯⋯⋯⋯⋯⋯⋯⋯⋯⋯⋯⋯⋯⋯ 47
§2 Lebesgue-Stieltjes 测度与积分 ⋯⋯⋯⋯⋯⋯⋯⋯⋯⋯ 50
§3 抽象可测函数及积分 ⋯⋯⋯⋯⋯⋯⋯⋯⋯⋯⋯⋯⋯ 52

第4章　Radon-Stieltjes 积分 … 54
　　§1　正测度的定义 … 54
　　§2　一维情形，Stieltjes 积分 … 55
　　§3　一般的 Radon 测度及其正部与负部的分解 … 56
　　§4　一维情形 … 59
　　§5　以 μ 为基的测度 … 61
　　§6　Lebesgue 分解，Lebesgue-Radon-Nikodem 定理 … 63
　　§7　L^p 上的连续线性泛函 … 66
　　§8　古典情形的 Lebesgue 分解 … 67
　　§9　各种各样的推广 … 68

第二编　性质篇 … 71

第1章　Stieltjes 积分和抽象积分的极限性质 … 73
　　§1　引言 … 73
　　§2　定理的证明 … 75
　　§3　附注 … 77
第2章　Riemann-Stieltjes 积分和积分中值定理 … 78
第3章　Stieltjes 积分中值定理的一个注记 … 81
第4章　Stieltjes 积分中值定理的一个补充 … 84
第5章　关于 Stieltjes 积分中值定理的一个注释 … 86
第6章　Stieltjes 积分存在的一个必要充分条件及其应用 … 89
第7章　Stieltjes 积分第二中值定理的一个注释 … 94
第8章　对 Stieltjes 积分的讨论 … 97
第9章　关于 Riemann-Lebesgue-Stieltjes 积分的两个性质的研究 … 104
第10章　从新视角看 Lebesgue 积分与 Riemann 积分的关系 … 108
第11章　关于无穷 Riemann 积分与 Lebesgue 积分的关系及其应用的若干注记 … 113
　　§1　预备知识 … 113
　　§2　无穷 Riemann 积分和 Lebesgue 积分的相互关系及其应用 … 115
　　§3　结束语 … 126
第12章　Stieltjes 积分的单调收敛定理 … 128
　　§1　引言 … 128
　　§2　单调收敛定理的证明 … 128

第三编　应用篇 … 133

第1章　Stieltjes 积分及其应用 … 135
　　§1　S 积分的定义 … 135
　　§2　几个预备定理 … 136
　　§3　应用举例 … 137
第2章　用 Lebesgue-Stieltjes 积分定义的双典型方程广义解 … 139
　　§1　引言 … 139

§2 广义解的定义及主要结果 ……………………………………… 140
　　§3 黏性方法 …………………………………………………………… 141
第3章　用 Lebesgue-Stieltjes 积分定义的间断解的存在唯一性 ……… 146
　　§1 黏性方法 …………………………………………………………… 148
　　§2 广义解的存在性 …………………………………………………… 150
　　§3 可允许解的唯一性 ………………………………………………… 153
第4章　非线性 Volterra-Stieltjes 积分方程的解 …………………………… 157
　　§1 引言 ………………………………………………………………… 157
　　§2 预备知识 …………………………………………………………… 157
　　§3 主要结果 …………………………………………………………… 158
第5章　二阶模糊随机过程均方 Henstock-Stieltjes 积分的收敛定理 …… 164
第6章　二阶模糊随机过程均方 Henstock-Stieltjes 积分 ………………… 171
　　§1 预备知识 …………………………………………………………… 171
　　§2 主要结果及证明 …………………………………………………… 173
第7章　Lebesgue 积分的应用及其注记 …………………………………… 177
　　§1 预备知识 …………………………………………………………… 177
　　§2 L 积分在 R 可积性中的应用及其注记 ………………………… 179
第8章　带 Stieltjes 积分边值条件奇异简支梁方程正解的全局分歧 …… 183
　　§1 引言 ………………………………………………………………… 183
　　§2 问题(8.1)Green 函数的性质及推论 …………………………… 184
　　§3 预备知识 …………………………………………………………… 185
　　§4 主要结果 …………………………………………………………… 187
　　§5 其他边值条件的 Green 函数的性质 …………………………… 190
第9章　弱收敛在 Lebesgue 积分中存在性证明及其具体应用 ………… 194
　　§1 Riemann 积分定义 ………………………………………………… 194
　　§2 Lebesgue 积分定义 ……………………………………………… 195
　　§3 Lebesgue 积分弱收敛存在的充要条件 ………………………… 196
　　§4 Lebesgue 积分在概率中的应用 ………………………………… 199
　　§5 结束语 ……………………………………………………………… 200
第10章 Wiener 积分过程的小波性质 ……………………………………… 202
　　§1 基本概念 …………………………………………………………… 202
　　§2 性质 ………………………………………………………………… 203

第一编

引 言

两道竞赛试题的积分方法

世界著名数学家 R. C. Buck 曾指出：

数学教学计划的拟定者不应该以牺牲数学动机和具体内容的数学来强调优美之处.

高校数学教学喜欢"高举高打"，以显示数学以及教育居于顶端的优越感，其实这对于数学的普及是非常不利的. 真正有效的做法似乎应该是"顶天立地"，起点要够低，终点要够高. 我们以 Stieltjes 积分为例，先从两个竞赛试题开始.

在 2000 年 IMC（国际大学生数学竞赛）第一天的比赛中，第四题是一道不等式相关题目：

(a) 证明：若 $\{x_i\}$ 是递减的正项数列，则

$$\Big(\sum_{i=1}^{n} x_i^2\Big)^{1/2} \leqslant \sum_{i=1}^{n} \frac{x_i}{\sqrt{i}}$$

(b) 证明：存在常数 C，使得若 $\{x_i\}$ 是递减的正项数列，则

$$\sum_{m=1}^{\infty} \frac{1}{\sqrt{m}} \Big(\sum_{i=m}^{\infty} x_i^2\Big)^{1/2} \leqslant C \sum_{i=1}^{\infty} x_i$$

原解答如下：

证明 （a）

$$\Big(\sum_{i=1}^{n} \frac{x_i}{\sqrt{i}}\Big)^2 = \sum_{i,j}^{n} \frac{x_i x_j}{\sqrt{i}\sqrt{j}} \geqslant \sum_{i=1}^{n} \Big(\frac{x_i}{\sqrt{i}} \sum_{j=1}^{i} \frac{x_j}{\sqrt{j}}\Big) \geqslant \sum_{i=1}^{n} \Big(\frac{x_i}{\sqrt{i}} \cdot i \frac{x_i}{\sqrt{i}}\Big) = \sum_{i=1}^{n} x_i^2$$

（b）由（a）知

$$\sum_{m=1}^{\infty} \frac{1}{\sqrt{m}} \Big(\sum_{i=m}^{\infty} x_i^2\Big)^{1/2} \leqslant \sum_{m=1}^{\infty} \Big(\frac{1}{\sqrt{m}} \sum_{i=m}^{\infty} \frac{x_i}{\sqrt{i-m+1}}\Big)$$

$$= \sum_{i=1}^{\infty} \Big(x_i \sum_{m=1}^{i} \frac{1}{\sqrt{m}\sqrt{i-m+1}}\Big)$$

因为
$$\sup_i \sum_{m=1}^{i} \frac{1}{\sqrt{m}\sqrt{i-m+1}} \leqslant \int_0^{i+1} \frac{1}{\sqrt{x}\sqrt{i+1-x}} \mathrm{d}x = \pi$$
所以可取 $C = \pi$.

注意到原解答(a)中的放缩比较大. 事实上, 2020 年 5 月 21 日中国人民大学附属中学的廖昱博同学在其指导教师张端阳的指导下得到如下更强的结果.

命题 若 $\{x_i\}$ 是递减的正项数列, 则
$$\Big(\sum_{i=1}^{n} x_i^2\Big)^{1/2} \leqslant \sum_{i=1}^{n} (\sqrt{i} - \sqrt{i-1}) x_i$$

证明 对 n 用数学归纳法.

当 $n=1$ 时命题显然成立. 假设当 $n=k$ 时命题成立, 来看 $n=k+1$ 时的情形.

由归纳假设
$$\sum_{i=1}^{k} x_i^2 \leqslant \Big(\sum_{i=1}^{k} (\sqrt{i} - \sqrt{i-1}) x_i\Big)^2$$

所以为证
$$\sum_{i=1}^{k+1} x_i^2 \leqslant \Big(\sum_{i=1}^{k+1} (\sqrt{i} - \sqrt{i-1}) x_i\Big)^2$$

只需证明
$$x_{k+1}^2 \leqslant \Big(\sum_{i=1}^{k+1} (\sqrt{i} - \sqrt{i-1}) x_i\Big)^2 - \Big(\sum_{i=1}^{k} (\sqrt{i} - \sqrt{i-1}) x_i\Big)^2$$

即
$$x_{k+1}^2 \leqslant (\sqrt{k+1} - \sqrt{k}) x_{k+1} \Big(2\sum_{i=1}^{k} (\sqrt{i} - \sqrt{i-1}) x_i + (\sqrt{k+1} - \sqrt{k}) x_{k+1}\Big)$$

即
$$\sqrt{k}\, x_{k+1} \leqslant \sum_{i=1}^{k} (\sqrt{i} - \sqrt{i-1}) x_i$$

这由 $x_{k+1} = \min\{x_1, x_2, \cdots, x_{k+1}\}$ 及
$$\sqrt{k} = \sum_{i=1}^{k} (\sqrt{i} - \sqrt{i-1})$$

即得证.

归纳法证毕.

注意到
$$\sum_{i=1}^{n} (\sqrt{i} - \sqrt{i-1}) x_i = \sum_{i=1}^{n} \frac{x_i}{\sqrt{i} + \sqrt{i-1}}$$

所以命题比(a)强了近一倍. 这使我们有理由相信(b)中的 C 可改进为 $\frac{\pi}{2}$ 左右.

我们从解答的过程中可见其关键一步是引进了积分.

再比如 2021 年 IMO 第二题.

问题 对任意实数 $x_1, x_2, \cdots, x_n$,证明

$$\sum_{i=1}^{n}\sum_{j=1}^{n}\sqrt{|x_i+x_j|} \geqslant \sum_{i=1}^{n}\sum_{j=1}^{n}\sqrt{|x_i-x_j|} \tag{1.1}$$

证明 设 $P_{i,j}=x_i+x_j, N_{i,j}=x_i-x_j (1\leqslant i,j\leqslant m)$. 为简单计(在不致混淆时),省去下标,记为 P,N.

我们有

$$\sqrt{|P|}-\sqrt{|N|}=\int_{|N|}^{|P|}\frac{\mathrm{d}t}{2\sqrt{t}} \tag{1.2}$$

$$\cos|N|x-\cos|P|x=\cos Nx-\cos Px=2\sin x_i \sin x_j \tag{1.3}$$

$$\sum_{i,j}(\cos|N|x-\cos|P|x)=L(\sum_i \sin x_i)^2 \geqslant 0 \tag{1.4}$$

$$\cos|N|x-\cos|P|x=\int_{|N|}^{|P|}\sin tx\, \mathrm{d}t \tag{1.5}$$

还有一个经典结果(在任意一本较好的微积分教材上均有)

$$\int_0^{+\infty}\sin x^2\, \mathrm{d}x=\frac{1}{2}\sqrt{\frac{\pi}{2}}$$

若将 x^2 换成 x,则有

$$\int_0^{+\infty}\frac{\sin x}{2\sqrt{x}}\mathrm{d}x=\frac{1}{2}\sqrt{\frac{\pi}{2}}$$

即

$$\sqrt{\frac{2}{\pi}}\int_0^{+\infty}\frac{\sin x}{\sqrt{x}}\mathrm{d}x=1 \tag{1.6}$$

于是

$$\sqrt{|P|}-\sqrt{|N|}=\int_{|N|}^{|P|}\frac{\mathrm{d}t}{2\sqrt{t}}=\int_{|N|}^{|P|}\frac{\mathrm{d}t}{2\sqrt{t}}x\sqrt{\frac{2}{\pi}}\int_0^{+\infty}\frac{\sin x}{\sqrt{x}}\mathrm{d}x$$

$$=\frac{1}{\sqrt{2\pi}}\int_{|N|}^{|P|}\int_0^{+\infty}\frac{\sin x}{\sqrt{xt}}\mathrm{d}x\mathrm{d}t$$

将上式 x 换为 xt 有

$$\frac{1}{\sqrt{2\pi}}\int_{|N|}^{|P|}\int_0^{+\infty}\frac{\sin tx}{\sqrt{x}}\mathrm{d}x\mathrm{d}t$$

$$=\frac{1}{\sqrt{2\pi}}\int_0^{+\infty}\frac{1}{\sqrt{x}}\left(\int_{|N|}^{|P|}\sin tx\, \mathrm{d}t\right)\mathrm{d}x$$

$$=\frac{1}{\sqrt{2\pi}}\int_0^{+\infty}\frac{1}{\sqrt{x}}\frac{\cos|N|x-\cos|P|x}{x}\mathrm{d}x$$

$$= \frac{1}{\sqrt{2\pi}} \int_0^{+\infty} \frac{\cos Nx - \cos Px}{x\sqrt{x}} \mathrm{d}x$$

$$= \sqrt{\frac{2}{\pi}} \int_0^{+\infty} \frac{\sin x_i x \sin x_j x}{x\sqrt{x}} \mathrm{d}x$$

最后

$$\sum_{i,j} (\sqrt{|P|} - \sqrt{|N|}) = \sum_{i,j} \sqrt{\frac{2}{\pi}} \int_0^{+\infty} \frac{\sin x_i x \sin x_j x}{x\sqrt{x}} \mathrm{d}x$$

$$\sqrt{\frac{2}{\pi}} \int_0^{+\infty} \frac{(\sum_i \sin x_i x)^2}{x\sqrt{x}} \mathrm{d}x \geqslant 0$$

这个解答是单墫教授带病给出的,IMO 委员会曾明确规定,微积分并不在其大纲中,但并不排斥,所以单墫教授的这一证法是有效的,亦或是这道题的本质所在.

一文搞懂的微积分[①]

第 2 章

2020 年 1 月 29 日"奇趣数学苑"曾发表过一篇源于微信公众号"长尾科技"的科学文章，介绍了微积分的由来.

微积分有多重要相信大家多多少少都了解一些，搞数学的不会微积分就跟中学生不会加、减、乘、除一样，基本上什么都干不了. Newton 是物理学界的封神人物，然而 Newton 还凭借着微积分的发明，跟 Archimedes，Gauss 并称为世界三大数学家，这是何等荣耀？这又从侧面反映出微积分是何等地位？除了重要，很多人对微积分的另一个印象就是难. 在许多人眼里，微积分就是高深数学的代名词，是高智商的代名词，许多家长一听说谁家孩子初中就学了微积分，立刻就感叹这是别人家的天才. 其实不然，微积分并不难，它的基本思想非常简单，不然也不会有那么多初中生学习微积分. 所以，大家在看这篇文章的时候不要有什么心理负担，微积分并不是什么很难的东西，我们连 Maxwell 方程组都看过来了，更不怕微积分了. 只要跟着"长尾科技"的思路走，相信一般的中学生都是可以非常顺畅地理解微积分的.

下面进入正题.

§1 从面积说起

我们从小学就学了各种求面积的公式，包括长方形、三角形、圆、梯形等，然后有些"求阴影部分的面积"问题就成了小时候的一块"心理阴影"（图 2.1）. 不知道大家当时有没有想过一个问题：好像

[①] 摘自微信公众号"奇趣数学苑"（2020 年 1 月 29 日）.

我们每学一种新图形就有一个新的面积公式,可是,世界上有无数种图形啊,难道我要记无数种公式么? 这太令人沮丧了!

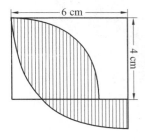

图 2.1

更令人沮丧的是,还有很多图形根本就没有什么面积公式,比如随手在纸上画一条曲线,这条曲线围成的面积你要用什么公式来算呢? 它确实围成了一块确定大小的区域,大小是确定的就应该能算出面积,算不出来就是你的数学不行,对吧? 于是,这件事就深深地刺痛了数学家们高傲的内心,然后就有很多人来琢磨这件事,比如 Archimedes(图 2.2).

图 2.2

如何求一条曲线围成的面积?

面对这个问题,古今中外的数学家的想法都是类似的,那就是:用我们熟悉的图形(比如三角形、长方形等)的面积去逼近曲线围成图形的面积. 这就好比在铺地板砖的时候,我们会用尽可能多的瓷砖去填满地板,然后这些瓷砖的面积之和差不多就是地板的面积.

Archimedes 首先考虑抛物线:如何求抛物线和一条直线围成的面积? 抛物线,顾名思义,就是你往天上抛一块石头,这块石头在空中划过的轨迹. 如图 2.3 的外层曲线:

第一编 引言

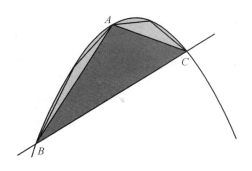

图 2.3

这条抛物线和直线 BC 围成了一个弓形（形状像一把弓箭），这个弓形的面积要怎么求呢？Archimedes 的想法是用无数个三角形去逼近这个弓形，就好像我们用很多三角形的瓷砖去铺满这块弓形的地板一样.

他先画了一个蓝色的大三角形 ABC（这个三角形并不是随意画的，抛物线在点 A 处的切线必须跟 BC 平行. 这里我们不细究，只要知道能够画出这样一个三角形就行）. 当然，这个三角形 ABC 的面积肯定比弓形的面积小，小多少呢？显而易见，小了左右两边两个小弓形的面积.

如果我们能把这两个小弓形的面积求出来，加上三角形 ABC 的面积就可以求出原来大弓形的面积了. 但是，如何求这两个小弓形的面积呢？答案是：继续用三角形去逼近！

于是，Archimedes 又使用同样的方法，在这两个小弓形里画了两个三角形. 同样地，在这两个小弓形被两个三角形填充之后，我们又多出了四个弓形，然后我们又用四个三角形去填充剩余的弓形 ……

很显然，这个过程可以无限重复下去. 我们可以用 1 个蓝色，2 个绿色，4 个黄色，8 个红色的等无穷多个三角形来逼近这个弓形. 我们也能很直观地感觉到：我们使用的三角形越多，这些三角形的面积之和就越接近大弓形的面积. 关键是你要怎样求这么多三角形（甚至是无穷多个三角形）的面积呢？

这就是 Archimedes 厉害的地方，他发现：每次新画的三角形的面积之和都是上一轮三角形面积的 1/4. 也就是说，2 个绿色三角形的面积之和刚好是 1 个蓝色三角形面积的 1/4；4 个黄色三角形的面积之和刚好是 2 个绿色三角形面积的 1/4，那么就是 1 个蓝色三角形面积的 1/16，也就是 $(1/4)^2$；……

如果我们把所有三角形的面积都折算成第一个蓝色三角形 ABC 的面积（用 $S_{\triangle ABC}$ 表示），那么大弓形的面积 S 就可以这样表示

$$S = S_{\triangle ABC} + S_{(1/4)\triangle ABC} + S_{(1/4)^2\triangle ABC} + S_{(1/4)^3\triangle ABC} + \cdots$$

这个问题放在今天就是一个简单的无穷级数求和问题，但 Archimedes 是古希腊人，在那个年代，高等数学更是不存在的，怎么办呢？

Archimedes 计算了几项,直觉告诉他这个结果在不断地逼近 $S_{(4/3)\triangle ABC}$,也就是说用的三角形越多,面积 S 就越接近 $S_{(4/3)\triangle ABC}$. 于是 Archimedes 就猜测:如果把无穷多个三角形的面积都加起来,这个结果应该刚好等于 $S_{(4/3)\triangle ABC}$.

当然,光猜测是不行的,数学需要的是严格的证明,然后 Archimedes 就给出了证明. 他证明如果面积 S 大于 $S_{(4/3)\triangle ABC}$ 会出现矛盾,再证明如果它小于 $S_{(4/3)\triangle ABC}$ 也会出现矛盾,所以这个面积 S 就只能等于 $S_{(4/3)\triangle ABC}$,证毕.

就这样,Archimedes 就严格地求出了抛物线和直线围成的弓形的面积等于 $\triangle ABC$ 面积的 4/3,他使用的这种方法被称为"穷竭法".

§2 一千年以后

时光荏苒,再见已经是 1 800 年后的 17 世纪了.

穷竭法可以精确地算出一些曲线围成的面积,但是它有个问题:穷竭法对于不同曲线围成的面积可能需要使用不同的图形去逼近. 比如上面使用的是三角形,在其他地方就可能使用其他图形,不同图形证明技巧就会不一样,这样就比较麻烦.

到了 17 世纪,大家就统一使用矩形(长方形)来做逼近:不管是什么曲线围成的图形,都用无数个矩形来逼近,而且都沿着 x 轴来做切割. 这样操作上就简单多了.

还是以抛物线为例,这次我们考虑最简单的抛物线 $y=x^2$,它的图像大概就如图 2.4(每取一个 x 的值,y 的值都是它的平方)所示,我们来具体算一算这条抛物线在 0 到 1 之间与 x 轴围成的面积是多少?

我们用矩形来逼近原图形,容易想象,矩形的数量越多,这些矩形的面积之和就越接近曲线围成的面积. 这个思路跟穷竭法类似,但是更容易理解.

我们假设 0 到 1 之间被平均分成了 n 份,那么每一份的宽度就是 $1/n$. 而矩形的高度就是函数的纵坐标的值,纵坐标可以通过 $y=x^2$ 很容易算出来. 于是,我们就知道,第 1 个矩形的高度为 $(1/n)^2$,第 2 个为 $(2/n)^2$,第 3 个为 $(3/n)^2$,…… 有了宽和高,把它们乘起来就是矩形的面积. 于是,所有矩形的面积之和 S 就可以写成

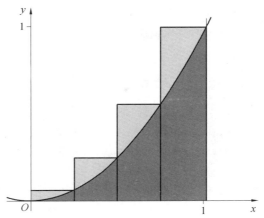

图 2.4

$$S = \frac{1}{n}\left(\frac{1}{n}\right)^2 + \frac{1}{n}\left(\frac{2}{n}\right)^2 + \frac{1}{n}\left(\frac{3}{n}\right)^2 + \cdots + \frac{1}{n}\left(\frac{n}{n}\right)^2$$

$$= \frac{1}{n^3}(1 + 2^2 + 3^2 + \cdots + n^2)$$

$$= \frac{1}{n^3}\left(\frac{2n^3 + 3n^2 + n}{6}\right)$$

$$= \frac{1}{3} + \frac{1}{2n} + \frac{1}{6n^2}$$

这只是一段普通的化简,相信大家只要知道平方和公式是下面这样就很快懂了

$$1 + 2^2 + 3^2 + \cdots + n^2 = \frac{2n^3 + 3n^2 + n}{6}$$

于是,我们就得到了 n 个矩形面积之和的表达式

$$S = \frac{1}{3} + \frac{1}{2n} + \frac{1}{6n^2}$$

因为 n 是矩形的个数,n 越大,矩形的数量就越多,那么这些矩形的面积之和就越接近曲线围成的面积. 所以,如果 n 变成了无穷大,我们从"直觉"上认为,这些矩形的面积之和就应该等于抛物线围成的面积.

与此同时,如果 n 趋向于无穷大,那么这个表达式的后两项 $1/2n$ 和 $1/6n^2$ 从直觉上来看就应该无限趋近于 0,或者说等于无穷小,似乎也可以扔掉了.

于是,当 n 趋向于无穷大的时候,面积 S 就只剩下第一项 $1/3$. 所以,我们就把抛物线 $y = x^2$ 与 x 轴在 0 到 1 之间围成的面积 S 算出来了,结果不多不少,就等于 $1/3$.

看完这种计算方法,大家有什么想说的?觉得它更简单,更神奇了,或者其他什么的?大家注意一下我的措辞,在这一段里我用一些诸如"直觉上""应该""似乎"这种不是很精确的表述. 在大家的印象里, 数学应该是最精确、最严密的一门学科啊, 怎么能用这些模糊不清的词来形容呢?

§3 严密性和实用性

然而,这正是问题所在:不是我不想讲清楚,而是在这个时候根本就讲不清楚. 别说我讲不清楚, Newton 和 Leibniz 也讲不清楚, 这跟 Archimedes 用穷竭法求面积时的那种精确形成了鲜明的对比.

使用穷竭法求面积, 比如为了得到 $S_{(4/3)\triangle ABC}$, Archimedes(图 2.5) 就去证明如果它大于 4/3 会出现矛盾, 小于 4/3 也会出现矛盾, 所以就必须等于 4/3. 这是非常严密的, 虽然操作上麻烦了点, 但是逻辑上无懈可击.

图 2.5

但是到了 17 世纪, 我们是怎么得到抛物线与 x 轴围成的面积等于 1/3 的呢? 我们得到了 n 个矩形的面积公式

$$S = \frac{1}{3} + \frac{1}{2n} + \frac{1}{6n^2}$$

然后, 我们觉得当 n 越来越大的时候, 后面两项 $1/2n$ 和 $1/6n^2$ 的值会越来

越小,当 n 变成无穷大的时候,后面两项应该就是无穷小.于是,我们就认为可以把它直接舍弃了,所以面积 S 就只剩下第一项的 1/3.

但问题是,无穷小是多小?从直觉上来看,不论 n 取多大,$1/2n$ 和 $1/6n^2$ 都应该是大于 0 的,我们可以直接把 0 舍掉,但是对于并不等于 0 的数我们能直接舍弃掉么?

这样做的合法性依据在哪里?

相对于古希腊的穷竭法,17 世纪这种"统一用矩形来逼近原图形"的想法简单了不少,但同时也失去了一些精确性.虽然它计算的结果是正确的,但是它的逻辑并不严密.逻辑不严密的话,你拿什么保证你今天这样用它是正确的,明天我那样用它还是正确的?

想想数学为什么这么令人着迷,为什么《几何原本》(图 2.6)至今都保持着无与伦比的魅力?不就是因为数学的血液里一直流淌着无可挑剔的逻辑严密性么?

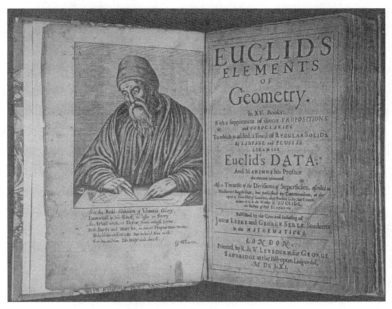

图 2.6

古希腊人或许早就知道 17 世纪这种更简单的计算方法,但是因为方法不够严密,所以他们压根不屑于使用.他们宁可绕弯使用更麻烦,但是在逻辑上无懈可击的穷竭法.因为对他们而言,逻辑的严密性远比计算结果的实用性更重要.

在对严密性和实用性的取舍上,东西方走了截然不同的两条路:古代中国毫不犹豫地选择了实用性.他们需要数学帮助国家计算税收,计算桥梁房屋等建筑问题,计算商业活动里的各种经济问题.所以,代表中国古代数学的《九章算术》(图 2.7),里面全是教你怎么巧妙地计算.也因此,古代中国会有那么多能工巧匠,会有那么多设计精巧的建筑工程.

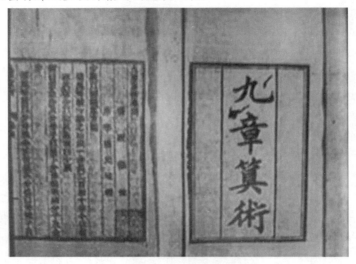

图 2.7

西方则截然相反,古希腊人坚定不移地选择了严密性.他们需要严密的逻辑帮他们认识世界的本原,认识世界是由什么组成的,为什么世界会是现在这个样子.所以,代表西方古代数学的《几何原本》就是教你怎么从 5 个显而易见的公理出发,通过严密的逻辑一步步推导出 400 多个定理,即便这些定理并不显而易见.因此,西方能诞生现代科学.

失去简单性,数学会失去很多;失去严密性,数学将失去一切.至于如何让它变得严密,后面我们会细说.

§4　初见积分

我们从开篇到现在一直在讲面积,而微积分的名字里刚好又有一个"积"字,那么,这两个"积"字有没有什么联系呢?答案是肯定的.

我们可以把微积分拆成"微分"和"积分"两个词,积分这个词当初被造出来,就是用来表示"由无数个无穷小的面积组成的面积 S".

如图 2.8 所示,如果一条曲线 $y=f(x)$ 和 x 轴在 a 和 b 之间围成的面积为 S,那么,我们就可以这样表示这部分面积 S

$$S=\int_a^b f(x)\,\mathrm{d}x$$

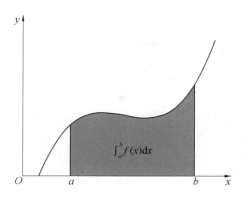

图 2.8

在 §2 的例子里,我们求的是抛物线 $y=x^2$ 与 x 轴在 0 到 1 之间围成的面积. 那么,在这里 $f(x)=x^2, a=0, b=1$,而且最终我们知道这个结果等于 1/3,把这些都代入进去我们就可以这样写

$$S=\int_0^1 x^2 \mathrm{d}x=\frac{1}{3}$$

也就是说,代表这块面积的积分值等于 1/3.

为了加深一下大家对这个积分式子的理解,我们再回顾一下求抛物线围成面积的过程:我们用无数个矩形把 0 到 1 之间分成了无穷多份,然后把所有的矩形面积都加起来. 因为矩形的面积就是底乘以高,而这个高刚好就是函数的纵坐标 y(图 2.9).

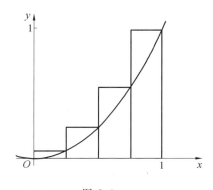

图 2.9

所以,当用无数个矩形来逼近原面积的时候,每个矩形的底自然就变成了无穷小,这个无穷小的底就是上面的 $\mathrm{d}x$. 而 x^2 表示的是函数的纵坐标,就是矩形的高,底($\mathrm{d}x$)和高(x^2)相乘不就是在求面积么? 再看看这个式子,跟前面求面积的过程是不是一样的?

$$S = \int_0^1 x^2 \, \mathrm{d}x = \frac{1}{3}$$

不过,还是要再强调一次,这里把 $\mathrm{d}x$ 当作一个无穷小的底,把积分当作是求面积,这些都是微积分创立初期的看法.这种看法非常符合我们的直觉,但是逻辑上是不严谨的.这种无穷小量 $\mathrm{d}x$ 也招致了很多人(比如我们熟悉的 Berkeley)对微积分的攻击,并且引发了第二次数学危机,这场危机一直到 19 世纪 Cauchy 等人完成了微积分的严密化之后才彻底化解.随着微积分的涅槃重生,我们对这些基本概念的看法也会发生根本的改变.

关于求面积的事情到这里就讲完了,"用一些图形去无限逼近曲线图形"的想法很早就有了,穷竭法在古希腊就很成熟了,中国魏晋时期的数学家刘徽使用割圆术去逼近圆周率也是这种思想.到了 17 世纪初,这些思想并没有什么太大的改变,由于这些解法比较复杂,又很难扩展,所以大家的关注度并不高.

没办法,因为人们不会想到:破解这种求曲线面积(求积分)的关键,竟然藏在一个看起来跟它毫无关联的东西身上,这个东西就是微积分名字里的另一半:微分.当 Newton 和 Leibniz 意识到积分和微分之间的内在关系之后,数学就迎来了一次空前的大发展.

§5 直线和斜率

关于求面积(积分)的事情这里就先告一段落,接下来我们就来看看微积分里的另一半:微分.

微分学的基本概念是导数,关于导数,在 Maxwell 方程组的积分篇里讲过一次,微分篇里又讲过一次(在那里还讲了升级版的偏导数).这里它是主角,我们再讲一次.

我们爬山的时候,山越陡越难爬;骑车的时候,路面的坡度越大越难骑.一个面的坡度越大,倾斜得越厉害,我们就越难上去,那么,我们该如何衡量这个倾斜程度呢(图 2.10)?

在平面上画一条直线,我们可以直观地看出这条直线的倾斜程度,而且不难发现:不管在直线的什么地方,它的倾斜程度都是一样的.

所以,我们就可以用一个量来描述这整条直线的倾斜程度,这个概念就被形象地命名为斜率.

那么,一条直线的斜率要怎么计算呢?这个想法也很直观:建一个坐标系(图 2.11),看看直线在 x 轴改变了 Δx 时,它在 y 轴的改变量 Δy 是多少.如果 Δx 是固定的,那么显然 Δy 越大,这条直线就倾斜得越厉害,斜率也就越大.

图 2.10

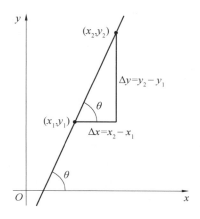

图 2.11

这就跟我们判断跑步的速度是一样的道理：给定一个固定的时间，比如 10 s（相当于固定的 Δx），看看你能跑多远（相当于 Δy），你跑得越远（Δy 越大），就认为你跑得越快. 当然也可以反过来，给定一个固定的距离，比如 100 m（相当于 Δy），你跑的时间越短（Δx 越小），就认为你跑得越快.

把这两种情况综合一下，我们就能发现：固定时间（Δx）也好，固定距离（Δy）也好，最终起决定作用的是 Δy 和 Δx 的比值 $\Delta y/\Delta x$. 这个比值越大，你就跑得越快，对应的直线也就越陡.

所以，我们就可以在直线上随意找两个点，用它们纵坐标之差 Δy 和横坐标之差 Δx 的比值（$\Delta y/\Delta x$）来定义这条直线的斜率.

学过三角函数的同学也会知道，这个斜率刚好就是这条直线和 x 轴夹角 θ 的正切值 $\tan\theta$，即 $\tan\theta = \Delta y/\Delta x$. 这就是说，直线和 x 轴的夹角 θ 越大，它的斜率就越大，就倾斜得越厉害，这跟经验都是一致的.

§6 曲线和切线

直线好说,关键是曲线怎么办?曲线跟直线不同,它完全可以在这里平缓一点,在那里陡峭一点,它在不同地方的倾斜程度是不一样的.所以,我们就不能说一条曲线的倾斜程度("斜率"),而只能说曲线在某个具体点的倾斜程度.

于是,我们就需要引入一个新的概念:切线(图 2.12).

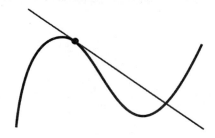

图 2.12

切线,直观地看,就是刚好在这点"碰到"曲线的直线.因为切线是直线,所以切线有斜率,于是我们就可以用切线的斜率代表曲线在这点的倾斜程度.

传统上我们可以这样定义切线:先随便画一条直线,让这条直线与曲线有两个交点,这样的直线叫"割线"(仿佛把曲线"割断"了,如图 2.13 直线 AB).然后,我们让点 B 沿着曲线慢慢向点 A 靠近,直观上,等到点 B 和点 A 重合之后,割线 AB 就变成了曲线在点 A 的切线(图 2.13).

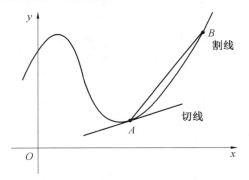

图 2.13

这样做很符合人们的直觉,但是它在逻辑上会有一点问题:当点 B 向点 A 移动时,它是什么时候从割线变成切线的?

重合的时候呢?如果点 B 和点 A 重合,那就最后只剩下一个点了,我们知道"两点确定一条直线",一个点怎么能确定一条直线呢?但是,如果点 B 和点 A 不重合的话,那么这就仍然是一条割线而不是切线啊!

于是,这样就出现了一个"一看非常简单直观,但是怎么说都说不圆"的情况,似乎两个点不行,一个点也不行,怎么办?

解决这个问题有一个很朴素的思路:要确定这条切线,让 A,B 两点重合是不行的,但是让它们分得太开也不行.最好就是让这两点无限靠近,但是就是不让它们重合.没重合的话就依然是两个点,两个点可以确定一条直线;无限靠近的话又可以把它跟一般的割线区分开来,这样不就两全其美了吗?

也就是说,A,B 两点必须无限靠近但又不能重合,这样它们的距离就无限接近 0 但又不等于 0.这就是无穷小.

我们前面求曲线围成的面积的时候,核心思想就是用无数个矩形去逼近原图形,这样每个矩形的底就变成了无穷小.在这里,我们又认为当 A,B 两点的距离变成无穷小的时候,割线 AB 就变成了过点 A 的切线.它们之间的共性,大家可以好好体会一下.

§7 初见微分

利用无穷小定义了一点上的切线,我们就可以理所当然地用过这点切线的斜率来表示曲线在这点的倾斜度了.

如何求直线的斜率我们前面已经说了,现在把这张图再放回来(图 2.14):

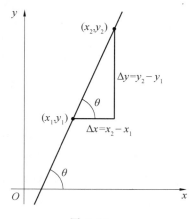

图 2.14

直线的斜率等于在直线上两点的纵坐标之差 Δy 和横坐标之差 Δx 的比值,即 $\Delta y/\Delta x$.

而切线是当曲线上 A,B 两点相隔无穷小时确定的直线,那么切线的斜率依然可以写成 $\Delta y/\Delta x$,只不过这时 Δx 和 Δy 都无限趋近于 0.

Leibniz 就给这两个趋近于 0 却又不等于 0 的 Δx 和 Δy 重新取了一个名字:$\mathrm{d}x$ 和 $\mathrm{d}y$,并把它们称为"微分"(图 2.15).

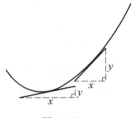

图 2.15

也就是说,对 Leibniz 而言,$\mathrm{d}x$ 这个微分就是当 Δx 趋向于 0 时的无穷小量,$\mathrm{d}y$ 也一样. 虽然 $\mathrm{d}x$ 和 $\mathrm{d}y$ 都是无穷小,但是它们的比值 $\mathrm{d}y/\mathrm{d}x$ 确是一个有限的数(所以这时候你就不能把无穷小 $\mathrm{d}x$ 当成 0 了,否则还怎么当除数?),这就是该点切线的斜率,这样一切似乎就都解释得通了.

§8 导 数

显然,我们在曲线的一点上定义了切线,那么在平滑曲线的其他点上也能定义切线. 因为每条切线都有一个斜率,所以,曲线上的任何一点都有一个斜率值跟它对应. 两个量之间存在一种对应关系,这就是函数.

函数 $y=f(x)$ 不就是告诉我们:给定一个 x,就有一个 y 跟它对应. 现在我们是给定一个点(假设横坐标为 x),就有一个斜率 $\mathrm{d}y/\mathrm{d}x$ 跟它对应. 显然,这也是个函数,这个函数就叫"导函数",简称"导数".

在中学的时候,我们通常在函数 $f(x)$ 的右上角加上一撇表示这个函数的导数,那么现在这两种情况就都表示导数

$$f'(x)=\frac{\mathrm{d}y}{\mathrm{d}x}$$

所以,导数 $f'(x)$ 就可以表示横坐标为 x 的地方对应切线的斜率,它表示曲线在这一点上的倾斜程度. 如果导数 $f'(x)$ 的值比较大,那么曲线就比较陡;如果 $f'(x)$ 比较小,那么曲线就比较平缓. 于是,我们就可以用导数来描述曲线的倾斜程度了.

下面我们来看一个简单的例子,看看如何实际求一个函数的导数.

例 1 求函数 $f(x)=x^2$ 的导数.

这还是我们前面说的抛物线,它的函数图像如图 2.16 所示:

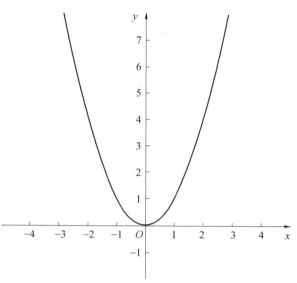

图 2.16

求函数的导数,就是求函数在每一点切线的斜率,而切线就是曲线上两个相距无穷小的点确定的直线.

那就好说了,我们假设曲线上有一个横坐标为 x 的点,那么,跟它距离无穷小的点的横坐标就是 $x+\mathrm{d}x$,由于这个点也在曲线 $f(x)=x^2$ 上,因此它的纵坐标就是 $(x+\mathrm{d}x)^2$,即

$$f(x+\mathrm{d}x)=(x+\mathrm{d}x)^2=x^2+2x\mathrm{d}x+(\mathrm{d}x)^2$$

然后,我们用这两个点的纵坐标之差 $f(x+\mathrm{d}x)-f(x)$ 除以横坐标之差 $(x+\mathrm{d}x)-x$ 就能算出点 x 的切线斜率. 因为这个 x 是任意取的,所以得到的结果就是任意点的切线斜率,那么这就是导数了

$$f'(x)=\frac{\mathrm{d}y}{\mathrm{d}x}=\frac{f(x+\mathrm{d}x)-f(x)}{(x+\mathrm{d}x)-x}$$
$$=\frac{x^2+2x\mathrm{d}x+(\mathrm{d}x)^2-x^2}{\mathrm{d}x}$$
$$=\frac{2x\mathrm{d}x+(\mathrm{d}x)^2}{\mathrm{d}x}$$

到这一步都很简单,接下来就有问题了:这上面和下面的 $\mathrm{d}x$ 到底能不能约掉?

我们知道,除数是不能为 0 的,如果想分子、分母同时除以一个数,就必须保证这个数不是 0. 现在我们是想除以 $\mathrm{d}x$,这个 $\mathrm{d}x$ 就是我们前面定义的无穷小量,它无限接近于 0 却又不等于 0.

所以,我们姑且把它当作一个非零的量直接约掉,那么导数上下同时除以 $\mathrm{d}x$ 就成了这样

$$f'(x) = \frac{\mathrm{d}y}{\mathrm{d}x} = 2x + \mathrm{d}x$$

这个式子看起来简洁了一些,但是后面还是拖了一个"小尾巴"——$\mathrm{d}x$.

$2x$ 是一个有限的数,一个有限的数加上一个无穷小量,结果是多少?似乎还是应该等于这个具体的数. 比如,100 加上一个无穷小,结果应该还是 100,因为如果等于 $100.00\cdots0001$ 那就不对了,无穷小肯定比我们所有能给出的数还小,那么也肯定必须比 $0.00\cdots001$ 还小.

所以,我们似乎又有充足的理由把 $2x$ 后面的这个 $\mathrm{d}x$ 也去掉,就像丢掉一个等于 0 的数一样,这样最终的导数就可以简单地写成

$$f'(x) = \frac{\mathrm{d}y}{\mathrm{d}x} = 2x$$

大家看这个导数,当 x 越来越大($x > 0$)的时候,$f(x)$ 的值也是越来越大的. 而导数是用来表示函数的倾斜程度的,也就是说,当 x 越来越大的时候,曲线就越来越陡,这跟图像完全一致.

所以,我们通过约掉一个(非零的)$\mathrm{d}x$,再丢掉一个(等于零的)$\mathrm{d}x$ 得到的导数 $f(x)' = 2x$ 竟然是正确的.

但是这在逻辑上就很奇怪了:一个无限趋近于 0 的无穷小量 $\mathrm{d}x$ 到底是不是 0? 如果是 0,那么为什么可以让分子、分母同时除以它来约分? 如果不是 0,那又为什么可以把它随意舍弃?

总不能同时等于零又不等于零吧? 这又不是薛定谔提出的无穷小量.

数学不是变戏法,怎么能这么随意呢? 于是,这个无穷小量就又招来了一堆批判. 为什么说"又"呢? 因为在前面讲积分的时候就说了一次,在这里就体现得更明显了,眼见第二次数学危机要来了.

§9 导数的意义

我们花了这么大篇幅从直线的斜率讲到了曲线的导数,这就已经进入微分学的核心领地了. 为什么导数这么重要呢?

因为导数反映的是一个量变化快慢的程度,这其实就是一种广义的"速度". 速度这个概念在科学里有多重要就不用说了,当我们说一辆车的速度很快的时候,我们其实就是在说这辆车的位移对时间的导数很大.

此外,有了导数,我们就能轻而易举地求一条曲线的极值(极大值或极小值). 因为只要导数不为 0,曲线在这里就是在上升(大于 0)或者下降(小于 0)

的,只有导数等于 0 的地方,才有可能是一个极值点(图 2.17).

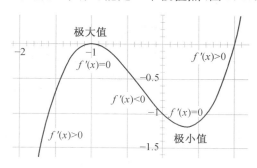

图 2.17

求极值可是非常重要的:军人希望他们发射的炮弹可以飞得尽可能得远;商人希望他们的利润可以尽可能得高;我们也希望去哪都能走最近的路;……

导数的这些用处很多人也都知道,事实上,我们上面说的所有内容,求曲线围成的面积也好,求曲线的导数也好,在 Newton 和 Leibniz 之前大家就都已经知道了,但这些并不是最重要的.

Newton 和 Leibniz(图 2.18)之所以伟大,之所以大家把他们视为微积分的发明人,是因为他们在这些寻常事实背后发现了一个极不寻常的秘密:求面积和求导数,或者说积分和微分,这两个看似完全不搭边的东西,竟然是一对互逆的运算.

Newton

Leibniz

图 2.18

§10 互 逆 运 算

积分和微分是一对互逆运算,这是微积分最核心的思想. 把这个思想用数学语言描述出来就会得到一个定理,这个定理叫微积分基本定理.

这也是 Newton 和 Leibniz 在微积分里最重要的发现,因此,微积分基本定理又叫 Newton-Leibniz 公式.一个定理能够被称为"××基本定理",能够让这个领域的两个发明者直接冠名,这意味着什么?相信大家心里都有数.

那么,这句话到底是什么意思呢?说求面积(积分)和求导(微分)是一对互逆运算到底是在说什么?甚至,什么叫互逆运算?为什么发现"积分和微分是互逆的"这个事情这么重要?

什么是互逆运算?这里我们不去挖掘它的定义,就直观地感受一下.从名字来看,那应该就是有两种运算,一种能够把它变过去,另一种又可以把它变回来.

最常见的就是加法和减法:3+2=5,5-2=3.3加上2可以变成5,反过来,5减去2又可以变回3,所以加法和减法是一对互逆运算,这很好理解.

那么,当我们在说"求面积(积分)和求导(微分)是一对互逆运算"的时候,那就是说如果有一个东西,我们对它进行积分操作(求面积),可以得到一个新东西,如果我们对这个新东西再进行微分操作(求导),又能得到原来的那个东西,这样才算互逆.

下面我们举一个简单的例子,让大家直观地感受下为什么积分和微分是互逆的.

假如你从家去学校要走10分钟,我们把这10分钟平均分成10份,每份1分钟.那么,你在第1分钟里走的距离就是第1分钟的平均速度乘以时间间隔(也就是1分钟),第2分钟里走的距离就是第2分钟的平均速度乘以时间间隔(还是1分钟).依此类推,我们分别把这10个1分钟里走的距离加起来,结果就是家到学校的总距离,这个好理解吧!

大家发现没有:这其实就是积分的过程.前面求曲线围成的面积的时候,我们就是把曲线围成部分的 x 轴平均分成很多矩形,然后把每个矩形的面积都加起来.这里求家到学校的总距离,一样是把家到学校的时间平均分成很多份,然后把每个小份的距离都加起来.

都是把一个大东西(家到学校的总距离,曲线围成的总面积)平均切成很多份,然后每一小份都用一个新的东西(每一分钟的距离,每一个矩形的面积)去近似,最后再把所有的小份东西加起来去逼近原来的大东西.

求面积的时候,矩形的数量越多,矩形的面积之和就越接近真实面积.同样地,我们把家到学校的10分钟分得越细(例子里只分了10份,我们可以分100份,1 000份甚至更多),得到的总距离就越精确.

一方面,我们把时间段分得越细,每个小时间段里的平均速度就越接近瞬时速度,如果无穷细分,那么无穷小时间段里的平均速度就可以认为是瞬时速度了.也就是说,如果知道整个过程中的瞬时速度(或者说是无穷小时间段内的速度),我们就能精确地求出无穷小时间段内的距离,然后把所有距离加起来得到精确的总距离,这就是积分.也就是说,通过积分过程,我们能从瞬时速度求出总距离(图 2.19).

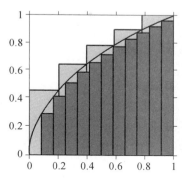

图 2.19

另一方面,要证明微分(求导)是这个过程的逆运算,我们就得证明从总距离可以求出瞬时速度.也就是说,如果已知任意时刻你从家到学校的距离,那么通过微分(求导)能把瞬时速度求出来.

这不是显而易见的事么?距离对时间求导,这就是速度啊,前面我们也说了"导数是一种广义的速度",也就是说:距离除以时间,结果就是速度.你用平均距离除以平均时间得到平均速度,用瞬时距离(某一时刻的距离)除以瞬时时间(无穷小时间片段)自然就得到了瞬时速度.

通过积分,我们能从瞬时速度求出总距离;通过微分,我们能从总距离求出瞬时速度,这就说明积分和微分是一对互逆运算.

我们也可以换个角度,从图像来更直观地看这点.

§11 v-t 图像

在中学学物理的时候,老师一定会画速度—时间(v-t)图像.v-t 图像就是在一个坐标系里,用纵轴表示物体运动的速度 v,横轴表示时间 t,然后分析物体的运动情况,如图 2.20:

然后老师就会告诉你:v-t 图像里它们围成的面积 S 就是物体运动的位移的大小(位移是有方向的距离,是一个矢量).

这个坐标里横轴是时间 t,纵轴是速度 v,你要算它们的面积,那肯定要用乘法.物体做匀速运动的轨迹就是一条平行于 t 轴的直线,速度 v_1 乘以时间 t_0

刚好就是它们围成的矩形的面积 s,而速度乘以时间的物理意义就是它的位移(图 2.21).所以,面积代表位移.

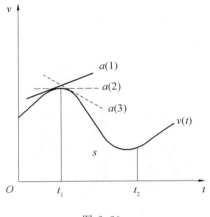

图 2.20

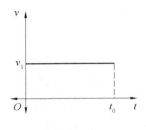

图 2.21

当物体不做匀速运动(轨迹是曲线)的时候,我们就可以把时间切割成很多小段,在每一小段里把它们近似当作匀速运动,这样每一个小段的面积就代表每一个小段里的位移.

然后我们把所有小段的面积加起来,得到的总面积不就可以代表总位移了吗?所以,曲线围成的面积 s 一样代表位移.

大家想想,处理曲线的时候,我们把时间切成很多块,用每一个小块的面积(位移)之和去逼近总面积(位移),这不就是积分的思想吗?反过来,如果你把面积 s 个整体的位移看作一个随时间 t 变化的函数,对它求导自然就能得到速度 v.

也就是说,我们对速度 v 做一次积分能得到位移 s;反过来,对位移 s 求一次导数(微分)就能得到速度 v.这样它们的互逆关系就非常清楚了

$$位移\ s\ \underset{积分}{\overset{微分}{\rightleftarrows}}\ 速度\ v$$

这部分逻辑并不难理解,大家只要好好琢磨一下,就会发现"积分和微分是

互逆运算"这个事情是非常自然的. 它在日常生活中到处都有体现, 只不过我们平常没有太注意, 而 Newton 和 Leibniz 注意到了.

§12 原　函　数

知道了"积分和微分是互逆运算"能给我们带来什么呢? 答案是: 多一种选择. 因为既然积分和微分是互逆运算, 那么有些操作如果积分不擅长, 我们就可以把它丢给微分.

什么意思? 还是以最开始求曲线围成的面积为例. 我们是这样求抛物线 $y=x^2$ 与 x 轴在 0 到 1 之间围成面积的: 如果用 n 个矩形去逼近, 每个矩形的底就是 $1/n$, n 个矩形的面积之和就是

$$\begin{aligned}S &= \frac{1}{n}\left(\frac{1}{n}\right)^2 + \frac{1}{n}\left(\frac{2}{n}\right)^2 + \frac{1}{n}\left(\frac{3}{n}\right)^2 + \cdots + \frac{1}{n}\left(\frac{n}{n}\right)^2 \\ &= \frac{1}{n^3}(1 + 2^2 + 3^2 + \cdots + n^2) \\ &= \frac{1}{n^3}\left(\frac{2n^3 + 3n^2 + n}{6}\right) \\ &= \frac{1}{3} + \frac{1}{2n} + \frac{1}{6n^2}\end{aligned}$$

当 n 趋向于无穷大的时候, 后面两项就等于无穷小, 然后结果就只剩下第一项 $1/3$.

用这种方法, 面对不同的曲线就得有不同的求和公式, 最后还得保证相关项可以变成无穷小丢掉. 所以, 这种方法的复杂度和局限性都非常大, 无法推广.

但是, 在伟大的 Newton 和 Leibniz 发现了"积分和微分是互逆运算"之后, 这一切就改变了. 因为我们有另一种选择: 积分之路如果不好走, 我们可以走微分之路啊!

怎么走呢? 前面讲微分的时候, 我们计算过 $f(x) = x^2$ 的导数, 最终的结果是这样的

$$f'(x) = \frac{\mathrm{d}y}{\mathrm{d}x} = 2x$$

那么反过来, 如果我们知道有一个函数是 $f(x) = 2x$, 难道我们就猜不出究竟是哪个函数求导之后变成了 $f(x) = 2x$ 吗? 当然可以啊, 我们完全可以根据 $f(x) = 2x$ 反推出原来的函数是 $f(x) = x^2 + c$.

为什么这里多了一个常数 c? 因为常数求导的结果都是 0, 所以就多了这

样一个"尾巴".

也就是说，$f(x)=x^2$，$f(x)=x^2+1$，$f(x)=x^2+3$ 等函数的导数都是 $f(x)=2x$，只凭 $f(x)=2x$ 我们无法确定最开始函数具体是什么样子。但是，我们可以确定它一定就是 x^2 加上一个常数 c。于是，我们就把求导之前原来的函数 $f(x)=x^2+c$ 称为 $f(x)=2x$ 的原函数。

下面是关键：积分是函数围成面积的过程，速度 v 通过积分就得到了位移 s，在 v-t 图像里速度 v 围成的面积就是位移 s；微分是求导的过程，对位移 s 求一次导数就能够得到速度 v。

有了原函数以后，我们也可以根据速度 v（求导之后等于速度 v）把位移 s 求出来，这时候位移 s 就是速度 v 的原函数（无非就是再加一个常数 c）。而原函数表示的位移 s 就是速度 v 围成的面积，于是，原函数就有了求面积（积分）的效果。

一方面，s 求导一次就变成了 v，那么 v 反向求导一次就可以得到 s，这时候 s 是 v 的原函数。另一方面，因为 s 求导一次能变成 v，那么 v 积分一次也能变成 s（互逆运算）。于是，v 通过求原函数和积分都能得到 s，所以原函数 s 其实就有了积分（曲线 v 围成面积）的效果。

再简单地说，因为积分和微分是一对互逆运算，所以反向微分（求原函数）的话，自然就"负负得正"，得到和积分一样的效果了。

所以，求曲线 $f(x)=x^2$ 和 x 轴在 0 到 1 区间里围成的面积这个原本属于积分的事情，现在就可以通过反向微分（求原函数）来实现。

这是一次非常华丽的转变，马上你就会看到这种新方法会把问题简化到什么程度，而且，正是这种力量让数学发生了根本性的改变。

§13 微积分基本定理

既然要用反向微分的方法求面积，那我们就去找 $f(x)=x^2$ 的原函数，看看到底是哪个函数求导之后变成了 $f(x)=x^2$。我们用 $F(x)$ 来表示这个原函数，那么 $F(x)$ 就是（C 为常数）

$$F(x)=\frac{1}{3}x^3+C$$

如果大家不放心，可以自己去验算一下，看看这个 $F(x)$ 求导之后的结果是不是 $f(x)=x^2$。

因为求导是一个非常重要、基础的东西，所以求一些常见函数的导数和原函数都被一劳永逸地制成了表格，大家需要的时候直接去查，记住几个常用的就行.不过,在学习的初期,大家还是要亲自去算一些求导的例子.

有了 $f(x)=x^2$ 的原函数 $F(x)$ 以后,怎么去求 $f(x)$ 和 x 轴在 0 到 1 区间里围成的面积呢?前面已经分析了,原函数具有积分的效果,而积分就是曲线围成的面积,所以原函数也可以表示曲线围成的面积(为了方便理解,这里我们先不考虑常数 C 的影响,反正函数相减的时候常数 C 会抵消掉).因此,我们要求 $f(x)$ 与 x 轴在 0 到 1 区间内围成的面积,直接用这个代表面积的原函数 $F(x)$ 在 1 处的值 $F(1)$ 减去在 0 处的值 $F(0)$ 就可以了,即

$$S = F(1) - F(0) = \frac{1}{3} + C - (0 + C) = \frac{1}{3}$$

$F(1) - F(0)$ 就是曲线在 0 到 1 之间围成的面积,我们这样得到的结果是 1/3,跟我们原来用矩形逼近计算的结果一模一样.但是它明显比原来的方法简单得多,简单到一个中学生都能轻而易举地算出来,这才是微积分的真正力量.

有了这样的铺垫,微积分基本定理(Newton-Leibniz 公式)就非常容易理解了:如果函数 $f(x)$ 在区间 a 到 b 之间连续(简单理解就是曲线没有断),并且存在原函数 $F(x)$,那么就有

$$\int_a^b f(x)\mathrm{d}x = F(b) - F(a)$$

这时式子的左边就是函数 $f(x)$ 与 x 轴在 a 到 b 区间内围成的面积,这点我们在讲积分的时候就讲过了.

式子的右边就是原函数在点 b 和点 a 的差.意义也很明确:函数反向求导得到的原函数 $F(x)$ 本来就表示面积,那么 $F(b) - F(a)$ 自然就是这两点之间的面积之差(图 2.22).于是公式左右两边就都表示面积.

这就是微积分的基本定理,是微积分的核心思想.

图 2.22

相信大家一路看到这里,要理解微积分已经不是什么难事了.所谓 Newton 和 Leibniz 发明的微积分,本质上就是他们看到了"积分和微分是一对互逆运算",于是我们就可以使用"反向微分(求原函数)"的方法来处理积分的问题.

积分的逆运算不是微分吗?那么我们把微分再逆一次,于是就"负负得

正",又变成积分了.而"对函数求导,求原函数"比用原始定义,用无穷多个矩形去逼近曲线面积的方法要简单得多,并且这种方法还具有一般性.

因此,积分和微分原本是两门独立的学问,现在被 Newton 和 Leibniz 统一成了微积分,这种1+1会产生远大于2的力量.于是,接下来的数学和科学都出现了空前的发展.

§14 数学的力量

微积分的发明使我们求曲线围成面积的难度出现了断崖式的下降.那么,在这个过程中到底发生了什么?为什么数学可以如此有效地简化我们的问题?是我们的问题本来就很简单,以前把它想复杂了,还是我们真的把问题的复杂度降低了?

还记得小学遇到的"鸡兔同笼"问题吗?鸡和兔被关在一个笼子里,从上面数,一共有35个头,从下面数,一共有94只脚,请问笼子里分别有多少只鸡和兔?

有很多"聪明"的老师会教你一些非常"有用"的解题技巧,比如,因为鸡有一个头两只脚,兔子有一个头四只脚,而现在总共有35个头,那么你用35乘以2,得到的70就是所有的鸡的脚加上一半的兔子的脚(因为兔子有4只脚,而你只乘以2,所以每只兔子还有2只脚没有算).

然后,我用总脚数94减去这个70,得到的24就是剩下的一半兔子的脚数,再用24除以2(一只兔子4只脚,一半就是2只)就得到了兔子的数量12.因为一共有35个头,那么用35-12=23,就是鸡的数量.

当然,"鸡兔同笼"问题还有很多其他的特殊解法,这里就不再列举了,这些解法算出来的结果有问题吗?当然没问题,但是这些解法简单吗?好吗?

不好!为什么?因为局限性太大了.我们今天放鸡和兔可以这样算,那明天要是放点其他的动物,这方法是不是就不管用了?如果下次不是数头和脚,而是去数翅膀和脚,这种方法还行吗?

这就和 Archimedes 用穷竭法算曲线围成的面积一样,面对每一种不同曲线围成的面积,求面积的方法都不一样.我们的每一种解法都严格依赖曲线的具体特性,所以这种方法的局限性就非常大,带来的意义也非常有限.

而微积分之所以伟大,就是因为它从这些看起来不一样的问题里抽象出来了一个共同的本质,然后所有的问题都可以套用这套程序,这样大家才能放心地以它为跳板往前冲.

后来我们学习了方程,接着就发现以前让我们头痛不已的"鸡兔同笼"问题突然就变得非常简单了.不仅解决这个具体问题简单,而且随便问题怎么变化,加入其他的动物也好,数上翅膀也好,都可以用一样的程序轻松地把题目做出来.为什么会这样?

没有方程的时候,我们得具体问题具体对待,然后根据它的题干去做各种逆向分析.

我们很容易从一系列原因出发得到某种结果,但是给出某种结果去倒着分析原因就是很困难的事情了.

比如,如果我们现在知道了有 23 只鸡,12 只兔子,然后让你去计算有多少头和脚,这是正向思维,很容易.但是,如果告诉你有多少头和脚,让你去反着思考有多少只鸡和兔子,这就是逆向思维了,很麻烦.

方程告诉我们:为什么放着自己熟悉的正向思维不用,而跑去用麻烦的逆向思维呢?你说,我这不是不知道有多少只鸡和兔子,迫不得已才用逆向思维么?方程告诉你,你不知道有多少只鸡和兔子无所谓,你可以先用一个未知的量代替它,先用正向思维把方程列出来再说.

假设有 x 只鸡,y 只兔子,那么,一共就有 $x+y$ 个头,$2x+4y$ 只腿.而题目告诉我们有 35 个头,94 只脚,所以我们就可以得到

$$\begin{cases} x+y=35 \\ 2x+4y=94 \end{cases}$$

我们毫不费力地把这两个方程列出来了,于是这个题目基本上就做完了.因为剩下的事情就是把 x 和 y 从方程里解出来,而解方程是一件高度程序化的事情,什么样的方程怎么去求解,都有固定的方法.

从小学时代的"聪明技巧"到列方程、解方程,这是数学上一个非常典型的进步,大家可以仔细想想:这个过程中到底发生了什么?方程到底是如何简化问题的?这跟微积分的发明有何异曲同工之妙?

其实,我们开始思考"鸡兔同笼"的那些"聪明的技巧",那些逆向思维时的思路,都被打包塞到解方程的步骤里去了.

什么意思?比如,你要解上面这个方程

$$\begin{cases} x+y=35 & ① \\ 2x+4y=94 & ② \end{cases}$$

老师可能会教你一些固定的方法.

第一步,把方程 ① 两边都乘以 2,得到 $2x+2y=70$(这不就是跟我们上面的方法一样,把所有鸡兔的头都乘以 2).

第二步,再用方程 ② 减去乘以 2 的方程 ①,这样就把 x 消去了,得到了 $2y=24$(我们上面也是这么说的,脚的数量减去 2 倍头的数量就等于兔子剩下的脚的一半),然后就把兔子的数量 $y=12$ 求出来了.

第三步,把兔子的数量,也就是 y 的值 12 代入方程①,求出 x 的值,得到了鸡的数量是 23.

大家发现了吗？你以前思考这个问题时最复杂的那些步骤,现在完全被机械化地打包到解方程的过程中去了.你以前觉得那些只有你才能想得到的巧妙的解题技巧,只不过是最简单的解方程的方法,所以你会觉得这个问题现在变得非常简单了.

这就是数学！

数学不断地从不同领域抽象出一些相同的本质,然后尽可能地把抽象出来的东西一般化、程序化,这样我们就能越来越方便地掌握各种高级的数学"武器".

因此,数学越发展越抽象,越看重这种能够一般化、程序化的解决某种问题的方法.所以,方程的思想是革命性的,微积分也一样.

微积分也是使用了一种通用的方法来处理各种曲线围成的面积,稍加变化我们就能同样求出曲线的长度,或者曲面包含的体积.微积分之所以能够简化求面积的逻辑,是因为微积分把这些逻辑都打包到求原函数里去了,而后者是一个可以程序化、一般化的操作.

所以,我们学习数学的时候,也要更多地注意这些数学是从哪些不同的地方抽象出了哪些相同的本质,如何一般化地解决这类问题.这是数学的"大道",我们不用过于在意那些小技巧,没必要耗时间去琢磨"鸡兔同笼"问题的 108 种解法,以致"捡了芝麻丢了西瓜".

这一段似乎有点偏离主题,但是我觉得很重要.把这些理清楚了,对大家如何定位数学,如何理解、学习数学都会有很大的帮助.否则,如果我们从小学到高中学了十几年的数学,却不知道数学是什么,那岂不是白学了吗？而且,这一段对于我们理解微积分的意义也会很有帮助.

§15 扩张的微积分

现在微积分创立了,微积分的基本定理也被正式地提出来了,接下来应该再做些什么呢？

诚然,微积分基本定理的发现是这场"革命"里最核心的东西,相当于"革命"的指导思想.既然已经有了指导思想,那接下来要做的事情自然就是扩大战果,把这么优秀的思想扩散到各个领域里去.怎么扩散呢？

首先,微积分基本定理的核心思想就是用求原函数的方式来解决求面积的问题,所以求一个函数的原函数就成了问题的核心.那么,我们自然就要研究各

种常见函数的求导和求原函数的方法.

这些弄清楚之后,我们接下来就要问:由一些常见函数组成的复合函数,比如两个函数相加减、相乘除、相嵌套复合等时候要怎么求原函数？怎么求积分？再扩展一下,现在知道了如何求面积,那要怎样求体积,求曲线的长度呢？

这部分内容是我们最擅长的,也是我们考试的重点.它的核心就是熟悉各种前人总结下来的微积分技巧,多练习,熟能生巧,没什么捷径.但是,也要特别警惕把对微积分的学习完全变成了对这种技巧的训练,这样数学就真的变成了算术了.

此外,我们强烈建议有抱负的同学不要急着打开微积分的课本直接去翻看这些问题的答案.我们在前面已经把微积分的思想说了,大家完全可以看看自己能不能独立把这些问题推出来,实在没办法了再去翻课本,也就是孔子说的"不愤不启,不悱不发".

像 Newton 和 Leibniz 那样洞察"积分和微分是互逆运算",然后提出微积分基本定理,这是一流科学家的素养.在一流科学家提出这种重大创新之后,能跟着把后面很自然的东西做完善,这是二流科学家的基本素养.大家在学习数学的时候要有意识地培养自己的这种能力.

然后,我们就可以把微积分的技术扩展到各种其他的领域了.比如,有了微积分,我们就可以研究弯曲的东西,如:曲线、曲面等都可以研究.这就等于说是在用微积分来研究几何,这就是微分几何.后面我们讲广义相对论的时候,此部分就必不可少了.

有了微积分,我们发现很多物理定律都可以写成微分方程的形式,有多个变量的时候就是偏微分方程.

有了微积分,我们就可以计算各种不同曲线的长度.那么,如何确定在特定条件下最短的那条曲线呢(图 2.23)？这里就发展出了变分法,变分法配合最小作用量原理,在物理学的发展过程中起到了极为关键的作用.

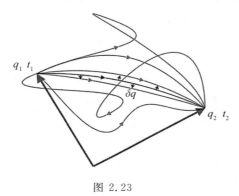

图 2.23

所以,微积分在接下来的两个世纪里基本上就这样疯狂地扩张着.科学(尤其是物理学)的发展需要微积分,微积分也需要从科学里汲取营养,它们就这样相互促进、相互成长.

§16 被忽略的无穷小

似乎大家都忘了一个问题:此时微积分的基础并不牢固,Leibniz 把 dx 视为一个无穷小量,但是无穷小量仍是怎么说都说不圆.

一个接近于 0 又不等于 0 的无穷小量到底是什么? 为什么有时候可以把它当除数约掉(认为它不为 0),有时候又随意把它舍弃(认为它等于 0)? 看数学史的时候也会觉得奇怪,像 Euler,Lagrange,Laplace,Bernoulli 家族这些顶级数学家,居然都对这些问题视而不见.更让人奇怪的是,他们使用这种逻辑不严密的微积分居然没有出什么差错.

因此,微积分最后的问题就是:如何使微积分严密化? 如何把微积分建立在一个坚实的基础之上?

之所以把 dx 看成一个无限趋近于 0 却又不等于 0 的无穷小量,主要是因为这样做很直观.我们用很多矩形去逼近曲线围成的面积,矩形数量越多,每个矩形的宽度就越小.当矩形的数量变成"无穷多个"的时候,每个矩形的宽度就"理所当然"地变成了无穷小.这么看,无穷小量确实很直观,但是这里有什么问题呢?

当我们说矩形的数量是一百个、一千个的时候,我们可以把它们都数出来的,也可以把它们的面积之和都算出来.但是,当矩形的数量是无穷多个的时候,无穷多个是多少个? 你能数出来吗? 你真的可以把无穷多个矩形的面积一一算出来,然后把它们加起来吗?

无穷,那肯定是无法具体数出来、测出来的,也不可能真的把无穷多个矩形的面积一个个算出来再求和.但是我们知道是这个意思,是那么回事就行了.我测不出来,但是我能想出来.

大家可能都知道,科学和哲学以前是一家的.因为纯粹的思辨在哲学里非常常见,所以以前的"科学"里就到处夹杂着这种"可以想但是无法测量的东西",这就极大地限制了科学的发展.因为一个东西如果无法测量你就无法用实验去验证它,无法验证你就不知道它是对是错,你不知道对错那就只能以权威说了算.你没有证据还敢说权威不对,那就很麻烦了,所以 Aristotle 的学说可以统治欧洲近两千年.

现代科学从哲学里分离了出来,一个标志性的操作就是:科学家们开始关注那些能够用实验测量到的量,对那些用实验无法测量的东西避而不谈.

Galileo 是公认的"现代科学之父",他的核心观点有两条:第一,用数学定量地描述科学;第二,用实验验证科学.所以,如果你谈的是现代科学,那么你就不能乱想了.

如果你还想用一些无法测量的概念来构建你的"科学体系",那么你的方法论就是非科学的,你构建的也只是玄学而非科学,这是很多"民科"非常容易犯的错误. Poincaré 甚至直接说:"凡是不能测量的东西,都不能算是自然科学."

这种思想在科学昌盛的 19 世纪已经很普遍了,诞生于这个时期的实证主义也指出:人类不可能也不必要去认识事物的"本质",科学是对经验的描写.他们甚至提出口号要"取消形而上学".

§17 柯西来了

总之,一切的一切就是不让你在科学里再谈那些无法测量、无法验证的概念,科学要基于实证.

那么,只能想却无法数,无法"观测"的无穷小量是不是这样的一个概念呢?虽然它很直观,但是回顾科学的历史,反直觉的重大科学进步难道还少吗?历史一次次地告诫我们:直觉不可靠,我们能依靠的只有严密的逻辑和确凿的实验.

在这样的大环境下,我们迎来了一位重要人物:Cauchy(图 2.24).

图 2.24

Cauchy 深刻地认识到:只要涉及数学概念,任何关于连续运动的一些先验的直观观念,都是可以避免,甚至是必须避免的.科学放弃了形而上学方面的努力,采用"可观测"概念之后就迎来了大发展,那数学为什么不也这样呢?

无穷小量是一个无限趋近于 0 但是又不能等于 0 的概念,也就是说它有一个极限位置 0,你可以想多接近就多接近,但就是无法到达.

我们知道实数跟数轴上的点是一一对应的. 当我们说一个量在无限趋近于 0 的时候,很多人脑海里浮现的画面就是一个点在数轴上不停地移动,从一个点移动到下一个点,一直靠近 0 这个点.

但是这个图景是不对的,为什么?因为实数是稠密的. 稠密就是说任意两个点(实数)之间永远都有无数个点(实数)(你自己想想是不是,1 和 2 之间有多少个数?(图 2.25)).你以为它能从点 A 移动到邻近的下一个点 B 吗?对不起,这个它真做不到!

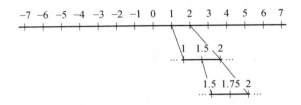

图 2.25

点 A 和点 B 之间永远有无数个点,也就是说点 A 根本就没有所谓的"下一个点". 你认为一定要走完了点 A 到点 B 之间所有的点才能到达点 B,那就不可避免地会陷入 Zeno 悖论里去. 因为你压根就不可能走完任何两个点之间的所有点(因为是无穷多个点),所以,如果按照这种逻辑,你就根本"走不动",于是 Zeno 的飞矢就飞不动了(图 2.26).

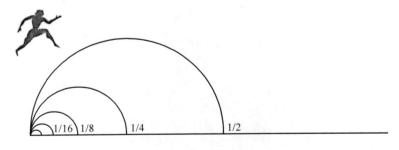

图 2.26

因此,面对这种连续的概念的时候,我们就不应该使用这种"动态的"定义. 你想通过"让一个点在数轴上动态地运动来定义极限"是行不通的,这就是 Leibniz 的无穷小量失败的真正原因.

数学家们经过一百多年的探索、失败和总结,最后终于意识到了这点,这些思想在 Cauchy 这里完全成熟. 于是,Cauchy 完全放弃了那种动态的定义方式,转而采取了一种完全静态,完全可以描述测量的方式重新定义了极限,进而为微积分奠定了扎实的基础.

这里我们把 Cauchy 对极限的新定义原封不动地贴出来:当一个变量相继的值无限地趋近某个固定值的时候,如果它同这个固定值之间的差可以随意地小,那么这个固定值就被称为它的极限.

有人看了这个定义之后就在犯嘀咕:这跟 Leibniz 说的不是一样的吗?这还不是在用"无限趋近""随意的小"这种跟"无穷小"差不多的概念来定义极限吗? 你说以前的定义是动态的,Cauchy 给变成了静态的,可是看来看去,Cauchy 这个定义好像也在动啊!

有这些疑问是正常的,毕竟是让数学家们讨论了一百多年的问题,不可能那么太"显而易见".

我们再仔细看看 Cauchy 的定义,它跟以前的差别到底在哪? 我们看,Cauchy 虽然也有用"无限趋近",但是他只是用这个来描述这个现象,并不是用它来做判决.他的核心判决是后面一句:如果它同这个固定值之间的差可以随意地小,那么它就是极限.

可以随意地小和你主动去无限逼近是完全不一样的.可以随意地小的意思是:你让我多小我就可以多小.你让我小于 0.1,我就能小于 0.1;你让我小于 0.01,我就能小于 0.01;你让我小于 0.00⋯001,我就可以小于 0.00⋯001.只要你能说出一个确定的值,不管你说的值有多小,我都可以让它跟这个固定值的差比你更小.Cauchy 说如果这样的话,那么这个固定值就是它的极限.

大家发现没有,Cauchy 学聪明了,他把这个判断过程给颠倒了过来.以前是你要证明自己的极限是 0,你就不停地变小,不停地朝 0 这个地方跑过去.但是,你和 0 之间永远隔着无数个点,所以你永远跑不完,你也就不知道你要跑到什么时候去,这样就晕了.

现在我学聪明了,这个难以界定的东西我不管了,我丢给你,我让你先说.只要你说出一个数,你要我变得多小我就变得多小.你如果想让我变成无穷小,那么你就得先把无穷小是多少给我说出来,你说不出来的话那就不能怪我了.

Cauchy 就通过这种方式把那些不可测的概念挡在了数学之外,因为你能具体说出来的数,那肯定就都是"可观测"的.大家再看看这个定义,再想想之前 Leibniz 的想法,是不是这么回事?

于是,Cauchy 就这样完美地避开了无穷小量.在 Cauchy 这里,无穷小量不过就是一个简单的极限为 0 的量而已,一个"只要你可以说出一个数,我肯定就可以让我和 0 之间的差比你给的数更小"的量.这样我们就能把它说得清清楚楚,它也不再有任何神秘感了.

§18 Weierstrass 和 ε-δ 极限

然后，Weierstrass 用完全数学的语言改进了 Cauchy 的这段纯文字的定义，得到了最终的，也是我们现在教材里使用的 ε-δ 极限定义.

根据 Cauchy 的思想，Weierstrass 说：你要判断某个函数 $f(x)$ 在某个地方 a 的极限是不是某个值 L，关键就要看，如果任意说一个数 ε（比如 $0.00\cdots001$ 或者任意其他的，注意是任意取，这里用 ε 代替），你能不能找到一个 x 的取值范围（用 δ 来衡量），让这个范围里的函数值 $f(x)$ 与那个值 L 之间的差（用 $|f(x)-L|$ 表示）小于 ε. 如果总能找到这样的 δ，那么我们就说函数 $f(x)$ 在点 a 的极限为 L.

用精练的数学语言表述上面的话就是：当且仅当对于任意的 ε，存在一个 $\delta > 0$，使得只要 $0 < |x-a| < \delta$，就有 $|f(x)-L| < \varepsilon$，那么我们就说 $f(x)$ 在点 a 的极限为 L. 记作

$$\lim_{x \to a} f(x) = L$$

定义里的 Lim 就是极限的英文单词 Limit 的缩写，这个箭头 $x \to a$ 也非常形象地表达了极限这个概念.

这个定义就真正做到了完全"静态"，不再有任何运动的痕迹（连 Cauchy 说的"无限趋近""随意地小"都没有了），也不再有任何说不清的地方. 从定义你也能清楚地看出来：它根本不关心是如何逼近 L 的，只要最后的差比 ε 小就行.

这里我们要特别注意的是 ε 是任意的，任意就是说随便 ε 取什么值，你都要找到与之对应的 δ，你不能说有 10 个 ε 满足条件就说这是极限.

看个例子，我们考虑最简单的 $f(x)=1/x$. 当 x 的取值（$x>0$）越来越大的时候，这个函数的值就会越来越小

$$f(1) = 1$$
$$f(10) = 0.1$$
$$f(100) = 0.01$$
$$f(1\,000) = 0.001$$
$$\cdots$$

看得出来，当 x 的取值越来越大的时候，$f(x)$ 的值会越来越趋近于 0. 所以，函数 $f(x)$ 在无穷远处的极限值应该是 0，也就是说

$$\lim_{x \to \infty} \frac{1}{x} = 0$$

这个结论是很明显的，接下来我们就来看看如何用 ε-δ 定义来说这件事.

按照定义,我们要取一个任意小的 ε,假设这里我们取 $\varepsilon=0.1$,那么我们就要去找一个 δ,看能不能找到一个范围让 $|f(x)-0|<0.1$,显然只需要 $x>10$ 就行了;取 $\varepsilon=0.01$,就只需要 $x>100$ 就行了;任意给一个 ε,我们显然都能找到一个数,当 x 大于这个数的时候满足 $|f(x)-0|<\varepsilon$,这样就可以了.

于是,我们就构建了一个逻辑严密,不再有任何"说不清"概念的极限理论.

§19 积分的重建

先看积分,我们之前认为曲线围成的面积是无数个宽度为无穷小量的矩形面积之和,于是我们在这里就被无穷小量缠上了. 有了 $\varepsilon\delta$ 极限之后,我们就可以刷新一下对积分的认知了:从现在起,我们把曲线围成的面积看成是一个极限,而不再是无数个无穷小量的矩形面积之和.

即假设我们用一个矩形逼近曲线围成的面积的时候,我们把这一个矩形的面积记作 S_1,用两个矩形逼近的面积之和记作 S_2,同样地,我们记下 S_3,S_4,S_5,$\cdots$.

一般情况下,如果我们用 n 个矩形去逼近这个面积,这 n 个矩形的面积之和就记作 S_n. 如果这个 S_n 的极限存在,也就是说,随便说出一个数字 ε,都能找到一个 n 的范围,让 S_n 和 A 之间的差 $|S_n-A|$ 小于给定的这个数字 ε. 那么,A 就是这个 S_n 的极限,即

$$S_n \to A$$

于是,我们就说:曲线围成的面积就是这个极限 A,它是 n 个矩形面积之和 S_n 的极限(图 2.27).

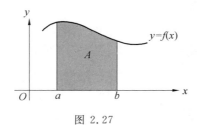

图 2.27

所以,我们就把这个极限过程表示的面积 A 定义为函数 $f(x)$ 从 a 到 b 上的积分,即

$$A = \int_a^b f(x)\mathrm{d}x$$

这样,我们的积分就成了一个由 $\varepsilon\delta$ 语言精确定义的极限. 这里没有那个等

于 0 又不等于 0 的无穷小量,一切都清清楚楚、明明白白,没有含糊的地方,这就是第二次数学危机的终极解决之道.

这样处理虽然不再那么直观,但是它非常精确和严密,这是符合数学的精神的.直观虽然能帮助我们更好地感受数学,但是如果失去了严密性,数学将什么都不是.

§20 导数的重建

积分解决了,微分这边也是一样.有了 $\varepsilon\delta$ 定义之后,我们就再也不能把导数看成两个无穷小量的比值($\mathrm{d}y/\mathrm{d}x$)了,而是把导数也看成一个极限.

这个理解起来相对容易,函数在某一点的导数就是这点切线的斜率.我们前面也说了,切线就是当割线的两点不断地靠近,当它们的距离变成无穷小时决定的直线(图 2.13).

很显然,这个定义是依赖无穷小量的,我们现在要用 $\varepsilon\delta$ 定义的极限来代替这个无穷小量.所以,切线就应该被理解为割线的极限,那么切线的斜率(也就是这点的导数)自然就是割线斜率的极限,所以导数 $f'(x)$ 也自然而然地成了一个极限.

由于割线的斜率就是用这两点的纵坐标之差($f(x+\Delta x)-f(x)$)除以这两点的横坐标之差($x+\Delta x-x=\Delta x$),而导数 $f'(x)$ 是割线斜率的极限.那么,我们在割线斜率的前面加一个极限符号就可以表示导数 $f'(x)$ 了

$$f'(x)=\lim_{\Delta x\to 0}\frac{f(x+\Delta x)-f(x)}{\Delta x}$$

这才是导数的真正定义,它是一个极限,而不再是两个无穷小量 $\mathrm{d}y$ 与 $\mathrm{d}x$ 的商 $\mathrm{d}y/\mathrm{d}x$.也就是说,按照极限的 $\varepsilon\delta$ 定义,这个导数 $f'(x)$ 的真正含义是:任意给出一个 ε,都能让割线的斜率与这个值的差比所给的 ε 更小.

我们反复强调 $\varepsilon\delta$ 定义的含义,就是希望大家能真的从这种角度去理解极限,思考极限,逐渐放弃那种"无限动态趋近某个点"的图景.思维一旦形成定势,想再改过来是非常困难的,所以我们得经常给自己"洗脑",直到把新理论的核心思想洗到自己的潜意识里去,这样才算真正掌握了它.

我们以前讲相对论的时候,很多人能切换到相对论思维,但是平常一不留神就又跌回到 Newton 的思维里去了.然后就闹出了一堆悖论、佯谬和各种奇奇怪怪的东西,这里也一样.

§21 微分的重建

Leibniz 当年认为导数是两个无穷小量 dy 和 dx 的商,所以他用 dy/dx 来表示导数.虽然现在导数不再是这个意思,但是 Leibniz 当年精心发明的这一套符号确实是非常好用的,于是我们就继续沿用了下来.

也就是说,我们今天仍然用 dy/dx 表示导数,但是大家一定要注意,dy/dx 在现代语境里是一个极限,不再是两个无穷小量的商,即

$$f'(x) = \frac{dy}{dx} = \lim_{\Delta x \to 0} \frac{f(x+\Delta x) - f(x)}{\Delta x}$$

如果不熟悉微积分的历史,就很容易对这些符号产生各种误解,这也是很多科普文章、教科书在讲微积分时的一大难点.因为思想是新的,符号却是老的,所以确实很容易让人犯糊涂.

于是,在 Leibniz 那里,他是先定义了代表无穷小量的微分 dx 和 dy,然后再用微分的商定义了导数 dy/dx,所以那时候导数也叫微商.

但是现在完全反转了:我们现在是先用 εδ 定义了极限,然后从极限定义导数 dy/dx.这里压根没有微分什么事,只不过由于历史原因我们依然把导数写成 dy/dx 这个样子.

那么,dx 和 dy 这两个之前被当作无穷小量的微分的东西,现在还有意义吗?

答案是有意义!

这个 dx 和 dy 还是有意义的,当然,有意义也肯定不可能再是以前无穷小量的意思了.那么,在 εδ 极限这种全新的语境下,dx 和 dy 在新时代的意义又是什么呢?请看图 2.28:

切线 l 的斜率表示在点 P 的导数,如果我们继续用 dy/dx 表示导数的话,那么从图里就可以清楚地看到:dx 表示在 x 轴的变化量,dy 就刚好表示切线 l 在 y 轴的变化量.

也就是说,当自变量变化了 Δx 的时候,Δy 表示实际的曲线的变化量,而微分 dy 则表示这条切线上的变化量,这就是新的语境下函数微分 dy 的含义.而自变量的微分 dx,大家可以看到,就跟 x 轴的变化量 Δx 是一回事.

由于切线是一条直线,而直线的斜率是一定的,所以,如果我们假设这条切线的斜率为 A,那么 dy 和 Δx 之间就存在这样一种线性关系:dy = $A \cdot \Delta x$.

这些结论都可以从图中很容易地看出来,但是,一个函数在某一点是否有微分是有条件的.我们这里是一条很"光滑"的曲线,所以在点 P 有微分 dy,也

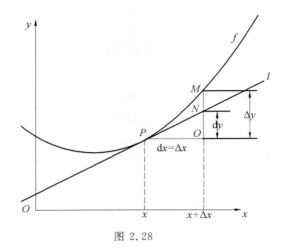

图 2.28

就是说它在点 P 是可微的. 但是, 如果函数在点 P 是一个折点, 一个尖的拐点呢? 那就不行了. 因为有拐点的话, 在这里根本就作不出切线来了, 那还谈什么 Δy 和 dy 呢?

关于函数在一点是否可微是一个比较复杂的问题, 判断曲线(一元函数)和曲面(二元函数)的可微性条件也不太一样. 直观地看, 如果它们看起来是"光滑"的, 那么基本上就是可微的.

微分的严格定义是这样的: 对于 Δy 是否存在着一个关于 Δx 为线性的无穷小 $A \cdot \Delta x$ (A 为常数), 使它与 Δy 的差是较 Δx 更高阶的无穷小. 也就是说, 下面这个式子是否成立

$$\Delta y = dy + o(\Delta x) = A \cdot \Delta x + o(\Delta x)$$

$o(\Delta x)$ 就表示 Δx 的高阶无穷小, 从字面上理解, 高阶无穷小就是比无穷小还无穷小. 当 Δx 慢慢趋向于 0 的时候, $o(\Delta x)$ 能够比 Δx 以更快的速度趋向于 0. 比如当 Δx 减小为原来的 1/10 的时候, $o(\Delta x)$ 就减小到了原来的 1/100, 1/1 000 甚至更多.

如果这个式子成立, 我们就说函数 $y = f(x)$ 在这点是可微的, $dy = A \cdot \Delta x$ 就是函数的微分. 因为这是一个线性函数, 所以我们说微分 dy 是 Δy 的线性主部.

这部分的内容好像确实有点乏味, Leibniz 时代的微分 dy 就是一个接近 0 又不等于 0 的无穷小量, 理解起来非常直观. 但是, 我们经过 ε-δ 的极限重新定义的函数的微分 dy 竟然变成了一个线性主部. 这很不直观, 定义也挺拗口的, 但是这样的微积分才是现代的微积分, 才是基础牢固、逻辑严密的微积分.

为了让大家对这个不怎么直观的微分概念也能有一个比较直观的感受, 我们再来看一个非常简单的例子.

我们都知道半径为 r 的圆的面积公式是 $S=\pi r^2$. 如果我们让半径增加 Δr, 那么新的圆的面积就应该写成 $\pi(r+\Delta r)^2$, 于是增加的面积 ΔS 就应该等于两个圆的面积之差

$$\Delta S = \pi(r+\Delta r)^2 - \pi r^2 = 2\pi r \cdot \Delta r + \pi(\Delta r)^2$$

大家可以看到, 这个式子就跟前文的 $\Delta y = A \cdot \Delta x + o(\Delta x)$ 是一模一样的. 只不过我们把 x 和 y 换成了 r 和 S, A 在这里就是 $2\pi r$, 这里的 $\pi(\Delta r)^2$ 是关于 Δr 的平方项, 这不就是所谓的高阶(平方是二阶, Δr 是一阶, 二比一更高阶)无穷小 $o(\Delta x)$ 吗?

所以, 它的微分 dS 就是 $2\pi r \cdot \Delta r$ 这一项

$$dS = 2\pi r \cdot \Delta r$$

它的几何意义也很清楚: 这就是一个长为 $2\pi r$ (这刚好是圆的周长)、宽为 Δr 的矩形的面积, 好像是把这个圆"拉直"了所得的矩形的面积.

微分的事情就说到这里, 剩下的大家可以自己慢慢去体会.

§22 收官的 Lebesgue

关于微积分的重建, 我们已经看到了如何在 $\varepsilon\delta$ 定义的新极限下重新定义积分和微分, 也看到了在这种新的定义下, 积分和微分的概念跟以前有什么不同. 沿着这条路, 我们还能非常严格地证明微积分基本定理, 也能很好地处理连续性、可微性、可导性、可积性等问题. 虽然在具体的计算方式上跟以前的差别不大, 但是微积分的这个逻辑基础跟以前比已经发生了翻天覆地的变化, 这个差别大家要仔细体会.

在 Weierstrass 给出极限的 $\varepsilon\delta$ 定义之后, 微积分的逻辑问题基本上解决了, 但还有一些其他的问题. 比如, 有了微积分, 数学家们当然就希望尽可能多的函数是可以求出积分的, 但是像 Dirichlet 函数(x 为有理数的时候值为 1, x 为无理数的时候值为 0)就没法这样求积分.

想想看, 一个在 x 为有理数时值为 1, x 为无理数时值为 0 的函数你要怎么去切块? 它在任何一个地方都是不连续的, 我们甚至连它的图像都画不出来, 怎么用矩形去逼近? 所以, 这里就有一个棘手的问题: 一个函数到底要满足什么条件才是可以求积分的呢?

这个问题一直拖到 20 世纪初才由 Lebesgue(图 2.29)解决. Lebesgue 把我们常见的长度、面积概念做了一个扩展, 得到了更一般的测度概念. 然后, 他基于这种测度定义了适用范围更广的 Lebesgue 积分, 于是, 原来无法求积分的 Dirichlet 函数在 Lebesgue 积分下就可以求积分了. 然后, Lebesgue 基于测度

的理论也给出了一个函数是否可积的判断条件.

图 2.29

于是,我们这段跨越两千多年,从 Archimedes 到 Lebesgue 的微积分之旅就告一段落了.

§23 结　　语

古希腊人和古代中国人都知道用已知的多边形去逼近复杂曲线图形, Archimedes 用穷竭法算出了一些简单曲线围成的图形的面积,刘徽用正多边形去逼近圆,也就是用割圆术去计算圆周率.

Newton 和 Leibniz 发现了"微分和积分是一对互逆运算"这个惊天大秘密,正式宣告了微积分的诞生.

Cauchy 和 Weierstrass 用 ε-δ 语言重新定义了极限,把风雨飘摇中的微积分重新建立在坚实的极限理论基础之上,彻底解决了无穷小量的问题,解决了第二次数学危机,也在数学领域解决了 Zeno 悖论.

Lebesgue 基于集合论,对积分理论进行了一次革命,建立了定义范围更广的 Lebesgue 积分,并且进一步把这场革命推进到了实分析领域.

我的文章虽然以 Lebesgue 结尾,但这丝毫不代表微积分在 Lebesgue 这里就走向了完结,即便这时候已经是 20 世纪初了.

20 世纪 60 年代初,有一个叫 Robinson 的德国人重新捡起了 Leibniz 的无穷小量.他把实数扩展到非实数,直接把无穷大和无穷小变成了非实数域里的一个元素.所以他的理论可以直接处理无穷小量,这是第一个严格的无穷小理

论.

我们知道,无穷小量在微积分建立初期掀起了腥风血雨,后来经过 Cauchy 和 Weierstrass 的拼命拯救,才终于在坚实的 $\varepsilon\delta$ 极限理论之上重建了微积分. Cauchy 和 Weierstrass 的这一套让微积分严密化的方法被称为标准分析.

而 Robinson 认为,无穷小量虽然不严谨,但是大家基于无穷小量做的微积分计算却也都是正确的,这至少表明无穷小量里应该也包含着某种正确性. $\varepsilon\delta$ 极限是一种绕弯解决无穷小量的不严谨的方法,但是这种方法并不是唯一的. 鲁滨逊选择直接面对无穷小量,建立了另一种让微积分严密化的方法. 因此,与 Cauchy 和 Weierstrass 的标准分析相对, Robinson 的这种方法被称为非标准分析.

提出了不完备定理的数学家 Godel 就对非标准分析推崇备至,他认为非标准分析将会是未来的数学分析. 他说:"在未来的世纪中,将要思量数学史中的一件大事,就是为什么在发明微积分 300 年后,第一个严格的无限小理论才发展起来."

我们现在就处在 Godel 说的未来的世纪中,各位读者对这个问题有没有什么看法呢? 如果本章能够让大家对微积分、对数学感兴趣,进而开始自己独立地思考这些问题,那就善莫大焉了.

此外,我希望大家可以改变一下对数学的看法:数学不等于计算,数学也不等于应用,绝妙而深刻的数学思想(比如发现微分和积分是互逆过程)和严密的逻辑(如使用 $\varepsilon\delta$ 定义极限)反而是更重要的. 而且,数学的壮观之美也往往需要站在后面两个角度上才能体会到,我很难相信有人会觉得重复的做计算是很有趣的,这也是很多人不喜欢数学的原因. 但是,我绝对相信那些真正认识了数学的人,他们是发自内心地觉得数学美丽动人.

Stieltjes 与 Stieltjes 积分

Thomas Joannes Stieltjes(1856—1894),荷兰人.1856年12月29日出生.毕业于代尔夫特工业大学.1877年至1883年在莱顿天文台工作.1886年在图卢兹大学任教授.1894年成为彼得堡科学院通讯院士.1894年12月31日逝世.

Stieltjes 主要研究分析学.他于1894年发表的论文引起了关于实变函数论和解析函数论的一系列的研究.为了表达解析函数序列的极限,他将 Riemann 和 Darboux 的积分概念进行扩张,引入了后来以他的名字命名的积分.当时他本人以及同时代的数学家并未对此积分进行深入研究,后来发现这种积分有许多应用方面的价值,才引起人们的注意.自1886年起,Stieltjes 着手研究发散级数,他把发散级数分为两类:一种是有唯一的函数以它为展开式的;另一种是至少有两个函数以它为展开式的.他把能表示函数以及能用于计算函数近似值的发散级数称为半收敛级数,并对它们进行了研究.由于连分式可以变换成发散级数或收敛级数,因而,他在研究发散级数的连分式展开时,对连分式解析理论也做出了贡献.1894年他写了两篇关于这方面的论文.

Stieltjes 积分是积分理论中一类十分重要的积分.许多著名数学家都对此有研究,当然也包括那些不为大众所知晓的数学家.例如:Robert Daniel Carmichael(1879—1967),美国人,曾在伊利诺斯大学工作.Carmichael 主要研究数论、积分法和运算微积分.在数论方面,他找到了新完全数,提出了著名的 Carmichael 假设.在积分法方面,他于1919至1920年间,得到比 Stieltjes 积分更为一般的公式.在运算微积分的论文中,他阐述了符号运算微积分的原理,也介绍了英国数学家在这方面的基本成就.

稍后,同时期的还有 Erich Wiui Herman Kamke(1890—1961),德国人. 曾在丘宾根工作. Kamke 主要研究微分方程理论、函数论和数论,著有《偏微分方程手册》《常微分方程手册》《Lebesgue－斯蒂尔杰斯积分》等.

§1 Stieltjes 积分[①]

定义 1 （S 积分[②]）设 $f(x), \alpha(x)$ 为 $[a,b]$ 上的有限函数,对 $[a,b]$ 做一分划

$$T: a = x_0 < x_1 < \cdots < x_n = b$$

属于此分划的任一组"介点" $x_{i-1} \leqslant \zeta_i \leqslant x_i (i=1,2,\cdots,n)$ 作和数(Stieltjes 和数)

$$\sigma(T, f, \alpha) = \sum_{i=1}^{n} f(\zeta_i)[\alpha(x_i) - \alpha(x_{i-1})]$$

若当 $\delta(T) = \max_i (x_i - x_{i-1}) \to 0$ 时,$\sigma(T, f, \alpha)$ 总趋于一个确定的有限极限(不论 T 如何取,也不论介点如何取),则称 $f(x)$ 在 $[a,b]$ 上关于 $\alpha(x)$ 为 S 可积分的,此极限叫作 $f(x)$ 在 $[a,b]$ 上关于 $\alpha(x)$ 的 S 积分,记为 $\int_a^b f(x) \mathrm{d}\alpha(x)$.

易知当 $\alpha(x) = x$ 时,S 积分便成为 R 积分,可见 S 积分是 R 积分的一种推广,但 S 积分的极限式定义和确界式定义是不等价的.

定理 1 (1) $\int_a^b [f_1(x) + f_2(x)] \mathrm{d}\alpha(x) = \int_a^b f_1(x) \mathrm{d}\alpha(x) + \int_a^b f_2(x) \mathrm{d}\alpha(x)$.

(2) $\int_a^b f(x) \mathrm{d}(\alpha_1(x) + \alpha_2(x)) = \int_a^b f(x) \mathrm{d}\alpha_1(x) + \int_a^b f(x) \mathrm{d}\alpha_2(x)$.

(3) 设 k, l 为常数,则

$$\int_a^b k f(x) \mathrm{d}(l\alpha(x)) = k \cdot l \int_a^b f(x) \mathrm{d}\alpha(x)$$

以上三式之意义,是当右边积分有意义时,左边积分也有意义,而且等式成立.

(4) 设 $a < c < b$,则

$$\int_a^b f(x) \mathrm{d}\alpha(x) = \int_a^c f(x) \mathrm{d}\alpha(x) + \int_c^b f(x) \mathrm{d}\alpha(x)$$

设左、右边各积分都存在.

以上各条之证明直接从定义即得.

[①] 摘自《实变函数》,胡长松主编,科学出版社,2002.
[②] Stieltjes 积分.简称"S 积分"

但是第(4)条只假定等式右边两个积分存在,一般推不出左边积分也存在(见例1).

定理 2 设 $f \in C_{[a,b]}$, $\alpha(x) \in BV_{[a,b]}$, 则 $f(x)\mathrm{d}\alpha(x)$ 存在.

证明 由 Jordan 分解定理, $\alpha(x)$ 可以分解为两个增函数之差,因此不妨设 $\alpha(x)$ 为增函数.

任取 $[a,b]$ 的分划 $T: a = x_0 < x_1 < \cdots < x_n = b$, 作和数

$$S(T,f,\alpha) = \sum_{i=1}^{n} M_i(\alpha(x_i) - \alpha(x_{i-1}))$$

$$s(T,f,\alpha) = \sum_{i=1}^{n} m_i(\alpha(x_i) - \alpha(x_{i-1}))$$

这里 M_i, m_i 分别为 $f(x)$ 在 $[x_{i-1}, x_i]$ 上的上、下确界,则

$$s(T,f,\alpha) \leqslant \sigma(T,f,\alpha) \leqslant S(T,f,\alpha)$$

设 $I = \sup_T \{s(T,f,\alpha)\}$ 类似于 R 积分的证明,有 $s(T,f,\alpha) \leqslant I \leqslant S(T,f,\alpha)$. 因此

$$|\sigma(T,f,\alpha) - I| \leqslant S(T,f,\alpha) - s(T,f,\alpha)$$

因为 $f(x)$ 在 $[a,b]$ 上连续, $\forall \varepsilon > 0, \exists \delta > 0$, 当 $|x'' - x'| < \delta$ 时,有

$$|f(x'') - f(x')| < \varepsilon$$

所以当 $\delta(T) < \delta$ 时, $M_i - m_i < \varepsilon$. 于是

$$S(T,f,\alpha) - s(T,f,\alpha) < \varepsilon[\alpha(b) - \alpha(a)]$$

故当 $\delta(T) < \delta$ 时

$$|\sigma(T,f,\alpha) - I| < \varepsilon[\alpha(b) - \alpha(a)]$$

即 $\int_a^b f(x)\mathrm{d}\alpha(x)$ 存在.

定理 3 设 $f(x) \in C_{[a,b]}$, $\alpha(x)$ 处处可导且 $\alpha'(x)$ 在 $[a,b]$ 上 R 可积,则

$$(S)\int_a^b f(x)\mathrm{d}\alpha(x) = (R)\int_a^b f(x)\alpha'(x)\mathrm{d}x$$

证明 因为 $\alpha'(x)$ 有界,所以 $\alpha(x) \in AC_{[a,b]}$. 从而 $(S)\int_a^b f(x)\mathrm{d}\alpha(x)$ 与 $(R)\int_a^b f(x)\alpha'(x)\mathrm{d}x$ 都存在.

任取 $[a,b]$ 的分划 $T: a = x_0 < x_1 < \cdots < x_n = b$. 由中值定理便得

$$\sigma(T,f,\alpha) = \sum_{i=1}^{n} f(\zeta_i)[\alpha(x_i) - \alpha(x_{i-1})] = \sum_{i=1}^{n} f(\zeta_i)\alpha'(\zeta'_i)(x_i - x_{i-1})$$

这里 $x_{i-1} \leqslant \zeta_i, \zeta'_i \leqslant x_i$. 在上式两边取极限 ($\delta(T) \to 0$), 即得证.

定理 4 设 $f(x) \in C_{[a,b]}$, $g(x) \in AC_{[a,b]}$, 则

$$(S)\int_a^b f(x)\mathrm{d}g(x) = (L)\int_a^b f(x)g'(x)\mathrm{d}x$$

证明 上面两积分存在是明显的,今证两积分相等.

对 $[a,b]$ 取分划 $T: a = x_0 < x_1 < \cdots < x_n = b$,令
$$\sigma = \sum_{i=1}^{n} f(\zeta_i)[g(x_i) - g(x_{i-1})], x_{i-1} \leqslant \zeta_i \leqslant x_i$$

因为
$$g(x_i) - g(x_{i-1}) = \int_{x_{i-1}}^{x_i} g'(x) \mathrm{d}x$$

所以
$$\sigma - (\mathrm{L})\int_a^b f(x) g'(x) \mathrm{d}x = \sum_{i=1}^{n} \int_{x_{i-1}}^{x_i} [f(\zeta_i) - f(x)] g'(x) \mathrm{d}x$$

设 $f(x)$ 在 $[x_{i-1}, x_i]$ 上的振幅为 ω_i,则由上式得
$$\left| \sigma - \int_a^b f(x) g'(x) \mathrm{d}x \right| \leqslant \sum_{i=1}^{n} \omega_i \int_{x_{i-1}}^{x_i} |g'(x)| \mathrm{d}x \leqslant \lambda \int_a^b |g'(x)| \mathrm{d}x$$

这里 $\lambda = \max_{1 \leqslant i \leqslant n} \{\omega_i\}$,当 $\delta(T) \to 0$ 时,有 $\lambda \to 0$,从而知
$$(\mathrm{S})\int_a^b f(x) \mathrm{d}g(x) = (\mathrm{L})\int_a^b f(x) g'(x) \mathrm{d}x$$

证毕.

定理 5 设 $\int_a^b f(x) \mathrm{d}\alpha(x)$ 与 $\int_a^b \alpha(x) \mathrm{d}f(x)$ 中有一个存在,则另一个也存在,且
$$\int_a^b f(x) \mathrm{d}\alpha(x) + \int_a^b \alpha(x) \mathrm{d}f(x) = f(x) \alpha(x) \Big|_a^b$$

证明 设 $\int_a^b f(x) \mathrm{d}\alpha(x)$ 存在. 对 $[a,b]$ 的任一分划 $T: a = x_0 < x_1 < \cdots < x_n = b, x_{i-1} \leqslant \zeta_i \leqslant x_i$,有
$$\sum_{i=1}^{n} \alpha(\zeta_i)[f(x_i) - f(x_{i-1})] = \{-\sum_{i=1}^{n-1} f(x_i)[\alpha(\zeta_{i+1}) - \alpha(\zeta_i)] -$$
$$f(x_0)[\alpha(\zeta_1) - \alpha(x_0)] -$$
$$f(x_n)[\alpha(x_n) - \alpha(\zeta_n)]\} +$$
$$f(x_n)\alpha(x_n) - f(x_0)\alpha(x_0)$$

而右边 $\{\cdots\}$ 内正好是以 $\{\zeta_i\}$ 为分点,$\{x_i\}$ 为介点的 $f(x)$ 关于 $\alpha(x)$ 的 Stieltjes 和数. 当 $\delta(T) \to 0$ 时,上式两边取极限即得
$$\int_a^b f(x) \mathrm{d}\alpha(x) + \int_a^b \alpha(x) \mathrm{d}f(x) = f(x) \alpha(x) \Big|_a^b$$

证毕.

推论 6 设 $f \in BV_{[a,b]}, \alpha(x) \in C_{[a,b]}$,则
$$\int_a^b f(x) \mathrm{d}\alpha(x)$$

存在.

例1 设 $f(x)$ 和 $\alpha(x)$ 是 $[-1,1]$ 上定义的两个函数
$$f(x)=\begin{cases}0, & -1\leqslant x\leqslant 0\\ 1, & 0<x\leqslant 1\end{cases}$$
$$\alpha(x)=\begin{cases}0, & -1\leqslant x<0\\ 1, & 0\leqslant x\leqslant 1\end{cases}$$

易知, $f(x)$ 在 $[-1,1]$ 上关于 $\alpha(x)$ 的 S 积分是不存在的.

事实上, 对 $[-1,1]$ 作分划
$$T: -1=x_0<x_1<\cdots<x_{i-1}<0<x_i<\cdots<x_n=1$$
则
$$\sigma=\sum_{i=1}^n f(\zeta_i)[\alpha(x_i)-\alpha(x_{i-1})]=f(\zeta_i)=\begin{cases}0, & \zeta_i\leqslant 0\\ 1, & \zeta_i>0\end{cases}$$

可见 σ 的极限是不存在的, 即 $f(x)$ 在 $[-1,1]$ 上关于 $\alpha(x)$ 的 S 积分不存在. 但是易见 $f(x)$ 分别在 $[-1,0]$ 与 $[0,1]$ 上关于 $\alpha(x)$ 的 S 积分都存在.

§2 Lebesgue-Stieltjes 测度与积分

设 $\alpha(x)$ 为定义在 $\mathbf{R}^1$ 上的有限增函数. 对任何开区间 $I=(x,x')$, 称 $\alpha(x')-\alpha(x)$ 为区间 I 的 "权", 记为 $|I|=\alpha(x')-\alpha(x)$.

定义 1 (L-S 外测度) 设 $E\subset\mathbf{R}^1$
$$m_\alpha^* E=\inf\left\{\sum_{i=1}^\infty |I_i|\,\Big|\,\{I_i\}\text{ 为开区间列且 }\bigcup_{i=1}^\infty I_i\supset E\right\}$$
称之为 E 关于分布函数 $\alpha(x)$ 的 L-S 外测度.

显然, 当 $\alpha(x)=x$ 时, L-S 外测度便成为 L 外测度.

L-S 外测度与 L 外测度有同样的基本性质:

(1) $m_\alpha^* E\geqslant 0$, 且 $m_\alpha^* \varnothing=0$.

(2) 设 $A\subset B$, 则 $m_\alpha^* A\leqslant m_\alpha^* B$ (单调性).

(3) $m_\alpha^*(\bigcup_{i=1}^\infty E_i)\leqslant\sum_{i=1}^\infty m_\alpha^* E_i$ (次可数可加性).

定理 1 (1) $m_\alpha^*(a,b)=\alpha(b-0)-\alpha(a+0)$.

(2) $m_\alpha^*(a,b]=\alpha(b+0)-\alpha(a+0)$.

(3) $m_\alpha^*[a,b]=\alpha(b+0)-\alpha(a-0)$.

(4) $m_\alpha^*[a,b)=\alpha(b-0)-\alpha(a-0)$.

证明 只证 (1). 先证

$$m_\alpha^*(a,b) \geqslant \alpha(b-0) - \alpha(a+0)$$

为此,任取 $a < x_1 < x_2 < b$,并设 $\bigcup_{i=1}^{\infty} I_i \supset (a,b)$. 当然 $\bigcup_{i=1}^{\infty} I_i \supset [x_1, x_2]$. 由有限覆盖定理,存在有限个 I_i,不妨设为 $I_1, I_2, \cdots, I_n$,使得 $\bigcup_{i=1}^{n} I_i \supset [x_1, x_2]$,由 $\alpha(x)$ 的单调性易知

$$\sum_{i=1}^{n} |I_i| \geqslant \alpha(x_2) - \alpha(x_1)$$

从而

$$\bigcup_{i=1}^{\infty} |I_i| \geqslant \alpha(x_2) - \alpha(x_1)$$

于是

$$m_\alpha^*(a,b) \geqslant \alpha(x_2) - \alpha(x_1)$$

令 $x_1 \downarrow a, x_2 \uparrow b$,得

$$m_\alpha^*(a,b) \geqslant \alpha(b-0) - \alpha(a+0)$$

次证

$$m_\alpha^*(a,b) \leqslant \alpha(b-0) - \alpha(a+0)$$

为此,在 (a,b) 内取 $\alpha(x)$ 的一列连续点(因 $\alpha(x)$ 单调)$\{x_n\}$,$n = 0, \pm 1, \pm 2, \cdots$,使 $x_n \downarrow a(n \to -\infty)$,$x_n \uparrow b(n \to +\infty)$. 然后对每个 n 取 a_n, b_n,使 $a < a_n < x_n < b_n < b$ 且

$$\alpha(b_n) - \alpha(a_n) < \frac{\varepsilon}{2^{|n|+1}}$$

作开区间 $I_n = (a_n, b_{n+1})$, $n = 0, \pm 1, \pm 2, \cdots$. 显然, $\bigcup_n I_n \supset (a,b)$,且

$$\sum_n |I_n| = \sum_{-\infty}^{+\infty} [\alpha(b_{n+1}) - \alpha(b_n)] + \sum_{-\infty}^{+\infty} [\alpha(b_n) - \alpha(a_n)]$$

$$\leqslant \lim_{N \to \infty} \sum_{-N}^{N} [\alpha(b_{n+1}) - \alpha(b_n)] + 2\varepsilon$$

$$= \lim_{N \to \infty} [\alpha(b_{N+1}) - \alpha(b_{-N})] + 2\varepsilon$$

$$\leqslant \alpha(b-0) - \alpha(a+0) + 2\varepsilon$$

故

$$m_\alpha^*(a,b) < \alpha(b-0) - \alpha(a+0) + 2\varepsilon$$

由 $\varepsilon > 0$ 的任意性,即得证.

证毕.

由定理可知,对 $\alpha(x)$ 取常值的任一开区间 I 总有 $m_\alpha^* I = 0$,而对于 $\alpha(x)$ 的任一不连续点 x_0,则有

$$m_\alpha^*\{x_0\} = \alpha(x_0+0) - \alpha(x_0-0) > 0$$

这一点与 L 外测度不同.

值得注意的是:如果改变 $\alpha(x)$ 在不连续点的函数值,并不影响 L-S 外测度的值. 因此有时可将 $\alpha(x)$ 规范化,即要求 $\alpha(x)$ 为右连续的增函数,从而有
$$m_\alpha^*(a,b] = \alpha(b) - \alpha(a)$$

定义 2 (L-S 可测集及测度) 设 $E \subset \mathbf{R}^1$. 若对任何 $T \subset \mathbf{R}^1$,总有
$$m_\alpha^* T = m_\alpha^*(T \cap E) + m_\alpha^*(T \cap E^C)$$
则称 E 为关于 $\alpha(x)$ 的 L-S 可测集,而 $m_\alpha^* E$ 称为 E 关于 $\alpha(x)$ 的测度,记作 $m_\alpha E$.

类似于 L 测度,不难证明:任何区间都是 L-S 可测的.

现在 L-S 外测度既具有完全同于 L 外测度的基本性质及可测集定义仍旧是满足卡氏可测条件的,所以 L-S 可测集及其测度自然也就具有完全同于 L 可测集及测度的一切重要性质. 特别是,关于 $\alpha(x)$ 的 L-S 可测集对并、交、余运算是封闭的,又有可数可加性等.

当 $m_\alpha^* E = 0$ 时,必有 $m_\alpha E = 0$. 凡 Borel 集关于任何 $\alpha(x)$ 都是 L-S 可测集,但是一般的 L-S 测度没有运动的不变性.

有了 L-S 可测集和测度之后,我们就可以在它的基础上完全平行地建立相当于 L 可测函数和积分的 L-S 可测函数和 L-S 积分的概念和有关理论.

显然,当 $\alpha(x) = x$ 时 L-S 可测函数与 L-S 积分就分别成为 L 可测函数与 L 积分了.

§3 抽象可测函数及积分

定义 3 设 $(X, \mathscr{S})$ 是一个可测空间,$E \in \mathscr{S}$,f 是 E 上的广义实值函数. 若对任意实数 a,$E[f \geqslant a] \in \mathscr{S}$,则称 f 是 E 上关于 $\mathscr{S}$ 可测的函数.

定义 4 设 $(X, \mathscr{S}, \mu)$ 是一测度空间,$E \in \mathscr{S}$,$\psi(x)$ 是 E 上关于 $\mathscr{S}$ 的非负简单函数,$\psi = \sum_{i=1}^n a_i \chi_{E_i}$,则把和数 $\sum_{i=1}^n a_i \mu(E_i)$ 称为 $\psi(x)$ 在 E 上关于测度 μ 的积分,记作 $\int_E \psi(x) \mathrm{d}\mu$. 当上积分为有限数时,称 $\psi(x)$ 在 E 上关于测度 μ 可积.

定义 5 设 $(X, \mathscr{S}, \mu)$ 是一测度空间,$E \in \mathscr{S}$.

(1) 若 $f(x)$ 是 E 上的非负可测函数,则规定
$$\int_E f(x) \mathrm{d}\mu = \sup\left\{\int_E \psi(x) \mathrm{d}\mu \mid f \geqslant \psi \geqslant 0, \psi \text{ 是 } E \text{ 上的简单函数}\right\}$$

(2) 若 $f(x)$ 是 E 上的可测函数,$\int_E f^+(x) \mathrm{d}\mu$ 与 $\int_E f^-(x) \mathrm{d}\mu$ 中至少有一个为有限,则规定

$$\int_E f(x)\mathrm{d}\mu = \int_E f^+(x)\mathrm{d}\mu - \int_E f^-(x)\mathrm{d}\mu$$

且称 $\int_E f(x)\mathrm{d}\mu$ 为 f 在 X 上关于测度 μ 的积分,若 $\int_E f(x)\mathrm{d}\mu$ 有限,则称 f 在 X 上关于测度 μ 可积.

Radon-Stieltjes 积分

§1 正测度的定义

从 Riemann 积分到 Lebesgue 积分的推广仅仅依赖连续函数的 Riemann 积分的一小部分性质. 一般地,设 $f \to \mu(f)$ 是从 C_0 到实数 $\mathbf{R}$ 的一个映射,并且满足

$$\mu(af+bg) = a\mu(f) + b\mu(g) \quad (a,b \in \mathbf{R}, f,g \in C_0) \tag{4.1}$$

和

$$\mu(f) \geqslant 0 \quad (f \in C_0^+) \tag{4.2}$$

于是就有,若 $C_0^+ \ni f_n \downarrow 0$,则

$$\mu(f_n) \to 0 \tag{4.3}$$

若令 f 为 C_0^+ 中的函数,则在 $f_1 \neq 0$ 处其值为 1. 由于 $f_n \leqslant M_n f$,从而当 $n \to \infty$ 时,$0 \leqslant \mu(f_n) \leqslant M_n \mu(f) \to 0$.

当 $f \in I^+$ 时,与前面类似,我们可以定义

$$\mu^*(f) = \sup_{f \geqslant g \in C_0} \mu(g)$$

并可证明类似于前面的关于上积分的断言. 对于一般函数 $f \geqslant 0$,我们令

$$\mu^*(f) = \sup_{f \geqslant g \in I^+} \mu^*(g)$$

与以前类似,现在可以这样定义关于 μ 可积的函数类 L_μ^1:若对任意 $\varepsilon > 0$,存在 $g \in C_0$ 使 $\mu^*(|f-g|) < \varepsilon$,则说 $f \in L_\mu^1$. 当 $f \in L_\mu^1$ 时,可定义积分 $\mu(f)$,并且关于 Lebesgue 积分的那些定理完全成立. 注意,μ^- 零集合在很大程度上取决于 μ 的选择,这就要求我们对于所有涉及零集合的定理的叙述要特别慎重.

一个具有前面所述性质的泛函 $\mu(f)$ 被称为 Radon 正测度. 特别地, 若 C_0 代表的是 $C_0(\Omega)$, 其中 Ω 是 $\mathbf{R}^d$ 的一个开集, 那么我们得到 Ω 上的 Radon 测度, 以后, 为了避免繁杂的记号, 我们将主要考虑 $\mathbf{R}^d$ 上的 Radon 测度, 并且让读者自己去验证所有的定理无更改地对 Ω 上的 Radon 测度也成立.

§2 一维情形, Stieltjes 积分

设 $\Omega = (\alpha, \beta)$ 是一个有限或无限的开区间. 我们将确定 Ω 上所有的正测度 μ. 当 $y > x$ 时, 令
$$H_x(y) = 1$$
当 $y \leqslant x$ 时, 令
$$H_x(y) = 0$$
则有 $H_x \in I^+$, 并且, 对 $x_j \in \Omega$, 差 $H_{x_1} - H_{x_2}$ 为 μ 可测. 它的上积分显然是有限的, 从而它属于 L^1_μ. 存在一个, 并且除相差一个常数外只有一个函数 ϕ, 使得
$$\phi(x_2) - \phi(x_1) = \mu(H_{x_1} - H_{x_2}) \quad (x_1, x_2 \in \Omega) \tag{4.4}$$
事实上, 取一固定的 $x_0 \in \Omega$. 若 $\phi(x_0) = C$, 则必有
$$\phi(x) = \mu(H_{x_0} - H_x) + C \tag{4.5}$$
根据积分的可加性, 反过来也对, 即对于任一常数值, 函数(4.5)满足(4.4).

μ 为正这一事实((4.2)自然扩展及于 L^1_μ 中非负函数)表明 ϕ 必定是一个增函数. 因当 $h \downarrow 0$ 时 $H_{x+h}(x) \uparrow H_x(x)$, 所以 ϕ 还是右连续的.

现在, 我们来说明, 反过来测度也能够通过函数 ϕ 重新构造出来. 设 f 是 $C_0(\Omega)$ 中的一个函数, 作 Ω 的一个剖分, 令分点为 x_k, 并令 M_k 和 m_k 分别是 f 在 (x_k, x_{k+1}) 上的最大值与最小值. 由于
$$\sum m_k (H_{x_k} - H_{x_{k+1}}) \leqslant f \leqslant \sum M_k (H_k - H_{k+1})$$
μ 的单调性和定义(4.4)表明
$$\sum m_k (\phi(x_{k+1}) - \phi(x_k)) \leqslant \mu(f) \leqslant \sum M_k (\phi(x_{k+1}) - \phi(x_k)) \tag{4.6}$$

现在, 对任意给定的 Ω 上的一个增函数 ϕ, 类似地我们可以引进 Riemann-Stieltjes 上积分与下积分
$$\overline{\int} f \mathrm{d}\phi = \inf \sum M_k (\phi(x_{k+1}) - \phi(x_k))$$
$$\underline{\int} f \mathrm{d}\phi = \sup \sum m_k (\phi(x_{k+1}) - \phi(x_k))$$
并按同样的方法也可以看出: 当 $f \in C_0(\Omega)$ 时, 有
$$\overline{\int} f \mathrm{d}\phi = \underline{\int} f \mathrm{d}\phi$$

同时,若以 $\int f \mathrm{d}\phi$ 记这个共同值,则 $f \to \int f \mathrm{d}\phi$ 是一个正测度. 特别地,若 ϕ 是根据定义(4.4)从给定测度 μ 出发得到的,则由式(4.6)可知

$$\mu(f) = \int f \mathrm{d}\phi$$

剩下我们要分析的就是什么时候两个不等的增函数 ϕ 和 ψ 确定同一测度,也就是说,何时

$$\int f \mathrm{d}\phi = \int f \mathrm{d}\psi \quad (f \in C_0(\Omega))$$

令 $x_1 < x_2 (x_j \in \Omega)$ 并取一函数序列 $f_n \in C_0(\Omega)$,其中 f_n 于区间 $\left(x_1 - \dfrac{1}{n}, x_2 + \dfrac{1}{n}\right)$ 内等于 1,在区间 $\left(x_1 - \dfrac{2}{n}, x_2 + \dfrac{2}{n}\right)$ 外其值为零,而在其余地方其值在 0 和 1 中间. 那么,有

$$\phi\left(x_2 + \dfrac{1}{n}\right) - \phi\left(x_1 - \dfrac{1}{n}\right) \leqslant \int f_n \mathrm{d}\phi \leqslant \phi\left(x_2 + \dfrac{2}{n}\right) - \phi\left(x_1 - \dfrac{2}{n}\right)$$

令 $n \to \infty$,由于不等式外侧的两项趋于同一极限值,故有

$$\phi(x_2 + 0) - \phi(x_1 - 0) = \lim_{n \to \infty} \int f_n \mathrm{d}\phi = \lim_{n \to \infty} \int f_n \mathrm{d}\psi = \psi(x_2 + 0) - \psi(x_1 - 0)$$

即

$$\psi(x_2 + 0) - \psi(x_1 - 0) = \phi(x_2 + 0) - \phi(x_1 - 0) = C$$

其中 C 是一个常数. 从而,对任意 $x \in \Omega$,有

$$\phi(x + 0) - \psi(x + 0) = \phi(x - 0) - \psi(x - 0) = C$$

可见,ϕ 和 ψ 在所有连续点只相差一个共同常数. 若 ϕ 和 ψ 两者都是右连续的,则 $\phi - \psi = C$ 处处成立. 因此,我们证明了下面的定理.

定理 1 (α, β) 上的任意正测度 μ 是关于某个增函数 ϕ 的 Stieltjes 积分. 若要求 ϕ 是右连续并指定它在某一点的值,则此函数是由 μ 唯一确定的.

练习 证明一个增函数至多有可数多个不连续点. (提示:证明若 $\varepsilon > 0$,则在每个紧致子区间上仅仅存在有限多个点,函数在这些点上的跃度大于 ε.)

所以,若只在可数多个点上改变一个增函数的定义,则相应的 Stieltjes 积分保持不变.

因为一般的 Radon 测度是 Stieltjes 积分的推广,所以,即便在多变数的情形,人们也常常把 $\mu(f)$ 写成 $\int f \mathrm{d}\mu$.

§3 一般的 Radon 测度及其正部与负部的分解

若 μ 为一正测度,则当 $f_n \in C_0$ 在某一固定的紧致集 K 外等于零,并且一致

地趋于零时，$\mu(f_n)$ 趋于零. 事实上，我们可以找到一个函数 $f \in C_0^+$，使在 K 上 $f = 1$. 令 $M_n = \sup |f_n|$，则
$$-M_n f \leqslant f_n \leqslant M_n f$$
同时，$-M_n \mu(f) \leqslant \mu(f_n) \leqslant M_n \mu(f)$. 又因为当 $n \to \infty$ 时 $M_n \to 0$，所以 $\mu(f_n) \to 0$. 基于这个原因，我们可以按下面的方法推广测度的概念.

定义 1 一个定义在 C_0 上的实值泛函 $\mu(f)$，若满足条件
$$\mu(af + bg) = a\mu(f) + b\mu(g) \quad (a, b \in \mathbf{R} \text{ 和 } f, g \in C_0)$$
且进一步还满足：当 $n \to \infty$ 时 $\mu(f_n) \to 0$，其中序列 $f_n \in C_0$ 在某一固定的紧致集合外等于零，并且一致地趋于零. 此时，我们称 $\mu(f)$ 是一个 Radon 测度.

一般 Radon 测度的引进，使得确定测度的任意线性组合成为可能：如果 μ 和 ν 为 Radon 测度，而 $a, b \in \mathbf{R}$，那么我们定义测度 $a\mu + b\nu$ 为
$$(a\mu + b\nu)(f) = a\mu(f) + b\nu(f) \quad (f \in C_0)$$

定义 2 设 μ 和 ν 为 Radon 测度，若 $\nu - \mu$ 为一正的 Radon 测度，即
$$\mu(f) \leqslant \nu(f) \quad (f \in C_0^+)$$
则记 $\mu \leqslant \nu$.

定理 2 任一 Radon 测度 μ 可以写成 $\mu = \mu^+ - \mu^-$，其中 μ^+ 和 μ^- 为正测度，并且此分解在下述意义下是最小的，即对任意分解 $\mu = \mu_1 - \mu_2$，$\mu_1, \mu_2 \geqslant 0$，均有 $\mu_1 \geqslant \mu^+$ 和 $\mu_2 \geqslant \mu^-$. 而且，这样的 μ^+ 和 μ^- 是唯一确定的.

证明 首先请注意，当我们要构造一个正的 Radon 测度 ν 时，只要就 $f \geqslant 0$ 的情形确定 $\nu(f)$，使得 (4.1) 和 (4.2)（以 ν 代替 μ）对非负函数和纯量成立. 这是因为每一个 C_0 中函数都可以写成两个 C_0^+ 中函数之差，所以我们还可以将 $\nu(f)$ 的定义唯一地开拓到一般的 f 上，使 (4.1) 和 (4.2) 成立.

现在，假定我们有一个分解 $\mu = \mu_1 - \mu_2$，其中 $\mu_1, \mu_2 \geqslant 0$. 若 $0 \leqslant g \leqslant f$ 且 $f, g \in C_0$，则得 $\mu(g) \leqslant \mu_1(g) \leqslant \mu_1(f)$. 这也就是说
$$\mu_1(f) \geqslant \sup_{0 \leqslant g \leqslant f} \mu(g) = \mu^+(f)$$
现在来证明上式所定义的泛函 $\mu^+(f)$ 确实满足式 (4.1) 和 (4.2). 这里，$\mu^+(f) \geqslant 0$ 和 $\mu^+(f_1 + f_2) \geqslant \mu^+(f_1) + \mu^+(f_2)$ 在 $f, f_1, f_2 \in C_0^+$ 时是显然成立的. 为证反方向的不等式，我们任取一函数 $g \in C_0$ 满足 $g \leqslant f_1 + f_2$. 设 $g_1 = \min(g, f_1)$ 和 $g_2 = g - g_1$. 显然 $g_1, g_2 \in C_0^+$ 而 $g_1 \leqslant f_1$. 进一步，我们有
$$g_2 = g - \min(g, f_1) = g + \max(-g, -f_1) = \max(0, g - f_1) \leqslant f_2$$
这也就是说，对任意满足 $g \leqslant f_1 + f_2$ 的 $g \in C_0^+$，可得
$$\mu(g) = \mu(g_1) + \mu(g_2) \leqslant \mu^+(f_1) + \mu^+(f_2)$$
由此可知
$$\mu^+(f_1 + f_2) \leqslant \mu^+(f_1) + \mu^+(f_2)$$
可见 μ^+ 是可加的. 由于 μ^+ 的齐次性是明显的，从而 μ^+ 是一个正测度. 现在，我

们令
$$\mu^-(f) = \mu^+(f) - \mu(f) = \sup_{0 \leqslant g \leqslant f} \mu(g-f) = \sup_{0 \leqslant h \leqslant f}(-\mu(h)) \quad (f \in C_0^+)$$
则 $\mu^- = (-\mu)^+$，故 μ^- 也是一个正测度. 同时，我们有 $\mu = \mu^+ - \mu^-$. 根据证明的第一部分，这个分解是最小的.

我们称 μ^+ 和 μ^- 分别为测度 μ 的正部和负部，而 μ 的绝对值则定义为测度
$$|\mu| = \mu^+ + \mu^-$$

练习 设 $f \in C_0^+$，试证等式
$$|\mu|(f) = \sup_{|g| \leqslant f} \mu(g) \quad (g \in C_0)$$
和三角不等式
$$|\mu + \nu| \leqslant |\mu| + |\nu|$$
成立.

μ^+ 和 μ^- 的形成是与前面经常作 $f^+ = \max(f, 0)$ 和 $f^- = \min(-f, 0)$ 完全类似的. 类似于两个函数的最大与最小的公式，我们现在引进下面定义.

定义 4 设 μ 和 ν 为两个测度，令
$$\max(\mu, \nu) = (\mu + \nu + |\mu - \nu|)/2$$
$$\min(\mu, \nu) = (\mu + \nu - |\mu - \nu|)/2$$

为解释上述定义的依据，首先注意
$$\max(\mu, \nu) \geqslant \mu$$
和
$$\max(\mu, \nu) \geqslant \nu$$

这可由下列表示式推知
$$\max(\mu, \nu) - \mu = (|\mu - \nu| + \nu - \mu)/2 = (\nu - \mu)^+$$

另外，由 $\sigma \geqslant \mu$ 和 $\sigma \geqslant \nu$ 可知不等式 $\sigma \geqslant \max(\mu, \nu)$ 成立. 事实上，若记 $\mu = \sigma - \mu'$ 和 $\nu = \sigma - \nu'$，则 $\mu' \geqslant 0, \nu' \geqslant 0$. 又因 $|\mu' - \nu'| \leqslant \mu' + \nu'$，我们得到 $\sigma - \max(\mu, \nu) = (\mu' + \nu' - |\mu' - \nu'|)/2 \geqslant 0$. 这样，我们证得下面定理.

定理 3 $\max(\mu, \nu)$ 是所有大于或等于 μ 和 ν 的测度中最小的那个. 而 $\min(\mu, \nu)$ 是所有小于或等于 μ 和 ν 的测度中最大的那个.

特别地，有 $\mu^+ = \max(\mu, 0)$ 和 $\mu^- = \max(-\mu, 0)$.

定理 4 对任一测度 μ，可以找到互为余集的 E^+ 和 E^-（即 $(E^+)^c = E^-$），使得 E^+ 对 μ^- 是一零集而同时 E^- 对 μ^+ 也为零集. 同时，还可以如此选择 E^+ 和 E^-，使它们关于任一正测度是可测的.

证明 取一连续函数 f，使 $\int f \mathrm{d}\mu^+ < \infty$ 并且几乎处处 $f > 0$. 因为 $f \in I^+$，所以有 $\int f \mathrm{d}\mu^+ = \sup \int g \mathrm{d}\mu$，其中上确界是在集合 $\{g \in C_0^+; g \leqslant f\}$ 上取的. 选一序

列 $\{g_n\} \subset C_0^+$，其中 $g_n \leqslant f$ 并使
$$\mu(g_n) \geqslant u^+(f) - 2^{-n}$$
上式也可以写成
$$(\mu^+(f) - \mu^+(g_n)) + \mu^-(g_n) \leqslant 2^{-n}$$
由此看出，上式左端的每一项是非负的并以 2^{-n} 为上界．首先令 $g = \overline{\lim} g_n$．因为 $g_n \in C_0$，所以 g 关于任一正测度是可测的，并有 $0 \leqslant g \leqslant f$．其次，对任意 N，$g \leqslant g_N + g_{N+1} + \cdots$，由此可知 $\mu^-(g) \leqslant 2^{1-N}$，故 g 关于 μ 是一个零函数．又因 $\mu^+(f - g_n) \leqslant 2^{-n}$ 和 $\underline{\lim}(f - g_n) = f - g$，根据 Fatou 引理，进而得到 $\mu^+(f - g) = 0$．现在，令 $E^+ = \{x; g(x) > 0\}$，$E^- = (E^+)^C = \{x, g(x) = 0\}$．因 $\mu^-(g) = 0$，故 E^+ 对 μ^- 为一零集．最后，注意在 E^- 上 $f - g = f > 0$，而 $f - g$ 关于 μ^+ 是一零集，所以 E^- 对 μ^+ 为零集．至此定理证毕．

定理 5 设 μ 和 ν 是两个 Radon 测度，则下列条件是等价的：

(1) $\min(|\mu|, |\nu|) = 0$．

(2) 存在两个互余的集合 E^μ 和 E^ν，它们分别关于 $|\mu|$ 和 $|\nu|$ 为零集．

证明 自然地，假定 μ 和 ν 为正测度也就够了．首先假定 $\min(\mu, \nu) = 0$，这也就是说，$|\mu - \nu| = \mu + \nu$．令 $\rho = \mu - \nu$，此时 $\rho^+ = \mu$ 而 $\rho^- = \nu$，根据定理 4 即知条件(2) 成立．现在，假设条件(2) 成立，令 $\sigma = \min(\mu, \nu)$．因 $\sigma \leqslant \mu$ 且 E^μ 对 μ 为零集，故 E^μ 对 σ 也是一个零集，由于 $\sigma \leqslant \nu$，因此 E^ν 对 σ 为零集．这样一来，整个空间对 σ 为零集，所以 σ 为零测度．

定义 4 假如定理 5 中的等价条件之一成立，则说 μ 和 ν 是互为奇异的．(习惯称其中之一关于另一个是奇异的，但这个术语没有表示出这种关系是对称的．)

§4 一维情形

为用 Stieltjes 积分去描述一般的 Radon 测度，如像 §2 中描述 Radon 正测度那样，我们需要一个新的概念．

定义 5 一个定义在区间 (α, β) 上的函数 ϕ，若对于每个紧致子区间 $[a, b]$ 存在一个常数 V，使得
$$\sum_{k=1}^{n-1} |\phi(x_k) - \phi(x_{k+1})| \leqslant V$$
其中 $a = x_1 < x_2 < \cdots < x_n = B$ 是 $[a, b]$ 的任一剖分，则说 ϕ 是一个局部有界变差函数，并称使上述不等式成立的最小常数叫作 ϕ 在 $[a, b]$ 上的全变差．

定理 6 任一有界变差函数 ϕ 可以写成 $\phi = \phi^+ - \phi^-$，其中 ϕ^+ 和 ϕ^- 为增函

数.反之,每个这样的差也是一个有界变差函数.若 ϕ 为右连续,则函数 ϕ^+ 和 ϕ^- 可以选成为右连续的.

证 只要在一个区间 $[a,b]$ 上讨论就够了.若 r 是一个实数,像通常那样令 $r^+=\max(r,0)$ 和 $r^-=\max(-r,0)$.假定 $\phi(a)=0$,并对 $x\in[a,b]$ 令

$$\phi^+(x)=\sup\sum_{k=1}^{n-1}(\phi(x_{k+1})-\phi(x_k))^+$$

$$\phi^-(x)=\sup\sum_{k=1}^{n-1}(\phi(x_{k+1})-\phi(x_k))^-$$

$$\Phi(x)=\sup\sum_{k=1}^{n-1}|\phi(x_{k+1})-\phi(x_k)|$$

其中上确界是对所有有限点列 $a=x_1<\cdots<x_n=x$ 取的.根据定义 5 中的假定条件,上面三个上确界均为有限并且显然是关于 x 的增函数.同样明显的是:若 ϕ 是 a 处为零的两个增函数之差,则这两个增函数必定分别大于或等于 ϕ^+ 和 ϕ^-.那么,现在的问题就是要证明 $\phi=\phi^+-\phi^-$,同时还将证明 $\Phi=\phi^++\phi^-$.

对于任意数 r,因 $r=r^+-r^-$ 和 $|r|=r^++r^-$ 成立,故有

$$\phi(x)-\phi(a)+\sum_{k=1}^{n-1}(\phi(x_{k+1})-\phi(x_k))^-=\sum_{k=1}^{n-1}(\phi(x_{k+1})-\phi(x_k))^+$$

我们以 $\phi^+(x)$ 作为右端的估计,然后再取左端的上确界,由此得 $\phi(x)-\phi(a)+\phi^-(x)\leqslant\phi^+(x)$.如果从 $\varphi(x)-\phi(a)+\phi^-(x)$ 出发估计左端,我们又可得到反方向的不等式.由于 $\varphi(a)=0$,故有 $\phi(x)=\phi^+(x)-\phi^-(x)$.关于 $\Phi=\phi^++\phi^-$ 的证明可以类似地进行,只需注意到定义中诸量不随剖分的加密而减小.

由于已经知道分解 $\varphi=\phi^+-\phi^-$ 是最小的,所以不可能出现 ϕ^+ 和 ϕ^- 两个都在某个点有一右的正跃度.因为,如若不然,由简单地从两者同时去掉那个最小的跃度,人们势必将得到一个由更小的 φ^+ 和 φ^- 作成的分解.若 φ 为右连续,则 φ^+ 和 φ^- 处处有同样的右间断,因此它们为右连续.

设 ϕ 为一有界变差函数.那么,如同 ϕ 为增函数时那样,一个函数 $f\in C_0$ 关于 ϕ 的 Stieltjes 积分就定义为

$$\int f\mathrm{d}\phi=\lim\Sigma f(\xi_k)(\phi(x_{k+1})-\phi(x_k))$$

其中 ξ_k 是 (x_k,x_{k+1}) 中的任意一个点,并且剖分的细密度趋于零.上述极限之所以存在,是由于 f 可以表示成两个增函数之差,而对于增函数先前已经证明上述极限是存在的(同时,一个直接的证明也不难得到,只要注意到 Riemann-Stieltjes 和的绝对值不超过 ϕ 的全变差乘以 $|f|$ 的最大值).现在根据定理 6,每个一般的 Stieltjes 积分是两个关于增函数的 Stieltjes 积分之差,并且,反之亦然,从而,一维的一般 Radon 测度可以等同于关于一有界变差函数的 Stieltjes 积分.

练习 设有界变差函数 ϕ 定义测度 μ,试用定理 6 证明中引进的函数 ϕ^+,ϕ^- 和 Φ 定义测度 μ^+,μ^- 和 $|\mu|$.

§5 以 μ 为基的测度

若 μ 为一正测度,我们可以定义:一个函数 g,若它在每一紧致集合上是 μ 可积的,或等价地若 $fg \in L_\mu^1$ 对任意 $f \in C_0$ 成立,则称 g 为 μ 局部可积的.

定义 6 若 μ 为一正测度,而 g 是局部 μ 可积的,则用 $g\mu$ 记测度

$$\nu(f) = \mu(fg) = \int fg\, d\mu \quad (f \in C_0)$$

并把它叫作测度 μ 与函数 g 的乘积.任意一个这样的测度被称为以 μ 为基的测度.(经典的术语是:关于 μ 绝对连续.)

首先,为说明定义的合理性,我们注意,若在紧致集 K 之外 $f = 0$,则 $|\nu(f)| \leqslant \sup |f| \int_K |g|\, d\mu$,所以测度的连续性得到满足.其次,线性性质是显然的.

定理 7 设 $g \geqslant 0$ 为局部 μ 可积,则 $f \in L_{g\mu}^1$ 的充分必要条件是 $fg \in L_\mu^1$(我们假定 $0 \cdot \infty = 0$).并且,我们有

$$(g\mu)(f) = \mu(fg)$$

首先,我们证明一个辅助引理.

引理 8 若 $g \geqslant 0$ 是局部 μ 可积,则对任意 $f \geqslant 0$ 有

$$(g\mu)^*(f) = \mu^*(fg) \tag{4.7}$$

证明 由 $g\mu$ 的定义,若 $f \in C_0^+$,则(4.7)成立.若 $f_n \uparrow f$ 和(4.7)对所有 f_n 成立,则(4.7)对极限函数 f 亦成立(注意,若 $f = \infty$ 和 $g = 0$,这里规定 $fg = 0$).由此即知当 $f \in I^+$ 时(4.7)成立.因为存在一个序列 $h_n \in C_0^+$,它上升地趋于 ∞,从而 $Th_n f \uparrow f$,所以只需对能被 C_0^+ 中某个函数控制的 f 证明(4.7)就足够了.

若 $f \geqslant 0$ 且 $f \leqslant F \in I^+$,则

$$\mu^*(fg) \leqslant \mu^*(Fg) = (g\mu)^*(F)$$

故有

$$\mu^*(fg) \leqslant (g\mu)^*(f) \tag{4.8}$$

为证另一反方向的不等式,我们任取一函数 $H \in I^+$ 满足 $H \geqslant fg$.当 $g \neq 0$ 和 $g = 0$ 时,令 $F = \infty$,则有 $f \leqslant F$ 和 $gF \leqslant H$.此外,F 关于 μ 可测.如果我们证明了(4.7)对 μ 可测函数 f 成立的话,那么将有

$$(g\mu)^*(f) \leqslant (g\mu)^*(F) \leqslant \mu^*(H)$$

由右端对 H 取下确界,即得一个与(4.8)方向相反的不等式.

现在剩下的就是证明当 f 可测并且 $f \leqslant h \in C_0$ 时(4.7)成立. 我们可以找到一个序列 $f_n \in I^+$,使在一个 μ-零集之外 $f_n \downarrow f$,并且我们自然可以假定对于所有的 $n,f_n \leqslant h$. 因为 $L_\mu^1 \ni gf_n \leqslant gh \in L_\mu^1$,于是根据 Lebesgue 定理有
$$(g\mu)^*(f) \leqslant (g\mu)^*(f_n) = \mu^*(gf_n) \to \mu(gf)$$
此不等式是与(4.8)的方向相反的. 从而(4.7)得证.

定理 6 的证明 由(4.7),特别地有:一个集合 E 关于 $g\mu$ 为零集的充分必要条件是关于测度 μ 在 E 上几乎处处 $g=0$. 因此,一个集合 E 关于 $g\mu$ 为可测的充分必要条件是 $E \cap \{x; g(x) \neq 0\}$ 关于 μ 为可测的. 这也就是说,f 关于 $g\mu$ 可测的充分必要条件是函数
$$f_0(x) = \begin{cases} f(x) & g(x) \neq 0 \\ 0 & g(x) = 0 \end{cases}$$
为 μ- 可测,亦即 fg 为 μ- 可测. 可知定理 6 成立.

以后我们还需要下述简单结果.

定理 9 若 μ 和 ν 为正测度,则有 $L_\mu^1 \cap L_\nu^1 = L_{\mu+\nu}^1$,并且
$$(\mu+\nu)(f) = \mu(f) + \nu(f) \quad (f \in L_{\mu+\nu}^1) \tag{4.9}$$

证明 对任意 $f \geqslant 0$,有
$$(\mu+\nu)^*(f) = \mu^*(f) + \nu^*(f) \tag{4.10}$$
若 $f \in C_0^+$,上式就是 $\mu+\nu$ 的定义,由此知(4.10)对 $f \in I^+$ 成立. 至于一般函数的推广,我们留作练习. 特别地,一个集合关于 $\mu+\nu$ 为零集的充分必要条件是它关于 μ 和 ν 两者皆为零集. 我们得知:一个函数为 $(\mu+\nu)^-$ 可测的充分必要条件是它既是 μ- 可测,同时也是 ν- 可测. 并且,根据(4.10),$L_{\mu+\nu}^1 = L_\mu^1 \cap L_\nu^1$ 成立. 同时,(4.9)是必定满足的,因为它对 $f \in C_0$ 成立.

现在我们来研究 §3 中所定义的运算在以 μ 为基的测度上是如何实行的.

定理 10 若 g 为局部 μ- 可积,则有 $(g\mu)^+ = g^+\mu$,$(g\mu)^- = g^-\mu$ 和 $|g\mu| = |g|\mu$.

证明 令 $g^+\mu = \nu_1$ 和 $g^-\mu = \nu_2$,并引进 $E^+ = \{x; g(x) \geqslant 0\}$,$E^- = \{x; g(x) < 0\}$. 这两个集合互为余集,并且由定理 2 可知,$E^+$ 关于 ν_2 是零集而 E^- 则关于 ν_1 为零集. 于是,根据定理 5,有 $\min(\nu_1, \nu_2) = 0$,亦即 $|\nu_1 - \nu_2| = \nu_1 + \nu_2$. 这也就是说,$(\nu_1 - \nu_2)^+ = \nu_1$ 和 $(\nu_1 - \nu_2)^- = \nu_2$. 由于 $\nu_1 - \nu_2 = g\mu$,因此定理得证.

定理 11 测度 $g\mu$ 是零的充分必要条件是 $|g|$ 为一个 μ- 零函数.

证明 充分性是显然的. 现设 $g\mu$ 为零测度. 此时,$|g|\mu = |g\mu| = 0$. 这也就是说,1 关于 $|g|\mu$ 是可积的且其积分值为零. 这样一来,根据定理 6,$|g|$ 关于 μ 也是可积的,同时以零为积分值,由此定理得证.

定理 12 若 $0 \leqslant g_n \uparrow g$,且所有 g_n 为局部 μ- 可积,对某一 ν 和所有 n 有

$g_n\mu \leqslant \nu$，则 g 为局部 μ- 可积.

证明 设 $0 \leqslant f \in C_0$. 则 fg_n 上升地趋于 fg 并且 $\mu(fg_n) = (g_n\mu)(f) \leqslant \nu(f)$. 这就说明 fg 属于 L^1_μ，由此定理得证.

§6 Lebesgue 分解，Lebesgue-Radon-Nikodem 定理

我们来证明下述 Lebesgue 定理.

定理 13 设 μ 为一正测度，则任一测度 ν 可按唯一的方式写成
$$\nu = g\mu + \nu'$$
其中 g 为局部 μ- 可积，而 ν' 是和 μ 互为奇异的测度.若 ν 是正的，则 $g\mu$ 和 ν' 也是正的.

证明 只要证明 $g\mu + \nu' = 0$ 蕴含 $g\mu$ 和 ν' 是零，那么唯一性为真.根据定理 5 我们知道，存在互余的两个集合 E_1 和 E_2，使 E_1 关于 $|\nu'|$ 为零集而 E_2 关于 μ 为零集.则 E_2 关于 $|g|\mu = |\nu'|$ 也是零集，从而整个空间是一个 $|\nu'|-$ 零集.这也就是说，$\nu' = 0$，故唯一性得证.

为证存在性只要考虑正测度 ν 就可以了.我们需要某些辅助引理.

引理 14 若 μ 和 ν 为正测度，则在所有以 μ 为基的并且小于或等于 ν 的测度中可以找出一个最大的.

证明 作一个处处为正的连续函数 f，使 f 为 ν- 可积的.令 $G = \sup_g (g\mu)(f)$，这里 g 为 μ- 可积并且 $0 \leqslant g\mu \leqslant \nu$. 我们将证明此上确界可以达到，为此我们取一序列 g_n，使 $0 \leqslant g_n\mu \leqslant \nu$ 和 $(g_n\mu)(f) \to G$. 因为序列 g_n 可以用序列 $\max(g_1, \cdots, g_n)$ 去替代，所以我们可以假定序列 g_n 是递增的.根据定理 5，极限 $g = \lim g_n$ 是一个局部 μ- 可积函数，并且有 $(g\mu)(f) \geqslant (g_n\mu)(f) \to G$，因而 $(g\mu)(f) = G$ 成立.

现在，令 h 是一个任意的 μ- 可积函数，使得 $h\mu \leqslant \nu$，我们来证明 $h\mu \leqslant g\mu$. 这里，我们可以假定 $g \leqslant h$，因为如若不然，根据 $(\max(h, g))\mu = \max(h\mu, g\mu) \leqslant \nu$，我们可以用 $\max(h, g)$ 代替 h.

现在，根据 G 的定义我们有
$$(h\mu)(f) \leqslant G = (g\mu)(f)$$
亦即 $\mu((h-g)f) = 0$. 因为 $h - g \geqslant 0$ 且处处有 $f > 0$，故知 $h - g$ 是一个 μ- 零函数，亦即 $h\mu = g\mu$，由此引理得证.

g 的最大性也可以这样陈述：若 $\nu = g\mu + \nu'$，则 $\nu' \geqslant 0$，并且若一个以 μ 为基的正测度小于或等于 ν'，则此测度必定是零.关于定理 13 的证明，剩下的事就是要证明 ν' 和 μ 是互为奇异的了.

引理 15 设 $0 \leqslant \nu \leqslant \mu$ 并假定 $\nu \neq 0$, 则存在一个以 μ 为基的正测度, 它不为 0 并且小于或等于 ν.

证明 可以找到一个正数 $t > 0$, 使 $\nu - t\mu \leqslant 0$ 不成立, 因若不然, 则 $\nu \leqslant t\mu$ 对任意 $t > 0$ 成立, 这将表明 $\nu \leqslant 0$, 也就是说 $\nu = 0$. 对于上述 t, 根据定理 4, 可以作出两个测度 $(\nu - t\mu)^+$ 和 $(\nu - t\mu)^-$ 以及由互余集合 E^+ 和 E^- 组成的空间的一个剖分. 这就意味着在某种意义下 $\nu > t\mu$ 于 E^+ 上, 因而促使我们引入 E^+ 的特征函数 χ 并往证

$$t\chi\mu \leqslant \nu \qquad (*)$$

$$t\chi\mu \neq 0 \qquad (**)$$

这样就完成了引理的证明. 按我们现有的记号, 定理 4 表明

$$\chi(\nu - t\mu)^- = 0, (1 - \chi)(\nu - t\mu)^+ = 0 \qquad (4.11)$$

将等式

$$(\nu - t\mu)^+ - (\nu - t\mu)^- = \nu - t\mu$$

两端乘以 χ, 于是由 (4.11) 就得到

$$0 \leqslant \chi(\nu - t\mu)^+ = \chi\nu - t\chi\mu \leqslant \nu - t\chi\mu$$

所以断言 $(*)$ 为真. 为证 $(**)$, 我们只需要注意: 根据假定 $\mu \geqslant \nu$, 所以 (4.11) 表明

$$\chi\mu \geqslant \chi\nu \geqslant \chi(\nu - t\mu)^+ = (\nu - t\mu)^+ \neq 0$$

引理 16 设 μ 和 ν 为正测度. 若 $\min(\mu, \nu) \neq 0$, 亦即若 μ 和 ν 不是互为奇异的, 则存在一个以 μ 为基的正测度, 它不为 0 并且小于或等于 ν.

证明 令 $\nu_1 = \min(\mu, \nu)$, 则 $0 \neq \nu_1 \leqslant \mu$. 从而, 我们可以代 ν 以 ν_1 去应用前面的引理. 由于每个小于或等于 ν_1 的测度同时也小于或等于 ν, 故引理成立.

定理 13 证明的结尾: 在引理 14 之后, 我们已经确立一个正测度 ν 可以写成 $\nu = g\mu + \nu'$, 其中 $\nu' \geqslant 0$, 并且不存在以 μ 为基的非零正测度被 ν' 所控制. 因而, 根据引理 16, 可知 $\min(\nu', \mu) = 0$, 亦即 μ 和 ν' 是互为奇异的. 至此定理证毕.

定理 17 (Lebesgue-Radon-Nikodem) 设 μ 和 ν 是两个正测度, 则下列条件是等价的:

(1) ν 是一个以 μ 为基的测度.

(2) 每个 μ-零集也是一个 ν-零集.

证明 由定理 7 知, $(*)$ 蕴含 $(**)$. 为证 $(**)$ 蕴含 $(*)$, 我们取 ν 的 Lebesgue 分解

$$\nu = g\mu + \nu'$$

其中 ν' 是和 μ 互为奇异的. 因 $\nu' \leqslant \nu$, 故每个 ν-零集也是一个 ν'-零集, 现在, μ 和 ν' 是互为奇异的假定表明, 存在一个由两个互余集组成的空间的剖分, 其中

之一是 ν'-零集而另一个是 μ-零集. 然而,由(**)知每个 μ-零集是一个 ν-零集,从而也是 ν'-零集. 由此可知,整个空间为 ν'-零集,这表明 $\nu' = 0$.

推论 18 若 $0 \leqslant \nu \leqslant \mu$,则 ν 是一个以 μ 为基的测度,并有 $\nu = g\mu$,其中 $0 \leqslant g \leqslant 1$.

证明 由定理 17,第一个论断为真. 又若 $\nu = g\mu$,则我们有 $(1-g)\mu \geqslant 0$,故 $(1-g)^-$ 是一个零函数,也就是说,$g \leqslant 1$ 几乎处处成立.

注意,推论 18 改进了引理 15.

练习 1 设 μ 和 ν 是两个任意的正测度,试证可以找到一个正测度 λ,使 μ 和 ν 均以 λ 为基. 推广结果到可数多个给定正测度的情形.

练习 2 利用练习 1 去说明: 对任意正测度 μ 和 ν,人们可以定义测度 $(\mu\nu)^{\frac{1}{2}}$ 和 $(\mu^2 + \nu^2)^{\frac{1}{2}}$,等等. (它们可以用来定义一个可求长曲线的弧长,即曲线 $R \ni t \to x(t) \in R^d$,其中所有坐标 $x_i(t)$ 为有界变差函数,令 $d\sigma = (\sum (dx_i)^2)^{\frac{1}{2}}$,那么 $\int \phi(t) d\sigma(t)$ 是函数 ϕ 在曲线上关于弧长的积分.)

在通常的 Lebesgue 分解中,人们将定理 1 中的测度 ν' 进一步地分解成一个"不连续的"和一个"连续的"部分. 在布尔巴基的术语中,这变成了下面的定义.

定义 7 一个测度 ν,若每个点(从而每个可数集)关于 $|\nu|$ 是一个零集,则称之为弥散的. 一个测度 ν,若存在一个可数集,其余集关于 ν 是零集,此时称 ν 为原子的.

显然地,一个弥散的测度同一个原子的测度总是互为奇异的.

定理 19 任意一个测度 μ 均可按唯一的方式写成
$$\mu = \mu_1 + \mu_2$$
其中 μ_1 是弥散的而 μ_2 为原子的.

证明 唯一性可由两个分量 μ_1 和 μ_2 是互为奇异的要求推出(与定理 13 中唯一性的证明比较). 为证明存在性,我们可以假定 $\mu \geqslant 0$. 使 $\mu(\{t\}) \neq 0$ 的点 t 的集合是可数的,因若 $\varepsilon > 0$,则在每个紧致集中仅仅存在有限多个点 t 使得 $\mu(\{t\}) > \varepsilon$. 将这些点排成一个序列 t_n,并令
$$\mu_2(f) = \sum \mu(\{t_n\}) f(t_n) \quad (f \in C_0^+)$$
由于此级数的部分和小于或等于 $\mu(f)$,所以它是收敛的,并且其和显然定义一个测度. 我们令 $\mu_1 = \mu - \mu_2$. 于是 $\mu_1 \geqslant 0$,并且每一点关于 μ_1 为零集,这是由于关于 μ 为零集的点关于 μ_1 是一个零集,同时点 t_n 依其定义关于 μ_1 也是零集. 这就证明了 μ_1 是弥散的.

综合定理 13 和定理 19,得如下结论:

定理 20 设 μ 为一弥散测度,则每一测度 ν 可以唯一地表示成

$$\nu = g\mu + \nu' + \nu''$$

其中 g 是局部 μ-可积的, ν' 是弥散的且同 μ 互为奇异的, 而 ν'' 是原子的 (故也同 μ 互为奇异).

§7 L^p 上的连续线性泛函

所谓 L^p 上的一个连续线性泛函, 是指一个线性函数
$$L^p \ni f \to \theta(f) \in \mathscr{R}$$
它具有性质: 若按 L^p 范数 $f_n \to g$, 即 $\|f-g\|_p \to 0$, 则有 $\theta(f_n) \to \theta(g)$. 它的线性性质的含义是
$$\theta(af+bg) = a\theta(f) + b\theta(g); a,b \in \mathscr{R}, f,g \in L^p$$
而连续性则等价于: 存在一个常数 C, 使
$$|\theta(f)| \leqslant C\|f\|_p \quad (f \in L^p)$$
这个条件的充分性是显而易见的, 同时, 留作练习请读者证明连续性的定义本身就蕴含上述不等式. 不等式中那个可能的最小常数 C 叫作该线性泛函的范数.

定理 21 若 θ 是 L^p 上的一个连续线性泛函, $1 \leqslant p < +\infty$, 则存在一个函数 $g \in L^q$, 其中 $1/p + 1/q = 1$, 使得
$$\theta(f) = \int fg \, \mathrm{d}\mu, f \in L^p \tag{4.12}$$
这个线性泛函的范数就等于 $\|g\|_q$.

式 (4.12) 的右端是 L^p 上的一个以 $\|g\|_q$ 为范数的线性泛函, 这点可由 Hölder 不等式及其逆来证明.

证明 两个 L^p 上的连续泛函, 若对所有 $f \in C_0$ 是等同的, 则由于每个 $f \in L^p$ 可以用 C_0 中的函数按 L^p 的范数去逼近, 故这两个泛函为恒等的. 这也就是说, 为证定理只需证明: 可以找到一个函数 g, 使 (4.12) 对 $f \in C_0$ 成立就足够了. 因此, 我们考虑 θ 在 C_0 上的限制并把它记作 ν. 由于
$$|\nu(f)| \leqslant C\|f\|_p \quad (f \in C_0)$$
所以 ν 是一个 Radon-Stieltjes 测度, 因若取一序列 f_n, 它在一固定的紧致集外为零并且一致地趋于零, 那么, 显然地有
$$\|f_n\|_p \to 0$$
同时, 由 ν^+ 和 ν^- 的定义, 我们得到
$$\nu^+(f) \leqslant C\|f\|_p, \nu^-(f) \leqslant C\|f\|_p \quad (f \in C_0^+)$$
根据对称性, 在以下的讨论中只需要讨论 ν^+ 就够了. 我们有

$$\int^* f \mathrm{d}\nu^+ \leqslant C(\int^* f^p \mathrm{d}\mu)^{1/p} \quad (f \geqslant 0)$$

事实上,已知此不等式对 $f \in C_0^+$ 成立,而这就表明对 $f \in I^+$,从而对所有 $f \geqslant 0$ 也成立.因此,任一 μ 零集是 ν^+ 零集.从而,由定理 17 有 $\nu^+ = g^+ \mu$ 对某个局部 μ 可积 g^+.现在剩下的就是证明 $g^+ \in L^q$.为此,我们取一连续的正函数 $h \in L^q$,并令 $g_n = \inf(g^+, nh)$,则有当 $n \to \infty$ 时,$g_n \in L^q$ 和 $g_n \uparrow g^+$.由于 $g_n \mu \leqslant \nu^+$,因此

$$\int f g_n \mathrm{d}\mu \leqslant C \|f\|_p \quad (0 \leqslant f \in L^p)$$

根据 Hölder 不等式的逆,于是对任意 n 有
$$\|g_n\|_q \leqslant C$$

令 $n \to \infty$ 得 $g^+ \in L^q$,由此定理得证.

§8 古典情形的 Lebesgue 分解

这里,我们将在 μ 为 Lebesgue 测度的情形下进一步讨论定理 13. 也就是说,设 ν 是任意一个测度并考虑分解
$$\nu = g\mu + \nu'$$
其中 ν' 关于 μ 是互为奇异的.

定理 22 对几乎所有的 x,有
$$g(x) = \lim_{\mu(S) \to 0} (\mu(S))^{-1} \int_S \mathrm{d}\nu$$
其中 S 代表包含 x 的球.

对于 ν 的以 μ 为基的那部分,上述结论是已知的.所以,问题就是要证明一个奇异测度(与 Lebesgue 测度互为奇异的测度)的微商存在,并且几乎处处等于零.

首先注意,若 ν 是一个任意的正测度,则有论断成立,证明不需要任何改变.也就是说,若令
$$\tilde{\nu}(x) = \sup_{x \in S} (m(S))^{-1} \int_S \mathrm{d}\nu$$
则有
$$\mu\{x; \tilde{\nu}(x) > s\} \leqslant \frac{4^d}{s} \nu^* \quad (1)$$

现在假定 ν 和 μ 是互为奇异的,则存在 R^d 一个由两个互余集合 E_1 和 E_2 组成的剖分,使得
$$\mu(E_1) = 0, \nu(E_2) = 0$$

若 O 为包含 E_2 的一个开集,并且 $\nu(O)<\infty$,我们令 $\nu_0=x_0\nu$. 因为 $\nu(E_2)=0$,故可选 O,使 $\nu_0(1)=\nu(O)$ 为任意小. 现在我们有

$$\mu\{x;\tilde{\nu}_0(x)>s\}\leqslant \frac{4^d}{s}\nu^*(1)$$

若 M_S 代表所有使

$$\lim_{\mu(S)\to 0,x\in S}(\mu(S))^{-1}\int_S d\nu>s$$

成立的 x 的集合,则集合 $M_S\bigcap E_2$ 含于 O 之中,从而在此集合上 $\tilde{\nu}_0(x)>s$. 由于 E_1 是一个 μ 零集,所以我们有

$$\mu^*(M_S)=\mu^*(M_S\bigcap E_2)\leqslant \mu^*\{x;\tilde{\nu}_0(x)>s\}\leqslant \frac{4^d}{s}\nu_0(1)$$

因 O 可以选使上式右端任意地小,故对任意 $s>0$ 而言,M_S 必定为零集,由此定理 22 得证.

特别地,在一维情形下定理 22 告诉我们:

定理 23 若 ϕ 为一有界变差函数,则它的微商 $\phi'(x)$ 几乎处处存在,并且它是一个关于 Lebesgue 测度的局部可积函数.

练习 1 试证

$$\lim_{\mu(S)\to 0,x\in S}(\mu(S))^{-1}\int_S|d\nu-ad\mu|=|g(x)-a|$$

对几乎所有的 x 和任一实数 a 成立. 考察 $a=g(x)$ 的情形.

练习 2 设 $h\in L^\infty\bigcap L^1$ 在无穷远处趋于零. 令 $h_\varepsilon=\varepsilon^{-n}h(x/\varepsilon)$,$\varepsilon>0$. 试证对几乎所有 x,有

$$\lim_{\varepsilon\to 0}\int h_\varepsilon(x-y)d\nu(y)=g(x)\int h dy$$

成立. 其中 ν 和 g 的含义与定理 22 中所述相同.

练习 3 直接证明

$$g(x)=\lim_{\mu(S)\to 0,x\in S}\mu(S)^{-1}\int_S d\nu$$

几乎处处存在. 在 μ 为 Lebesgue 测度的情形下,这给出定理 22 的另外一个推证.

§9 各种各样的推广

至此,我们仅仅讨论了实值函数的积分. 但是,把积分的定义推广到在任何一个 Banach 空间 B 中取值的函数并没有任何困难. 首先,当 f 属于集合 $C_0(\mathcal{R}^d,B)$,即在 B 中取值的具有紧致支集的连续函数的集合,利用 f 的一致连续性,通

过 Riemann 积分和我们就可以定义 $\int f \mathrm{d}\mu$. 接着可以将 L^1 定义为在 B 中取值的那些函数 f 的集合,即对任意 $\varepsilon > 0$,存在函数 $g \in C_0(\mathscr{R}^d, B)$ 使

$$\int^* \|f - g\| \mathrm{d}\mu < \varepsilon$$

容易看出,除 $\mathscr{R}^d$ 是一个具有可数基的局部紧致拓扑空间(即如此之拓扑空间,其中每个点均有一个紧致邻域,并存在一个可数的开集序列,使得任一开集均可表示成它的一个子序列的并集)之外,$\mathscr{R}^d$ 的其余性质我们都没有用到. 实际上,于此我们还完全可以排除拓扑的作用. 设 E 是一个集合,C_0 是定义在 E 上的这样一些实值函数 f 的线性集合:若 $f \in C_0$,则 $|f| \in C_0$. 由此推出,若 $f, g \in C_0$,则 $\max(f, g)$ 和 $\min(f, g)$ 也必定在 C_0 中,现在,假设 μ 是 C_0 上的一个正的线性形式. 如果 I^+ 定义为 C_0^+ 中所有上升序列的极限,那么,没有实质性的差别,人们同样可以定义 L^1 和可测性等. 由于必须依据 I^+ 中函数的特性来展开讨论才有意义,所以这里的介绍是极其简短的.

上面指出的情况在概率论教材里是一开始就讲述的. 那里,C_0^+ 通过公理系统按这种或那种方式给出,从而是各不相同的,如满足一定条件的某族子集合的特征函数的所有有限线性组合就是这些可能的 C_0^+ 集合中的一个.

第二编
性　质　篇

Stieltjes 积分和抽象积分的极限性质

§1 引 言

关于 Riemann-Stieltjes 积分的极限性质,有下述两个基本定理.

定理 1 设:(1) 连续函数列 $\{f_n(x)\}$ 在有限闭区间 $[a,b]$ 上一致收敛于 $f(x)$;(2) $\alpha(x)$ 为 $[a,b]$ 上有界变差函数,则 $\int_a^b f \mathrm{d}\alpha$ 存在,且

$$\lim_{n\to\infty}\int_a^b f_n \mathrm{d}\alpha = \int_a^b f \mathrm{d}\alpha \tag{1.1}$$

定理 2 (Helly) 设:(1) 函数 $f(x)$ 在有限闭区间 $[a,b]$ 上连续;(2) $\{\alpha_n(x)\}$ 为 $[a,b]$ 上有界变差函数列,它们的全变差 $V_a^b(\alpha_n)$ 在 $[a,b]$ 上一致有界;(3) 在 $[a,b]$ 上有界变差函数 $\alpha(x)$ 的连续点处,有 $\lim_{n\to\infty}\alpha_n(x)=\alpha(x)$.则 $\int_a^b f\mathrm{d}\alpha$ 存在,且

$$\lim_{n\to\infty}\int_a^b f \mathrm{d}\alpha_n = \int_a^b f \mathrm{d}\alpha \tag{1.2}$$

湖南师范大学的匡继昌教授 1987 年将上述结果推广,证明下述定理.

定理 3 设:(1) 在有限闭区间 $[a,b]$ 上,连续函数列 $\{f_n\}$ 一致收敛于 f;(2) $\{\alpha_n\}$ 为 $[a,b]$ 上有界变差函数列,它们的全变差 $V_a^b(\alpha_n)$ 在 $[a,b]$ 上一致有界;(3) 在 $[a,b]$ 上有界变差函数 $\alpha(x)$ 的连续点处,有 $\lim_{n\to\infty}\alpha_n(x)=\alpha(x)$.则 $\int_a^b f\mathrm{d}\alpha$ 存在,且

$$\lim_{n\to\infty}\int_a^b f_n \mathrm{d}\alpha_n = \int_a^b f \mathrm{d}\alpha \tag{1.3}$$

定理3还可推广到广义R-S积分上去，本章仅以区间$[a,+\infty)$为例，证明：

定理4 设：(1)在$[a,+\infty)$上，连续函数列$\{f_n\}$一致收敛于f，而且往后一致有界，即存在常数$A_0(>0)$及n_0，使$\forall n>n_0$，有
$$\sup\{|f_n(x)|:x\in[a,+\infty)\}\leqslant A_0$$

(2)$\{\alpha_n\}$为$[a,+\infty)$上有界变差函数列，它们的全变差在$[a,+\infty)$上一致有界；(3)在$[a,+\infty)$上有界变差函数$\alpha(x)$的连续点处，有$\lim\limits_{n\to\infty}\alpha_n(x)=\alpha(x)$，而且
$$\lim_{x\to+\infty}\alpha_n(x)=\alpha_n<+\infty$$
$$\lim_{x\to+\infty}\alpha(x)=\alpha<+\infty$$

则$\int_a^{+\infty}f\,d\alpha$收敛，且
$$\lim_{n\to\infty}\int_a^{+\infty}f_n\,d\alpha_n=\int_a^{+\infty}f\,d\alpha \tag{1.4}$$

因为从 R-S 积分出发，通过单调地取极限的步骤，可得出 Lebesgue-Stieltjes 积分，或利用 R-S 积分与 L-S 积分的关系定理[3,4]，例如利用下述：

定理5 (1)$f(x)$在有限闭区间$[a,b]$上连续；(2)α为$\mathbf{R}^1$上递增函数，μ_α为Borel集族B上的L-S测度。令$Y=(a,b)$，则f在测度空间$(Y,Y\bigcap B,\mu_\alpha)$上的L-S积分为
$$\int f\,d\mu_\alpha=(R)\int_a^b f\,d\alpha-f(a)[\alpha(a+)-\alpha(a)]-f(b)[\alpha(b)-\alpha(b-)]$$

容易建立 L-S 积分的相应性质，本章不再赘述.

设X为一固定的集，Σ为X的子集的全体构成的σ-代数，$\mu(E)(E\in\Sigma)$为Σ上的测度，则对测度空间(X,Σ,μ)上的抽象积分的相应性质，我们仅证明下述定理：

定理6 设：(1)$\{\mu_n\}$为(X,Σ,μ)上有限测度序列，对$E\in\Sigma$，有$\mu(E)<+\infty$，且
$$\lim_{n\to\infty}\mu_n(E)=\mu(E)$$

(2)$f_n\in L(E;d\mu)$，$\sup\limits_n\|f_n\|_\infty=M<+\infty$，且在$E$上$f_n\to f$. 则
$$\lim_{n\to\infty}\int_E f_n\,d\mu_n=\int_E f\,d\mu$$

特别地，$\mu_n(E)=\mu(E)$时，即得有界收敛定理[4].

§2 定理的证明

定理 3 的证明　由条件(1),有 $f \in C[a,b]$. 故 $\int_a^b f_n \mathrm{d}\alpha_n, \int_a^b f_n \mathrm{d}\alpha, \int_a^b f \mathrm{d}\alpha$ 均存在. 由条件(2),令

$$M = \sup_n V_a^b(\alpha_n) < +\infty$$

$$A_0 = \max\{|f_n(x)|: x \in [a,b]\} < +\infty$$

则

$$V_a^b(\alpha) \leqslant M$$

因为有界变差函数 $\alpha(x)$ 至多有可数个第一类间断点,所以对 $[a,b]$ 的任意分割

$$\Gamma = \{a = x_0 < x_1 < \cdots < x_m = b\}$$

总可取分点 $x_k (k=0,1,\cdots,m)$ 为 $\alpha(x)$ 在 $[a,b]$ 的连续点. 若 a 在区间端点 a, b 间断,则可定义

$$\alpha(a) = \lim_{x \to a^+} \alpha(x), \quad \alpha(b) = \lim_{x \to b^-} \alpha(x)$$

于是,对 $\forall x_k$,有 $\lim_{n \to \infty} \alpha_n(x_k) = \alpha(x_k)$,即对 $\forall \varepsilon > 0, \exists N_1$,使 $\forall n > N_1$,有

$$|\alpha_n(x_k) - \alpha(x_k)| < \varepsilon/2m$$

对任意固定的 $n_0 > N_1$,由 fn_0 在 $[a,b]$ 上一致连续, $\exists \delta = \delta(\varepsilon) > 0$,使 $\forall x', x'' \in [a,b], |x' - x''| < \delta$,有

$$|fn_0(x') - fn_0(x'')| < \varepsilon$$

取 $|\Gamma| = \max_{1 \leqslant k \leqslant m} \{\Delta x_k\} < \delta$,则对 $\forall n > N_1$ 有

$$\left| \int_a^b fn_0 \mathrm{d}\alpha_n - \int_a^b fn_0 \mathrm{d}\alpha \right| \leqslant \varepsilon \sum_{k=1}^m V_{x_{k-1}}^{x_k}(\alpha_n) +$$

$$\sum_{k=1}^m |fn_0(x_k)|[|\alpha_n(x_k) - \alpha(x_k)| + |\alpha_n(x_{k-1}) - \alpha(x_{k-1})|] +$$

$$\varepsilon \sum_{k=1}^m V_{x_{k-1}}^{x_k}(\alpha) < (2M + A_0)\varepsilon$$

由 $\{f_n\}$ 在 $[a,b]$ 上一致收敛于 f,故 $\exists N_2$,使 $\forall n_0 > N_2$,有

$$\sup\{|fn_0(x) - f(x)|: x \in [a,b]\} < \varepsilon$$

所以

$$\left| \int_a^b fn_0 \mathrm{d}\alpha - \int_a^b f \mathrm{d}\alpha \right| < \varepsilon V_a^b(\alpha) \leqslant \varepsilon M$$

由 Cauchy 收敛准则, $\exists N \geqslant \max\{N_1, N_2\}$,使 $\forall n, n_0 > N$,有

$$\sup\{|fn(x) - fn_0(x)|: x \in [a,b]\} < \varepsilon$$

所以

$$\left| \int_a^b f_n \mathrm{d}\alpha_n - \int_a^b fn_0 \mathrm{d}\alpha_n \right| < \varepsilon V_a^b(\alpha_n) < \varepsilon M$$

从而 $\left|\int_a^b f_n \mathrm{d}\alpha_n - \int_a^b f \mathrm{d}\alpha\right| < \varepsilon(4M + A_0)$. 证毕.

定理 4 的证明　由假设, $f \in c[a, +\infty)$ 且
$$\sup\{|f(x)| : x \in [a, +\infty)\} \leqslant A_0$$

显然 $\int_a^{+\infty} f_n \mathrm{d}\alpha_n, \int_a^{+\infty} f \mathrm{d}\alpha_n, \int_a^{+\infty} f \mathrm{d}\alpha$ 均收敛.

由 Jordan 分解定理(有界变差函数可分解为两个递增函数之差), 不妨设 α_n, α 均在 $[a, +\infty)$ 上递增, 于是, 从条件(3), 对 $\forall \varepsilon > 0, \exists x_0 > a$, 使 $\forall x > x_0$, 有
$$0 \leqslant \alpha - \alpha(x) < \varepsilon, 0 \leqslant \alpha_n - \alpha_n(x) < \varepsilon$$

从而, 由定理 3, 有
$$\lim_{n \to \infty} \int_a^x f_n \mathrm{d}\alpha_n = \int_a^x f \mathrm{d}\alpha$$

即 $\exists N$, 使 $\forall n > N$, 有
$$\left|\int_a^x f_n \mathrm{d}\alpha_n - \int_a^x f \mathrm{d}\alpha\right| < \varepsilon$$

于是
$$\left|\int_a^{+\infty} f_n \mathrm{d}\alpha_n - \int_a^{+\infty} f \mathrm{d}\alpha\right| \leqslant \left|\int_a^x f_n \mathrm{d}\alpha_n - \int_a^x f \mathrm{d}\alpha\right| +$$
$$\left|\int_x^{+\infty} f_n \mathrm{d}\alpha_n\right| + \left|\int_x^{+\infty} f \mathrm{d}\alpha\right| < \varepsilon + A_0[\alpha_n - \alpha_n(x)] +$$
$$A_0[\alpha - \alpha(x)] < (2A_0 + 1)\varepsilon$$

证毕.

定理 6 的证明　显然, f 在 E 上可测, 且 $\|f\|_\infty \leqslant M$, 故 $f \in L(E, \mathrm{d}\mu)$.

由 Egorov 定理, 对 $\forall \varepsilon > 0, \exists N_1$ 及 $A \in E$, 使 $\mu A < \varepsilon$ 且
$$\sup\{|f_n(x) - f(x)| : x \in E \setminus A, n \geqslant N_1\} < \varepsilon$$

令 $M_0 = \sup_n \{\mu_n(E)\}$, 又由 $\lim_{n \to \infty} \mu_n(E) = \mu(E)$, $\exists N_2$, 使 $\forall n > N_2$, 有
$$|\mu_n(E) - \mu(E)| < \varepsilon$$

取 $N = \max(N_1, N_2)$, 对 $\forall n > N$, 有
$$\int_E |f_n - f| \mathrm{d}\mu_n = \int_A |f_n - f| \mathrm{d}\mu_n +$$
$$\int_{E \setminus A} |f_n - f| \mathrm{d}\mu_n < 2M\mu_n(A) +$$
$$\varepsilon\mu_n(E \setminus A) < (2M + M_0)\varepsilon$$
$$\left|\int_E f \mathrm{d}(\mu_n - \mu)\right| \leqslant \|f\|_\infty |\mu_n(E) - \mu(E)| < M\varepsilon$$

所以 $\left|\int_E f_n \mathrm{d}\mu_n - \int_E f \mathrm{d}\mu\right| \leqslant \int_E |f_n - f| \mathrm{d}\mu_n + \left|\int_E f \mathrm{d}(\mu_n - \mu)\right| < (3M + M_0)\varepsilon$

证毕.

§3 附 注

1. 定理 1 的条件(1)可减弱为:设在有限闭区间 $[a,b]$ 上,连续函数列 $\{f_n\}$ 点态收敛于一连续函数 f,且 $\{f_n\}$ 在 $[a,b]$ 上一致有界,这时 $\{f_n\}$ 不一定一致收敛,因而文献[2]的证明不能用. 但由 Jordan 分解定理,不妨设 $\alpha(x)$ 在 $[a,b]$ 上严格递增. 再由 Lebesgue 定理,有(令 $t=\alpha(x)$)

$$\int_a^b f(x)\mathrm{d}\alpha(x)=\int_{\alpha(a)}^{\alpha(b)} f[\alpha^{-1}(t)]\mathrm{d}t$$

从而可用 Riemann 积分的 Osgood 定理[5],有

$$\lim_{n\to\infty}\int_a^b f_n(x)\mathrm{d}\alpha(x)=\lim_{n\to\infty}\int_{\alpha(a)}^{\alpha(b)} f_n[\alpha^{-1}(t)]\mathrm{d}t$$
$$=\int_{\alpha(a)}^{\alpha(b)} f[\alpha^{-1}(t)]\mathrm{d}t=\int_a^b f(x)\mathrm{d}\alpha(x)$$

2. 若去掉定理 3 中条件(3),利用 Helly 选择原理,易证存在子列 $\{\alpha_{n_k}\}$ 及有界变差函数 $\alpha(x)$,使 $\lim_{k\to\infty}\alpha_{n_k}(x)=\alpha(x),x\in[a,b]$ 且

$$\lim_{k\to\infty}\int_a^b f_{n_k}(x)\mathrm{d}\alpha_{n_k}(x)=\int_a^b f(x)\mathrm{d}\alpha(x)$$

3. 有些书将定理 6 中测度空间 (X,Σ,μ) 上的抽象积分 $\int f\mathrm{d}\mu$ 都称为 L-S 积分. 本章从文献[1],[4],即当 μ 为 L-S 测度时才称为 L-S 积分.

参考文献

[1] 日本数学会. 数学百科辞典[M]. 科学出版社,1984.
[2] 复旦大学数学系. 实变数函数论与泛函分析概要[M]. 2 版. 上海:上海科学技术出版社,1963.
[3] 中山大学. 测度与概率基础[M]. 2 版. 广州:广东科技出版社,1984.
[4] R Wheeden, A Zygmund. Measure and Integral[M]. Boca Raton:CRC Press,1977.
[5] G Klambauer. Problems and Propositions in Analysis[M]. New York:Marcel Dekker,1979.

Riemann-Stieltjes 积分和积分中值定理

牡丹江师范学院数学系的赵立军,双鸭山第十九中学的单兰萍两位老师 1995 年研究了 Riemann-Stieltjes 积分及性质,得出积分中值定理的另一种证法.

定义 函数 $f(x),\alpha(x)$ 在 $[a,b]$ 上有定义,以 T 表示 $[a,b]$ 的任一分法: $T:a=x_0<x_1<x_2<\cdots<x_n=b$, $\Delta x_k=x_k-x_{k-1}$.

对任一 $\xi_k\in[x_{k-1},x_k](k=1,2,\cdots,n)$,记 $\sigma_n=\sum_{k=1}^{n}f(\xi_k)[\alpha(x_k)-\alpha(x_{k-1})]$,令 $l(T)=\max\{\Delta x_1,\Delta x_2,\cdots,\Delta x_n\}$.

若 $\lim_{l(T)\to 0}\sigma_n=\lim_{l(T)\to 0}\sum_{k=1}^{n}f(\xi_k)[\alpha(x_k)-\alpha(x_{k-1})]=I$,则称 Riemann-Stieltjes 积分 $\int_a^b f(x)\mathrm{d}\alpha(x)$ 存在,记为 $\int_a^b f(x)\mathrm{d}\alpha(x)=I$.

定理 1 若积分 $\int_a^b \alpha(x)\mathrm{d}f(x)$ 存在,则 $\int_a^b f(x)\mathrm{d}\alpha(x)$ 也存在,并且下列等式成立

$$\int_a^b f(x)\mathrm{d}\alpha(x)=f(x)\alpha(x)\mid_a^b-\int_a^b \alpha(x)\mathrm{d}f(x)$$

证明 以 T_1 表示 $[a,b]$ 的任一分法

$$T_1:a=x_0<x_1<x_2<\cdots<x_n=b$$

$$\sigma_n=\sum_{k=1}^{n}f(\xi_k)[\alpha(x_{k^*})-\alpha(x_{k-1})]$$

其中 $x_{k-1}\leqslant\xi_k\leqslant x_k(k=1,2,\cdots,n)$. 我们得到

$$\sigma_n = -\sum_{k=1}^{n-1} \alpha(x_k)[f(\xi_{k+1}) - f(\xi_k)] + \alpha(x_n)f(\xi_n) - \alpha(x_0)f(\xi_1)$$

$$= -\alpha(a)[f(\xi_1) - f(a)] - \sum_{k=1}^{n-1} \alpha(x_k)[f(\xi_{k+1}) - f(\xi_k)] -$$

$$\alpha(b)[f(b) - f(\xi_n)] + f(b)\alpha(b) - f(a)\alpha(a)$$

$$= -\sum_{k=0}^{n} \alpha(x_k)[f(\xi_{k+1}) - f(\xi_k)] + f(b)\alpha(b)^* - f(a)\alpha(a)$$

令 $l(T_2) = \max\{\Delta\xi_1, \Delta\xi_2, \cdots, \Delta\xi_n\}$,则 $l(T_2) \leqslant 2l(T_1)$,所以当 $l(T_1) \to 0$ 时得

$$\int_a^b f(x)\mathrm{d}\alpha(x) = \lim_{l(T_1)\to 0} \sum_{k=1}^{n} f(\xi_k)[\alpha(x_k) - \alpha(x_{k-1})]$$

$$= -\lim_{l(T_2)\to 0} \sum_{k=1}^{n} \alpha(x_k)[f(\xi_{k+1}) - f(\xi_k)] +$$

$$f(b)\alpha(b) - f(a)\alpha(a)$$

$$= -\int_a^b \alpha(x)\mathrm{d}f(x) + f(x)\alpha(x)\big|_a^b$$

定理得证.

推论 2 若 $\alpha(x)$ 在 $[a,b]$ 上有定义,则有 $\int_a^b \mathrm{d}\alpha(x) = \alpha(b) - \alpha(a)$.

证明 令 $f(x) = 1$,由定理 1 可直接推得.

定理 3 若 $\alpha(x)$ 在 $[a,b]$ 上单调,$f(x)$ 在 $[a,b]$ 上连续,则必有 $\xi \in [a,b]$,使 $\int_a^b f(x)\mathrm{d}\alpha(x) = f(\xi)[\alpha(b) - \alpha(a)]$.

证明 设 $\alpha(x)$ 在 $[a,b]$ 上单调递增,因 $f(x)$ 在 $[a,b]$ 上连续,所以必有最大值 M 和最小值 m,$m \leqslant f(x) \leqslant M$,显然有

$$m\int_a^b \mathrm{d}\alpha(x) \leqslant \int_a^b f(x)\mathrm{d}\alpha(x) \leqslant M\int_a^b \mathrm{d}\alpha(x)$$

由推论 2 得

$$m[\alpha(b) - \alpha(a)] \leqslant \int_a^b f(x)\mathrm{d}\alpha(x) \leqslant M[\alpha(b) - \alpha(a)]$$

故

$$m \leqslant \int_a^b f(x)\mathrm{d}\alpha(x) / [\alpha(b) - \alpha(a)] \leqslant M$$

由介值性必有 $\xi \in [a,b]$ 使 $\int_a^b f(x)\mathrm{d}\alpha(x)/[\alpha(b) - \alpha(a)] = f(\xi)$,定理得证.

可仿照以上证明 $\alpha(x)$ 单调递减时的定理,证毕.

积分第一中值定理 若 $f(x)$ 在 $[a,b]$ 上连续,$g(x)$ 在 $[a,b]$ 上可积且不变号,则有 $\xi \in [a,b]$,使 $\int_a^b f(x)g(x)\mathrm{d}x = f(\xi)\int_a^b g(x)\mathrm{d}x.$

证明 令 $\alpha(x) = \int_a^x g(t)\mathrm{d}t, x \in [a,b]$,则 $\alpha(x)$ 在 $[a,b]$ 上单调,由定理 3 可得

$$\int_a^b f(x)g(x)\mathrm{d}x = \int_a^b f(x)\mathrm{d}\alpha(x) = f(\xi)[\alpha(b)-\alpha(a)]$$
$$= f(\xi)\int_a^b g(x)\mathrm{d}x \ \xi \in [a,b].$$

证毕.

积分第二中值定理 若 $f(x)$ 在 $[a,b]$ 上单调,$g(x)$ 在 $[a,b]$ 上可积,则有 $\xi \in [a,b]$ 使

$$\int_a^b f(x)g(x)\mathrm{d}x = f(a)\int_a^\xi g(x)\mathrm{d}x + f(b)\int_\xi^b g(x)\mathrm{d}x$$

证明 令 $\alpha(x) = \int_a^x g(t)\mathrm{d}t (x \in [a,b])$,则 $\alpha(x)$ 在 $[a,b]$ 上连续,由定理 1 和 3 得

$$\int_a^b f(x)g(x)\mathrm{d}x = \int_a^b f(x)\mathrm{d}\alpha(x) = f(x)\alpha(x)\Big|_a^b - \int_a^b \alpha(x)\mathrm{d}f(x)$$
$$= f(b)\int_a^b g(x)\mathrm{d}x - \int_a^b \alpha(x)\mathrm{d}f(x)$$
$$= f(b)\int_a^b g(x)\mathrm{d}x - \alpha(\xi)[f(b)-f(a)]$$
$$= f(b)\int_a^b g(x)\mathrm{d}x - \int_a^\xi g(x)\mathrm{d}x[f(b)-f(a)]$$
$$= f(b)\left[\int_a^b g(x)\mathrm{d}x + \int_\xi^a g(x)\mathrm{d}x\right] + f(a)\int_a^\xi g(x)\mathrm{d}x$$
$$= f(a)\int_a^\xi g(x)\mathrm{d}x + f(b)\int_\xi^b g(x)\mathrm{d}x \ (\xi \in [a,b])$$

证毕.

Stieltjes 积分中值定理的一个注记

张莉在文献[1]中给出并证明了 Riemann 积分中值定理中的 ξ,当 $b \to a$ 时,将趋于 a 和 b 的中点. 鞍山钢铁学院数理系的潘宇、杨冰两位教授 1997 年对 Stieltjes 积分进行了研究,发现它在一定条件下也有类似的结果.

Stieltjes 积分是 Riemann 积分的直接推广. 它用下述方法来定义.

设在闭区间 $[a,b]$ 上已给两个有界函数 $f(x)$ 和 $g(x)$. 用点
$$a = x_0 < x_1 < x_2 < \cdots < x_n = b$$
将 $[a,b]$ 分成许多部分,令 $\lambda = \max(x_{k+1} - x_k)$,在每一个子区间 $[x_k, x_{k+1}]$ 中任取一点 ξ_k,作和
$$\sigma = \sum_{k=0}^{n-1} f(\xi_k)[g(x_{k+1}) - g(x_k)] \tag{3.1}$$

如果当 $\lambda \to 0$ 时,不论分法如果,也不论点 ξ_k 的取法如何,σ 常趋于同一个有限的极限,那么称此极限为 $f(x)$ 关于 $g(x)$ 的 Stieltjes 积分,并记作
$$\int_a^b f(x) \mathrm{d}g(x)$$

在文献[2]中已知,若 $f(x)$ 在 $[a,b]$ 上是连续的,$g(x)$ 在 $[a,b]$ 上是有界变差的,则积分 $\int_a^b f(x)\mathrm{d}g(x)$ 存在.

在文献[2]中还知道,单调函数是有界变差函数. 若 $g(x)$ 在 $[a,b]$ 上是有界变差函数,则在 $[a,b]$ 中几乎对于所有的 x,$g(x)$ 存在有限的导数 $g'(x)$.

中值定理 设在 $[a,b]$ 上,$f(x)$ 连续,$g(x)$ 是单调函数,则在 $[a,b]$ 上至少存在一点 ξ,使
$$\int_a^b f(x)\mathrm{d}g(x) = f(\xi)[g(b) - g(a)] \tag{3.2}$$

证明 在 $[a,b]$ 上的连续函数 $f(x)$ 是有界的,令 $m = \min\limits_{a \leqslant x \leqslant b} f(x)$, $M = \max\limits_{a \leqslant x \leqslant b} f(x)$,不失一般性,设 $g(x)$ 是单调增加的,则 $g(b) - g(a) > 0$(不必考虑 $g(b) = g(a)$ 的情形,这时 $g(x) \equiv 0$,没有什么意义.),由式(3.1)有
$$m[g(b) - g(a)] \leqslant \sigma \leqslant M[g(b) - g(a)]$$
因为 $f(x)$ 关于 $g(x)$ 的 Stieltjes 积分是存在的,得
$$m[g(b) - g(a)] \leqslant \int_a^b f(x) \mathrm{d}g(x) \leqslant M[g(b) - g(a)]$$
从而
$$m \leqslant \frac{\int_a^b f(x) \mathrm{d}g(x)}{g(b) - g(a)} \leqslant M$$
根据连续函数的介值定理即知在 $[a,b]$ 上至少存在一点 ξ,使
$$f(\xi) = \frac{\int_a^b f(x) \mathrm{d}g(x)}{g(b) - g(a)}$$
定理证毕.

由文献[2]可知,若在 $[a,b]$ 上,$f(x)$ 关于 $g(x)$ 的 Stieltjes 积分存在,且 x 是 $[a,b]$ 中任何一个值,则在 $[a,x]$ 上,$f(x)$ 关于 $g(x)$ 的 Stieltjes 积分仍存在. 令
$$F(x) = \int_a^x f(t) \mathrm{d}g(t) \qquad (3.3)$$

引理 1 设在 $[a,b]$ 上,$f(x)$ 是连续函数,$g(x)$ 是单调函数,在 $[a,b]$ 中的某点 x 处 $g'(x)$ 存在,则
$$F'(x) = f(x)g'(x) \qquad (3.4)$$

证明 由式(3)有
$$\frac{F(x + \Delta x) - F(x)}{\Delta x} = \frac{1}{\Delta x} \int_x^{x+\Delta x} f(t) \mathrm{d}g(t)$$
再由中值定理可见在 $[x, x+\Delta x]$ 上至少存在一点 ξ,使得
$$\frac{F(x + \Delta x) - F(x)}{\Delta x} = f(\xi) \frac{g(x + \Delta x) - g(x)}{\Delta x}$$
当 $\Delta x \to 0$ 时,$\xi \to x$. 因为 $f(x)$ 连续并且 $g'(x)$ 存在,即得
$$F'(x) = f(x)g'(x)$$

定理 2 设函数 $f(x)$ 在 $[a,b]$ 上连续,$f'_+(a)$ 存在,函数 $g(x)$ 在 $[a,b]$ 上单调,且 $g'(b)$ 和 $\lim\limits_{x \to a+0} g'(x)$ 都存在,$f'_+(a)g'_+(a) \neq 0$,则中值定理中的 ξ 满足
$$\lim_{b \to a} \frac{\xi - a}{b - a} = \frac{1}{2}$$

证明 考虑

$$\lim_{b\to a}\frac{\int_a^b f(x)\mathrm{d}g(x)-f(a)[g(b)-g(a)]}{(b-a)^2}$$

由 L'Hospital 法则和引理中式(3.4) 有

$$\lim_{b\to a}\frac{\int_a^b f(x)\mathrm{d}g(x)-f(a)[g(b)-g(a)]}{(b-a)^2}$$
$$=\lim_{b\to a}\frac{f(b)g'(b)-f(a)g'(b)}{2(b-a)} \tag{3.5}$$
$$=\frac{1}{2}f'_+(a)g'_+(a)$$

由中值定理

$$\lim_{b\to a}\frac{\int_a^b f(x)\mathrm{d}g(x)-f(a)[g(b)-g(a)]}{(b-a)^2}$$
$$=\lim_{b\to a}\frac{f(\xi)[g(b)-g(a)]-f(a)[g(b)-g(a)]}{(b-a)^2}$$

其中 $a\leqslant\xi\leqslant b$. 当 $b\to a$ 时,$\xi\to a$,有

$$\lim_{b\to a}\frac{\int_a^b f(x)\mathrm{d}g(x)-f(a)[g(b)-g(a)]}{(b-a)^2}$$
$$=\lim_{b\to a}\frac{f(\xi)-f(a)}{\xi-a}\cdot\frac{\xi-a}{b-a}\cdot\frac{g(b)-g(a)}{b-a}$$
$$=f'_+(a)g'_+(a)\alpha\lim_{b\to a}\frac{\xi-a}{b-a} \tag{3.6}$$

比较(3.5)和(3.6),得

$$\lim_{b\to a}\frac{\xi-a}{b-a}=\frac{1}{2}$$

定理证毕.

参考文献

[1] 张莉.关于积分中值定理的一个注记[J].鞍山钢铁学院学报,1989,12(4):3-5.
[2] 那汤松.实变函数论[M].徐瑞云,译.北京:高等教育出版社,1958,237-259.

Stieltjes 积分中值定理的一个补充

在文献[2]中证明了 Stieltjes 积分中值定理中的 ξ，在条件 $f^{(i)}(a)=0(i=1,2,\cdots,k-1), f^{(k)}(a)g'(a)\neq 0$ 时，有

$$\lim_{b\to a}\frac{\xi-a}{b-a}=\frac{1}{\sqrt[k]{k+1}}$$

鞍山钢铁学院数学系的张金海教授 2000 年对 Stieltjes 积分做了进一步研究，发现它在条件 $f^{(i)}(a)=0(i=1,2,\cdots,k-1)$，$g^{(j)}(a)=0(j=1,2,\cdots,m-1), f^{(k)}(a)g^{(m)}(a)\neq 0$ 时，有

$$\lim_{b\to a}\frac{\xi-a}{b-a}=\left(\frac{m}{k+m}\right)^{1/k}$$

从而扩展了文献[1,2]的工作.

定理 设 $f(x)$ 在 $[a,b]$ 上连续，在 a 处 k 阶可导，且 $f^{(i)}(a)=0(i=1,2,\cdots,k-1), g(x)$ 在 $[a,b]$ 上单调，在 a 处 m 阶可导，$g^{(j)}(a)=0(j=1,2,\cdots,m-1), g^{(m-1)}(b)$ 存在，且 $f^{(k)}(a)g^{(m)}(a)\neq 0$，则中值定理的 ξ 满足

$$\lim_{b\to a}\frac{\xi-a}{b-a}=\left(\frac{m}{k+m}\right)^{1/k} \qquad (4.1)$$

证明 由 Taylor 展开公式有

$$f(x)=f(a)+\frac{f^{(k)}(a)}{k!}(x-a)^k+\alpha(x)(x-a)^k \qquad (4.2)$$

这里 $\alpha(x)\to 0(x\to a)$，两边积分得

$$\int_a^b f(x)\mathrm{d}g(x)=f(a)[g(b)-g(a)]+$$
$$\frac{1}{k!}f^{(k)}(a)\int_a^b(x-a)^k\mathrm{d}g(x)+$$
$$\int_a^b\alpha(x)(x-a)^k\mathrm{d}g(x) \qquad (4.3)$$

在(4.2)中取 $x=\xi$，有

$$f(\xi) = f(a) + \frac{1}{k!}f^{(k)}(a)(\xi-a)^k + \alpha(\xi)(\xi-a)^k \qquad (4.4)$$

这里 $\alpha(\xi) \to 0$,因此

$$f(\xi)\mid g(b)-g(a)\mid = f(a)[g(b)-g(a)] + \\ \frac{1}{k!}f^{(k)}(a)(\xi-a)^k[g(b)-g(a)] + \\ \alpha(\xi)(\xi-a)^k[g(b)-g(a)] \qquad (4.5)$$

由式(4.3),式(4.5)得

$$\frac{1}{k!}f^{(k)}(a)\int_a^b(x-a)^k\mathrm{d}g(x) + \int_a^b\alpha(x)(x-a)^k\mathrm{d}g(x)$$
$$= \frac{1}{k!}f^{(k)}(a)(\xi-a)^k[g(b)-g(a)] + \\ \alpha(\xi)(\xi-a)^k[g(b)-g(a)] \qquad (4.6)$$

由 L'Hospital 法则和引理[2],易得

$$\lim_{b\to a}\frac{g(b)-g(a)}{(b-a)^m} = \frac{1}{m!}g^{(m)}(a)$$

$$\lim_{b\to a}\frac{g'(b)}{(b-a)^{m-1}} = \frac{1}{(m-1)!}g^{(m)}(a)$$

$$\lim_{b\to a}\frac{\int_a^b(x-a)^k\mathrm{d}g(x)}{(b-a)^{k+m}} = \frac{1}{k+m}\frac{1}{(m-1)!}g^{(m)}(a)$$

$$\lim_{b\to a}\frac{\int_a^b\alpha(x)(x-a)^k\mathrm{d}g(x)}{(b-a)^{k+m}} = 0$$

于是在条件 $f^{(k)}(a)g^{(m)}(a) \neq 0$ 下,由式(4.6)得

$$\lim_{b\to a}\left(\frac{\xi-a}{b-a}\right)^k = \frac{m}{k+m}$$

即

$$\lim_{b\to a}\frac{\xi-a}{b-a} = \left(\frac{m}{k+m}\right)^{1/k} \qquad \text{证毕.}$$

参考文献

[1] 潘宇,杨冰. Stieltjes 积分中值定理的一个注记[J]. 鞍山钢铁学院学报,1997,20(5):18-20.

[2] 张金海,孙俊锁. 关于 Stieltjes 积分中值定理的一个注释[J]. 鞍山钢铁学院学报,2000,23(2):137,138.

关于 Stieltjes 积分中值定理的一个注释

在文献[1]中证明了 Riemann 积分中值定理中的 ξ,在条件 $f'(a)=0, f''(a)\neq 0$ 时,有
$$\lim_{b\to a}\frac{\xi-a}{b-a}=\frac{1}{\sqrt{3}}$$

更一般地,在 $f^{(i)}(a)=0(i=1,2,\cdots,k-1)$,在 $f^{(k)}(a)\neq 0$ 时,有 $\lim\limits_{b\to a}\dfrac{\xi-a}{b-a}=\dfrac{1}{\sqrt[k]{k+1}}$. 文献[1]扩展了文献[2]的工作.

鞍山钢铁学院数理系的张金海、孙俊锁两位教授 2000 年对 Stieltjes 积分进行了研究,发现它在一定条件下也有类似的结果,从而扩展了文献[3]的工作.

在文献[4]中已知关于 Stieltjes 积分有下述结论:

定理 1 若 $f_1(x), f_2(x)$ 关于 $g(x)$ 在 $[a,b]$ 上的 Stieltjes 积分存在,k_1, k_2 是常数,则 $k_1 f_1 + k_2 f_2$ 关于 $g(x)$ 的 Stieltjes 的积分存在,且
$$\int_a^b (k_1 f_1 + k_2 f_2)\mathrm{d}g(x) = k_1\int_a^b f_1 \mathrm{d}g(x) + k_2\int_a^b f_2 \mathrm{d}g(x)$$

定理 2 设在 $[a,b]$ 上,$f(x)$ 连续,$g(x)$ 是单调函数,则在 $[a,b]$ 上至少存在一点 ξ,使
$$\int_a^b f(x)\mathrm{d}g(x) = f(\xi)[g(b)-g(a)] \tag{5.1}$$

引理 3[3] 设在 $[a,b]$ 上,$f(x)$ 连续,$g(x)$ 是单调函数,在 $[a,b]$ 中某点 x 处,$g'(x)$ 存在,记
$$F(x) = \int_a^x f(t)\mathrm{d}g(t) \tag{5.2}$$

则
$$F'(x) = f(x)g'(x) \tag{5.3}$$

定理 4 设 $f(x)$ 在 $[a,b]$ 上连续,在 a 处二阶可导,$f'(a)=0$,$g(x)$ 在 $[a,b]$ 上单调,$g'(b)$ 和 $\lim\limits_{x\to a+0} g'(x)$ 都存在,$f''(a)g'_+(a) \neq 0$,则中值定理中的 ξ 满足

$$\lim_{b\to a}\frac{\xi-a}{b-a}=\frac{1}{\sqrt{3}} \tag{5.4}$$

证明 由 Taylor 展开有

$$f(x)=f(a)+\frac{1}{2}f''(a)(x-a)^2+\alpha(x)(x-a)^2 \tag{5.5}$$

这里 $\alpha(x)\to 0(x\to a)$. 将式(5.5)在 $[a,b]$ 上关于 $g(x)$ 求 Stieltjes 积分,再由定理 1 得

$$\int_a^b f(x)\mathrm{d}g(x)=f(a)[g(b)-g(a)]+$$
$$\frac{1}{2}f''(a)\int_a^b(x-a)^2\mathrm{d}g(x)+$$
$$\int_a^b \alpha(x)(x-a)^2\mathrm{d}g(x) \tag{5.6}$$

又在(5.5)中取 $x=\xi$,得

$$f(\xi)=f(a)+\frac{1}{2}f''(a)(\xi-a)^2+\alpha(\xi)(\xi-a)^2 \tag{5.7}$$

这里 $a\leqslant \xi\leqslant b$, $\alpha(\xi)\to 0(\xi\to a)$. 因此

$$f(\xi)[g(b)-g(a)]=f(a)[g(b)-g(a)]+$$
$$\frac{1}{2}f''(a)(\xi-a)^2[g(b)-g(a)]+$$
$$\alpha(\xi)(\xi-a)^2[g(b)-g(a)] \tag{5.8}$$

由式(5.1),(5.6),(5.8)得

$$\frac{1}{2}f''(a)\int_a^b(x-a)^2\mathrm{d}g(x)+\int_a^b\alpha(x)(x-a)^2\mathrm{d}g(x)$$
$$=\frac{1}{2}f''(a)(\xi-a)^2[g(b)-g(a)]+$$
$$\alpha(\xi)(\xi-a)^2[g(b)-g(a)] \tag{5.9}$$

将式(5.9)两边同除 $(b-a)^3$,再取 $b\to a$ 时极限,由 L'Hopital 法则和引理(5.3),易得

$$\lim_{b\to a}\frac{\int_a^b(x-a)^2\mathrm{d}g(x)}{(b-a)^3}=\frac{1}{3}g'_+(a), \lim_{b\to a}\frac{\int_a^b\alpha(x)(x-a)^2\mathrm{d}g(x)}{(b-a)^3}=0$$

于是由条件 $f''(a)g'_+(a)\neq 0$ 得

$$\lim_{b\to a}\left(\frac{\xi-a}{b-a}\right)^2=\frac{1}{3}$$

$$\lim_{b\to a}\frac{\xi-a}{b-a}=\frac{1}{\sqrt{3}}$$

用类似的方式,可以建立更一般的结果.

定理 5 设 $f(x)$ 在 $[a,b]$ 上连续,在 a 处 k 阶可导,其中 $f^{(i)}(a)=0(i=1,2,\cdots,k-1)$,$g(x)$ 在 $[a,b]$ 上单调,$g'(b)$ 和 $\lim\limits_{b\to a+0}g'(x)$ 都存在,$f^{(k)}(a)g'_+(a)\neq 0$,则中值定理中的 ξ 满足

$$\lim_{b\to a}\frac{\xi-a}{b-a}=\frac{1}{\sqrt[k]{k+1}}$$

参考文献

[1] ZHANG B L. A Note on the Mean Value Theorem for Integrals[J]. Amer Math Monthly,1997,104:561,562.

[2] BERANRD J. On the Mean Value Theorem for Integrals[J]. Amer Math Monthly,1982,89:300,301.

[3] 潘宇,杨冰. Stieltjes 积分中值定理的一个注记[J]. 鞍山钢铁学院学报,1997,20(5):18-20.

[4] KLAMBUER G. 数学分析[M]. 庄亚栋,译. 上海:上海科学技术出版社,1981,176-192.

Stieltjes 积分存在的一个必要充分条件及其应用

温州大学数学学院的徐承煌教授 2001 年给出一个关于 Stieltjes 积分存在的必要充分条件,并利用它证明另外的一些定理.

1894 年自 Stieltjes 创造了以他的名字命名的积分以来,对该积分的研究越来越深入,越来越仔细,但所见的积分存在的必要充分条件只有一个[1,2,4],这对问题的讨论非常不方便,我们有必要再去找另外的积分存在的必要充分条件,并利用它更深入地进行研究.

先引进[4]下面定义:

定义 1 设在区间 $[a,b]$ 上定义了两个有界函数 $f(x)$ 及 $g(x)$,用点

$$a = x_0 < x_1 < x_2 < \cdots < x_{n-1} < x_n = b \quad (6.1)$$

对区间 $[a,b]$ 进行分割,令 $\Delta x_i = x_{i+1} - x_i (i = 0, 1, \cdots, n-1)$,$\lambda = \max_{0 \leqslant i \leqslant n-1} \{\Delta x_i\}$,$\Delta g(x_i) = g(x_{i+1}) - g(x_i)$,在每个小区间 $[x_i, x_{i+1}]$ 上取点 $\xi = [x_i, x_{i+1}]$,作和

$$\sigma = \sum_{i=0}^{n-1} f(\xi_i) \Delta g(x_i) \quad (6.2)$$

如果当 $\lambda \to 0$ 时,无论(6.1)是怎样分割的,无论 ξ_i 是怎样取的,式(6.2)有确定的有限极限,我们把这个极限称为 $f(x)$ 对 $g(x)$ 在 $[a,b]$ 上的 Stieltjes 积分,记为

$$(S)\int_a^b f(x) dg(x) = \lim_{\lambda \to 0} \sum_{i=0}^{n-1} f(\xi_i) \Delta g(x_i) \quad (6.3)$$

也称在 $[a,b]$ 上 $f(x)$ 对 $g(x)$ (S) 可积.(同样,下文中的 Riemman 积分、Lebesgue 积分分别用(R),(L) 来表示它们).

为了便于引用,我们把 $(S)\int_a^b f(x) dg(x)$ 的性质简述如下:[4]

(1) 当 $g(x) = x$ 时,$(S)\int_a^b f(x) dg(x) = (R)\int_a^b f(x) dg(x)$.

(2) 如果 $(S)\int_a^b f_1(x)\mathrm{d}g(x), (S)\int_a^b f_2(x)\mathrm{d}g(x)$ 存在,那么

$$(S)\int_a^b [f_1(x) \pm f_x(x)]\mathrm{d}g(x) = (S)\int_a^b f_1(x)\mathrm{d}g(x) \pm (S)\int_a^b f_2(x)\mathrm{d}g(x)$$

(3) 如果 $(S)\int_a^b f(x)\mathrm{d}g_1(x), (S)\int_a^b f(x)\mathrm{d}g_2(x)$ 存在,那么

$$(S)\int_a^b f(x)\mathrm{d}[g_1(x) \pm g_2(x)] = (S)\int_a^b f(x)\mathrm{d}g_1(x) \pm (S)\int_a^b f(x)\mathrm{d}g_2(x)$$

如果 $f(x)$ 在小区间 $[x_i, x_{i+1}]$ 上的下确界是 m_i、上确界是 M_i,那么 $f(x)$ 在该区间上的振幅 $\omega_i = M_i - m_i$,令 $s = \sum_{i=0}^{n-1} m_i \Delta g(x_i), S = \sum_{i=0}^{n-1} M_i \Delta g(x_i)$,就有 $s \leqslant \sigma \leqslant S$. 于是有:

定理 1[1-3] 设 $f(x), g(x)$ 是 $[a,b]$ 上的有界函数,那么 $(S)\int_a^b f(x)\mathrm{d}g(x)$ 存在的必要充分条件是

$$\lim_{\lambda \to 0}(S-s) = 0 \text{ 或 } \lim_{\lambda \to 0}\sum_{i=0}^{n-1}\omega_i \Delta g(x_i) = 0 \tag{6.4}$$

下面我们给出另一个关于 (S) 积分存在的必要充分条件:

定理 2 设 $f(x)$ 在 $[a,b]$ 上有界,$g(x)$ 在 $[a,b]$ 上单调增加(或减少),那么 $(S)\int_a^b f(x)\mathrm{d}g(x)$ 存在的必要充分条件是对任意的 $\varepsilon > 0, \sigma > 0$,总存在 $\delta > 0$,使当所有的 $\Delta x_i < \delta$ 时,对应于小区间 $[x_i, x_{i+1}]$ 上函数 $f(x)$ 的振幅 $\omega_i \geqslant \varepsilon$ 的那些小区间(不妨把这些小区间的序号标 i 都简记为 i')上函数 $g(x)$ 的增量之和

$$\sum_{i'} \Delta g(x_{i'}) < \sigma \tag{6.5}$$

证明 因为闭区间上的单调函数必定有界,所以 $f(x), g(x)$ 在 $[a,b]$ 上都有界,故存在 $M > 0$,使当任意的 $x \in [a,b]$ 时

$$|f(x)| \leqslant M, |g(x)| \leqslant M$$

都成立,于是有

$$\omega_i \leqslant 2M \quad (i = 0, 1, \cdots, n-1) \tag{6.6}$$

及

$$\sum_{i=0}^{n-1} \Delta g(x_i) \leqslant 2M \tag{6.7}$$

我们已经把对应于小区间 $[x_i, x_{i+1}]$ 上 $f(x)$ 的振幅 $\omega_i \geqslant \varepsilon$ 的下标都记为 i',现在把 $\omega_i > \varepsilon$ 的那些的下标都记为 i''. 这样(6.4)中和式就可以写成

$$\sum_{i=0}^{n-1} \omega_i \Delta g(x_i) = \sum_{i} \omega_i \Delta g(x_i) = \sum_{i'} \omega_{i'} \Delta g(x_{i'}) + \sum_{i''} \omega_{i''} \Delta g(x_{i''}) \tag{6.8}$$

并且由(6.7)立刻得到

$$\sum_{i''} \Delta g(x_{i''}) \leqslant 2M \tag{6.9}$$

如果 $(S)\int_a^b f(x)\mathrm{d}g(x)$ 存在,由定理1知(6.4)成立,即对任意的 $\varepsilon > 0, \sigma > 0$,总存在 $\delta > 0$,使当 $\lambda < \delta$ 时即当所有的 $\Delta x_i < \delta$ 时,有

$$\sum_{i=0}^{n-1} \omega_i \Delta g(x_i) = \sum_{i'} \omega_{i'} \Delta g(x_{i'}) + \sum_{i''} \Delta g(x_{i''}) < \varepsilon\sigma$$

或者

$$\varepsilon\sigma > \sum_{i'} \omega_{i'} \Delta g(x_{i'}) \geqslant \varepsilon \sum_{i'} \Delta g(x_{i'})$$

所以

$$\sum_{i'} \Delta g(x_{i'}) < \sigma$$

即(6.5)成立,必要性证完.

反之,若对任意的 $\varepsilon > 0, \sigma > 0$,总存在 $\delta > 0$,使当所有的 $\Delta x_i < \delta$ 时,对应于 $[x_i, x_{i+1}]$ 上 $f(x)$ 的振幅 $\omega_{i''} \geqslant \varepsilon$ 的那些小区间上 $g(x)$ 的增量之和

$$\sum_{i'} \Delta g(x_{i'}) < \sigma$$

则对任意的 $\varepsilon > 0$,总存在 $\delta > 0$,使当 $\lambda < \delta$ 时,对应于 $[x_i, x_{i+1}]$ 上 $f(x)$ 的振幅 $\omega_i \geqslant \dfrac{\varepsilon}{4M}$ 的那些小区间上 $g(x)$ 的增重之和

$$\sum_{i'} \Delta g(x_{i'}) < \frac{\varepsilon}{4M} \tag{6.10}$$

成立,于是由(6.6),(6.9),(6.10),对(6.4)中的和式即(6.8)有

$$\sum_{i=0}^{n-1} \omega_i \Delta g(x_i) = \sum_{i'} \omega_{i'} \Delta g(x_{i'}) + \sum_{i''} \omega_{i''} \Delta g(x_{i''})$$

$$\leqslant 2M \sum_{i'} \Delta g(x_{i'}) + \frac{\varepsilon}{4M} \sum_{i''} \Delta g(x_{i''}) < 2M \cdot \frac{\varepsilon}{4M} + \frac{\varepsilon}{4M} \cdot 2M = \varepsilon$$

这就是说(6.4)成立,由定理1知道 $(S)\int_a^b f(x)\mathrm{d}g(x)$ 存在,即充分性证完,所以定理2证毕.

在定理2中令 $g(x) = x$,由上面提到的性质(1)立刻得到:

定理 3　$(R)\int_a^b f(x)\mathrm{d}x$ 存在的必要充分条件是对任意的 $\varepsilon > 0, \sigma > 0$,总存在 $\delta > 0$,使当所有的 $\Delta x_i < \delta$ 时,对应于小区间 $[x_i, x_{i+1}]$ 上函数 $f(x)$ 的振幅 $\omega_{i'} \geqslant \varepsilon$ 的那些小区间长总和 $\sum_{i'} \Delta x_{i'} < \sigma$.

定理 4　如果函数 $f(x)$ 在 $[a,b]$ 上连续,$g(x)$ 在 $[a,b]$ 上是有界变差的,

那么 $(S)\int_a^b f(x)\mathrm{d}g(x)$ 存在.

证明 因为 $[a,b]$ 上函数 $g(x)$ 是有界变差的必要充分条件是 $g(x)$ 能表示为两个有界的单调增加函数之差[1]，所以由 (S) 积分的性质(3)，我们只要对 $g(x)$ 是单调增加的情况进行证明就行了，所以可以应用定理 2.

由 $f(x)$ 在 $[a,b]$ 上的连续性，便有一致连续性，即对任意的 $\varepsilon>0, \sigma>0$，总存在 $\delta>0$，使当每个 $\Delta x_i<\delta$ 时，全部的 $\omega_i<\varepsilon$ 成立，这就是说所有 i 都是 i''，自然有 $\sum_{i'}\Delta g(x_i)=0<\sigma$，即 $(S)\int_a^b f(x)\mathrm{d}g(x)$ 存在.

在讨论下一个定理之前，先引入绝对连续概念并证明一个引理.

定义 2[3] 设 $g(x)$ 是定义在区间 $[a,b]$ 上的一个有界函数. 对任意的 $\varepsilon>0$，存在 $\delta>0$，当 $[a,b]$ 中任意有限个两两不相重叠的区间 $[a_1,b_1],[a_2,b_2],\cdots,[a_n,b_n]$ 满足条件 $\sum_{k=1}^n(b_k-a_k)<\delta$ 时，不等式

$$\left|\sum_{k=1}^n[g(b_k)-g(a_k)]\right| \qquad (6.11)$$

成立，那么称 $g(x)$ 在 $[a,b]$ 上绝对连续.

容易知道[3] 两个绝对连续函数的和、差、积也是绝对连续函数.

引理 5 函数 $g(x)$ 在 $[a,b]$ 上是绝对连续函数的必要充分条件是 $g(x)$ 能表示为两个单调增加的绝对连续函数之差.

证明 充分性显然，下面只证必要性.

我们知道绝对连续函数 $g(x)$ 是几乎处处可求导数 $g'(x)$ 的[2]，且其导数 $g'(x)$ 是 (L) 可积的[2]，导数 $g'(x)$ 的绝对值 $|g'(x)|$ 是可和函数[1]，并且知道可和函数的不定积分是绝对连续的[3].

所以，令

$$g_1(x)=\int_a^x |g'(t)|\mathrm{d}t$$

$$g_2(x)=g_1(x)-g(x)=\int_a^x |g'(t)\mathrm{d}t|-\int_a^x g'(t)\mathrm{d}t$$

$$=\int_a^x[|g'(t)|-g'(t)]\mathrm{d}t$$

则 $g_1(x), g_2(x)$ 都在 $[a,b]$ 上是单调增加的绝对连续函数，且 $g(x)=g_1(x)-g_2(x)$，证毕.

定理 6 如果 $f(x)$ 在 $[a,b]$ 上 (R) 可积，$g(x)$ 在 $[a,b]$ 上绝对连续，那么 $(S)\int_a^b f(x)\mathrm{d}g(x)$ 存在.

证明 由引理 5 及 (S) 积分的性质(3)，只要对 $g(x)$ 是单调增加的绝对连

续函数的情况进行证明就可以了.

因为 $g(x)$ 是单调增加的绝对连续函数,由定义2知道对 $[a,b]$ 做任意的分割(1)时,对任意的 $\sigma>0$,总存在 $\tau>0$,使当 $\sum_{i'}\Delta x_{i'}<\tau$ 时,有(6.11)成立,这时的(6.11)即为

$$\sum_{i'}\Delta g(x_{i'})<\sigma \qquad (6.12)$$

又因为 $f(x)$ 在 $[a,b]$ 上(R)可积,根据定理3,对任意的 $\varepsilon>0,\tau>0$,总存在 $\delta>0$,使当所有 $\Delta x_i<\delta$ 时,对应于小区间 $[x_i,x_{i+1}]$ 上函数 $f(x)$ 的振幅 $\omega_i\geqslant\varepsilon$ 的那些小区间长度总和 $\sum_{i'}\Delta x_{i'}<\tau$,于是有(6.12),这就是定理2中的(6.5),故由定理2证明了 $(S)\int_a^b f(x)\mathrm{d}g(x)$ 存在.

参考文献

[1] HEWITT E,STROMBERG K R.实分析与抽象分析[M].天津:天津大学出版社,1994.
[2] 周民强.实变函数[M].北京:北京大学出版社,1995.
[3] 那汤松.实变函数论[M].北京:人民教育出版社,1963.
[4] 菲赫金哥尔茨.微积分学教程[M].北京:人民教育出版社,1964.

Stieltjes 积分第二中值定理的一个注释

在文献[1]中已知关于 Stieltjes 积分有两个中值定理：

第一中值定理 设在 $[a,b]$ 上，$f(x)$ 是连续函数，$g(x)$ 是单调函数，则在 $[a,b]$ 上至少存在一点 ξ，使

$$\int_a^b f(x)\mathrm{d}g(x) = f(\xi)[g(b) - g(a)] \tag{7.1}$$

第二中值定理 设在 $[a,b]$ 上，$f(x)$ 是单调函数，$g(x)$ 是有界变差连续函数，则在 $[a,b]$ 上至少存在一点 ξ，使

$$\int_a^b f(x)\mathrm{d}g(x) = f(a)[g(\xi) - g(a)] + f(b)[g(b) - g(\xi)] \tag{7.2}$$

文献[2]和[3]分别证明了 Stieltjes 积分两个中值定理中的中值 ξ 在各自对应的条件下都满足 $\lim\limits_{b \to a} \dfrac{\xi - a}{b - a} = \dfrac{1}{2}$。文献[4]对 Stieltjes 积分第一中值定理中的 ξ 做了深入的研究，取得下列一般结果：

定理 1[4] 设 $f(x)$ 在 $[a,b]$ 上连续，在 a 处 k 阶可导，且 $f^{(i)}(a) = 0 (i=1,2,\cdots,k-1)$，$g(x)$ 在 $[a,b]$ 上单调，在 a 处 m 阶可导，$g^{(j)}(a) = 0 (j=1,2,\cdots,m-1)$，$g^{(m)}(b)$ 和 $\lim\limits_{x \to a} g^{(m)}(x)$ 都存在，且 $f^{(k)}(a) g^{(m)}(a) \neq 0$，则 Stieltjes 积分第一中值定理中使公式 (7.1) 成立的 ξ 满足

$$\lim_{b \to a} \frac{\xi - a}{b - a} = \left(\frac{m}{k+m}\right)^{1/k} \tag{7.3}$$

鞍山钢铁学院数理系的王艳玲教授对 Stieltjes 积分第二中值定理中的 ξ 做了深入的研究，发现在与定理 1 类似的条件下使公式 (7.2) 成立的 ξ 满足

$$\lim_{b \to a} \frac{\xi - a}{b - a} = \left(\frac{k}{k+m}\right)^{1/m} \tag{7.4}$$

式(7.4)和式(7.3)之间存在的某种对称性是很有趣的.

这里需要用到文献[3]中建立的一条引理.

引理 2 设在 $[a,b]$ 上,$f(x)$ 是单调函数,$g(x)$ 是单调连续函数,在 $[a,b]$ 上的某点 x 处,$f'(x)$ 和 $g'(x)$ 都存在,令 $F(x)=\int_a^x f(t)\mathrm{d}g(t)$,则

$$F'(x)=f(x)g'(x)$$

定理 3 设(1)$f(x)$ 在 $[a,b]$ 上是单调函数,在 a 处 k 阶可导,$f^{(i)}(a)=0$ ($i=1,2,\cdots,k-1$),$f^{(k)}(b)$ 和 $\lim\limits_{x\to a}f^{(k)}(x)$ 都存在.

(2)$g(x)$ 在 $[a,b]$ 上是单调连续函数,在 a 处 m 阶可导,$g^{(j)}(a)=0$($j=1,2,\cdots,m-1$),$g^{(m)}(b)$ 和 $\lim\limits_{x\to a}g^{(m)}(x)$ 都存在.

(3)若 $f^{(k)}(a)g^{(m)}(a)\neq 0$,则 Stieltjes 积分第二中值定理中使公式(6.2)成立的 ξ 满足

$$\lim_{b\to a}\frac{\xi-a}{b-a}=\left(\frac{k}{k+m}\right)^{1/m}$$

证明 由 Taylor 展开有

$$f(x)=f(a)+\frac{f^{(k)}(a)}{k!}(x-a)^k+\alpha(x)(x-a)^k \tag{7.5}$$

这里 $\alpha(x)\to 0(x\to a)$.

将式(7.5)在 $[a,b]$ 上关于 $g(x)$ 求 Stieltjes 积分得

$$\int_a^b f(x)\mathrm{d}g(x)=f(a)[g(b)-g(a)]+\frac{f^{(k)}(a)}{k!}\int_a^b(x-a)^k\mathrm{d}g(x)+$$
$$\int_a^b\alpha(x)(x-a)^k\mathrm{d}g(x) \tag{7.6}$$

再根据第二中值定理,由式(7.2)和式(7.6)得

$$\frac{f^{(k)}(a)}{k!}\int_a^b(x-a)^k\mathrm{d}g(x)+\int_a^b\alpha(x)(x-a)^k\mathrm{d}g(x)$$
$$=[f(b)-f(a)][g(b)-g(\xi)] \tag{7.7}$$

式(7.7)两边同除 $(b-a)^{k+m}$,再取 $b\to a$ 时的极限

$$\frac{f^{(k)}(a)}{k!}\lim_{b\to a}\frac{\int_a^b(x-a)^k\mathrm{d}g(x)}{(b-a)^{k+m}}+\lim_{b\to a}\frac{\int_a^b\alpha(x)(x-a)^k\mathrm{d}g(x)}{(b-a)^{k+m}} \tag{7.8}$$
$$=\lim_{b\to a}\frac{f(b)-f(a)}{(b-a)^k}\lim_{b\to a}\left[\frac{g(b)-g(a)}{(b-a)^m}-\frac{g(\xi)-g(a)}{(\xi-a)^m}\left(\frac{\xi-a}{b-a}\right)^m\right]$$

其中 $a\leqslant\xi\leqslant b$,当 $b\to a$ 时,$\xi\to a$.

由 L'Hospital 法则和引理 2 得

$$\lim_{b\to a}\frac{f(b)-f(a)}{(b-a)^k}=\frac{1}{k!}f^{(k)}(a)$$

$$\lim_{b \to a} \frac{g(b) - g(a)}{(b-a)^m} = \frac{1}{m!} g^{(m)}(a)$$

$$\lim_{b \to a} \frac{\int_a^b (x-a)^k \mathrm{d}g(x)}{(b-a)^{k+m}} = \frac{1}{k+m} \frac{1}{(m-1)!} g^{(m)}(a)$$

$$\lim_{b \to a} \frac{\int_a^b \alpha(x)(x-a)^k \mathrm{d}g(x)}{(b-a)^{k+m}} = 0$$

在条件 $f^{(k)}(a)g^{(m)}(a) \neq 0$ 下,式(7.8)化为

$$\frac{1}{k+m} \frac{1}{(m-1)!} = \frac{1}{m!} - \frac{1}{m!} \lim_{b \to a} \left(\frac{\xi - a}{b - a}\right)^m$$

$$\lim_{b \to a} \left(\frac{\xi - a}{b - a}\right)^m = \frac{k}{k+m}$$

$$\lim_{b \to a} \frac{\xi - a}{b - a} = \left(\frac{k}{k+m}\right)^{1/m}$$

证毕.

参考文献

[1] KLAMBUER G. 数学分析[M]. 庄亚栋,译. 上海:上海科学技术出版社,1981:191,192.
[2] 潘宇,杨冰. Stieltjes 积分中值定理的一个注记[J]. 鞍山钢铁学院学报,1997,20(5):18-20.
[3] 王艳玲,刘证. Stieltjes 积分第二中值定理的一个注记[J]. 鞍山钢铁学院学报,2000,23(6):433,434.
[4] 张金海. Stieltjes 积分中值定理的一个补充[J]. 鞍山钢铁学院学报,2000,23(3):211,212.

对 Stieltjes 积分的讨论

第 8 章

Stieltjes 积分 $\int_a^b f(x)\mathrm{d}g(x)$ 是一种与两个函数 $f(x)$ 和 $g(x)$ 都有关系的积分,温州大学数学学院的徐承煌教授 2002 年对这种积分的一个存在定理中这两个函数的联系进行了讨论,并对 Stieltjes 积分与 Riemann 积分的定义做比较,指出它们定义中的根本区别.

为了叙述方便,我们把 Riemann 意义下的积分简记为(R) 积分,把 Stieltjes 意义下的积分简记为(S) 积分.

关于(S) 积分的存在性,已经有结论:若函数 $f(x)$ 在区间$[a,b]$ 上连续,函数 $g(x)$ 在区间 $[a,b]$ 上有界变差,则 $(S)\int_a^b f(x)\mathrm{d}g(x)$ 存在[1][3]. 自然要问,如果函数 $f(x)$ 连续,要(S) 积分存在,对 $g(x)$ 要有什么要求?或者如果函数 $g(x)$ 有界变差,要(S) 积分存在,对 $f(x)$ 要有什么要求?下面来回答这个问题,先给出引理:

引理 1 若正项级数 $\sum_{n=1}^{\infty} a_n$ 发散,这个级数的部分和是 S_n,令

$$f_n = \frac{1}{S_n} \tag{8.1}$$

则 $\lim\limits_{n\to\infty} f_n = 0$,且正项级数 $\sum_{n=1}^{\infty} f_n a_n$ 发散.

证明 因为 $a_n \geqslant 0$ 且 $\sum_{n=1}^{\infty} a_n$ 发散,所以 $\lim\limits_{n\to\infty} S_n = +\infty$,故 $\lim\limits_{n\to\infty} f_n = \lim\limits_{n\to\infty} \frac{1}{S_n} = 0.$

另一方面,对任意的自然数 m,n,由 $a_n \geqslant 0$ 知 S_n 是单调增加的,所以由(8.1) 得

$$|f_{n+1}a_{n+1} + f_{n+2}a_{n+2} + \cdots + f_{n+m}a_{n+m}|$$
$$= f_{n+1}a_{n+1} + f_{n+2}a_{n+2} + \cdots + f_{n+m}a_{n+m}$$
$$= \frac{a_{n+1}}{S_{n+1}} + \frac{a_{n+2}}{S_{n+2}} + \cdots + \frac{a_{n+m}}{S_{n+m}}$$
$$\geqslant \frac{a_{n+1} + a_{n+2} + \cdots + a_{n+m}}{S_{n+m}}$$
$$= \frac{S_{n+m} - S_n}{S_{n+m}} = 1 - \frac{S_n}{S_{n+m}} \tag{8.2}$$

当 n 固定时,令 $m \to +\infty$,有 $\frac{S_n}{S_{n+m}} \to 0$,故由(8.2)得

$$|f_{n+1}a_{n+1} + f_{n+2}a_{n+2} + \cdots + f_{n+m}a_{n+m}| \to 1 \neq 0 \quad (n \text{ 固定},m \to +\infty)$$

于是根据级数的 Cauchy 收敛原理[2],证明了正项级数 $\sum_{n=1}^{\infty} f_n a_n$ 发散.

定理 2 若 $(S)\int_a^b f(x)\mathrm{d}g(x)$ 对每一个在区间 $[a,b]$ 上的连续函数 $f(x)$ 都存在,则函数 $g(x)$ 必定在区间 $[a,b]$ 上有界变差;若 $(S)\int_a^b f(x)\mathrm{d}g(x)$ 对每一个在区间 $[a,b]$ 上有界变差函数 $g(x)$ 都存在,则函数 $f(x)$ 必定在区间 $[a,b]$ 上连续.

证明 先证定理 2 中前半部分,假设 $(S)\int_a^b f(x)\mathrm{d}g(x)$ 对每一个 $[a,b]$ 上的连续函数 $f(x)$ 存在,要证明 $g(x)$ 是有界变差的. 用反证法. 如果 $g(x)$ 在区间 $[a,b]$ 上不是有界变差的,我们将要构造一个 $[a,b]$ 上的连续函数 $f(x)$,使 $(S)\int_a^b f(x)\mathrm{d}g(x)$ 不存在.

因为 $g(x)$ 在区间 $[a,b]$ 上不是有界变差的,我们对 $[a,b]$ 作二等分,由有界变差的定义知 $g(x)$ 必在 $[a,b]$ 二等分后的两个子区间之一上不是有界变差的,不妨记这个子区间为 $[a^{(1)},b^{(1)}]$;既然 $g(x)$ 在 $[a^{(1)},b^{(1)}]$ 上不是有界变差的,我们又可以对 $[a^{(1)},b^{(1)}]$ 作二等分,同样有子区间,不妨记为 $[a^{(2)},b^{(2)}]$,$g(x)$ 在其上不是有界变差的;……; 我们可以一直作下去,这样就得到区间套 $[a^{(n)},b^{(n)}](n=1,2\cdots)$,$g(x)$ 在每一个区间 $[a^{(n)},b^{(n)}]$ 上都不是有界变差的,并且满足条件 $[a^{(n+1)},b^{(n+1)}] \subset [a^{(n)},b^{(n)}]$ 和 $\lim_{n\to\infty}[b^{(n)} - a^{(n)}] = 0$,所以根据闭区间套定理,存在一点 $c \in [a,b]$,使 $g(x)$ 在点 c 的任意一个邻域中都不是有界变差的. 为简单起见,不妨设 $c=b$,(如果 $c=a$,讨论起来类似;如果 $c \in (a,b)$,那么要考虑区间 $[a,c]$,$[c,b]$ 上的情况,讨论起来也类似) 于是由有界变差的定义,知道一定存在数列 $\{a_n\}$ 使

$$a = a_0 < a_1 < a_2 < \cdots < a_n < a_{n+1} < \cdots < b \quad (\text{且} \lim_{n\to\infty} a_n = b) \tag{8.3}$$

使级数 $\sum_{i=0}^{\infty} |g(a_{i+1}) - g(a_i)|$ 发散.

根据引理1,令 $f_i = \dfrac{1}{\sum_{k=0}^{i} |g(a_{k+1}) - g(a_k)|}$,$f_i$ 满足条件 $\lim\limits_{i \to \infty} f_i = 0$,且正项级数

$$\sum_{i=0}^{\infty} f_i |g(a_{i+1}) - g(a_i)| \tag{8.4}$$

发散.

现在构造区间 $[a,b]$ 上的函数 $f(x)$ 如下

$$f(x) = \begin{cases} f_n \operatorname{sign}[g(a_{n+1}) - g(a_n)], & \text{当 } x = a_n \text{ 时} \quad (n = 0,1,2,\cdots) \\ \text{直线段}, & \text{当 } x \in [a_n, a_{n+1}] \text{ 时} \quad (n = 0,1,2,\cdots) \\ 0, & \text{当 } x = b \text{ 时} \end{cases}$$

我们注意到在(S)积分的定义中要求函数 $f(x)$,$g(x)$ 有界,所以 $[g(a_{n+1}) - g(a_n)]$ $(n = 0,1,2,\cdots)$ 是一致有界的,由引理知道 $\lim\limits_{n \to \infty} f_n = 0$,故有 $\lim\limits_{x \to b} f(x) = 0 = f(b)$,即 $f(x)$ 有界且在点 $x = b$ 连续;$x \neq b$ 时的连续性由直线段的构造立即知道.

这个连续函数 $f(x)$ 对于 $g(x)$ 的(S)积分是不存在的. 事实上,$g(x)$ 在点 $x = c$ 的每个邻域中都不是有界变差的,为简便起见,就考虑以(8.3)作为一个分割,这时相应的积分和

$$\sigma_n = \sum_{i=1}^{n-1} f(a_i)[g(a_{i+1}) - g(a_i)] = \sum_{i=1}^{n-1} f_i |g(a_{i+1}) - g(a_i)| \tag{8.5}$$

由于(8.4)的发散性得 $\lim\limits_{n \to \infty} \sigma_n = +\infty$,这就证明了 (S)$\int_a^b f(x) \mathrm{d}g(x)$ 不存在.

下面证明定理2的后半部分,假设 (S)$\int_a^b f(x) \mathrm{d}g(x)$ 对每一个 $[a,b]$ 上的有界变差函数都存在,要证明 $f(x)$ 是连续的,也用反证法. 如果 $f(x)$ 在点 $x = c \in (a,b)$ 处不连续,(如果在 $x = a$ 或者 $x = b$ 处不连续,可以类似处理)即存在 $\varepsilon_0 > 0$,对任意的 $\delta > 0$,$f(x)$ 在区间 $[c - \delta, c + \delta]$ 上的振幅 $\omega_c \geqslant \varepsilon_0$,构造函数

$$g(x) = \begin{cases} 0 & x \in [a,c) \\ 1 & x \in [c,b] \end{cases}$$

当我们对 $[a,b]$ 做任意的分割时,记 $f(x)$ 在每一个小区间 $[x_i, x_{i+1}]$ 上的振幅为 ω_i,$g(x)$ 的增量是 $\Delta g(x_i)$,只要 $x = c$ 不是分割点,就有

$$\sum_i \omega_i \Delta g(x_i) = \sum_{i=0}^{n-1} \omega_i \Delta g(x_i) \geqslant \omega_c (1 - 0) \geqslant \varepsilon_0$$

这与(S)积分存在的充分必要条件[4]

$$\lim_{\lambda \to 0} \sum_i \omega_i \Delta g(x_i) = \lim_{\lambda \to 0} \sum_{i=0}^{n-1} \omega_i \Delta g(x_i) = 0 \tag{8.6}$$

矛盾,所以 $(S)\int_a^b f(x) \mathrm{d}g(x)$ 不存在. 定理 2 证明完.

从(S)积分的定义和(R)积分的定义来看,它们对区间$[a,b]$所做的分割的要求是一样的,没有什么区别. 但其实它们对分割的要求是有根本区别的. 下面来讨论这个事情. 大家已经知道,在(R)积分定义中的"对区间$[a,b]$做任意的分割"这一要求在某种意义上来说,这"任意"二字可以省去[5]. 当我们考虑函数 $f(x)$ 在区间$[a,b]$上的(R)积分时,就要用分点

$$a = x_0 < x_1 < x_2 < \cdots < x_{n-1} < x_n = b \tag{8.7}$$

对区间$[a,b]$做分割,为简单起见,我们记分割(8.7)为 Δ,并记这一分割所产生的的各个小区间的长度中最大者为 λ,即 $\lambda = \lambda(\Delta) = \max\limits_{0 \leq i \leq n-1}\{x_{i+1} - x_i\}$. 其实,我们要做许许多多这种分割,与其相对应的也有许许多多个 λ. 若我们对$[a,b]$做可列个分割

$$\Delta_1, \Delta_2, \cdots, \Delta_k, \cdots$$

相应地有 $\lambda_k = \lambda(\Delta_k)$, $(k=1,2,\cdots)$, 假设条件 $\lim\limits_{k \to \infty} \lambda_k = \lim\limits_{n \to \infty} \lambda(\Delta_k) = 0$ 得到满足,则称这个分割序列$\{\Delta_k\}$是基本区间分割序列,于是区间$[a,b]$上定义的函数 $f(x)$ 的(R)可积就可以这样来定义:若对于任何一个基本区间序列$\{\Delta_k\}(k=1,2,\cdots)$,不论在每个小区间上如何选取,对应的(R)积分和序列$\{\sigma_k\}(k=1,2,\cdots)$总有同一个极限 I,则 $(R)\int_a^b f(x)\mathrm{d}x$ 存在,且 $\int_a^b f(x)\mathrm{d}x = I$[4]. 更进一步,有下面的定理.

定理 3 设函数 $f(x)$ 在区间$[a,b]$上有定义,则 $f(x)$ 在$[a,b]$上(R)可积的充分必要条件是存在某一固定的基本区间分割序列$\{\Delta_k\}(k=1,2,\cdots)$,不论 ξ_i 在每个小区间上如何选取,对应的(R)积分和序列$\{\sigma_k\}(k=1,2,\cdots)$有极限 I,这时 $(R)\int_a^b f(x)\mathrm{d}x = I$.

证明 必要性明显.

在证充分性之前,先回顾下面几个事实[1],[4]:

(1) 对区间$[a,b]$上的任意分割(8.7),存在其对应的

$$S = \sum_{i=0}^{n-1} M_i \Delta x_i$$

和

$$s = \sum_{i=0}^{n-1} m_i \Delta x_i$$

这里的 M_i, m_i 分别是 $f(x)$ 在$[x_i, x_{i+1}]$上的上确界和下确界,那么 S 和 s 分别

就是(8.7)所对应的(R)积分和的上确界和下确界.

(2) 对所有的分割$\{\Delta\}$,恒存在 $I^* = \inf_\Delta\{S\}$ 和 $I_* = \inf_\Delta\{s\}$,并有结果

$$\lim_{\lambda \to 0} S = I^*$$

和

$$\lim_{\lambda \to 0} s = I_*.$$

(3) 函数 $f(x)$ 在$[a,b]$ 上(R) 可积的充分必要条件是 $I^* = I_*$,这时 $\int_a^b f(x)\mathrm{d}x = I^* = I_*$.

充分性的证明　设存在某一固定的基本区间分割序列$\{\Delta_k\}(k=1,2,\cdots)$,不论$\xi_i$ 在每个小区间上如何选取,对应的(R) 积分和序列有极限,即 $\lim\limits_{k\to\infty}\sigma_k = I$. 由(1) 知对任意的自然数$k$,总可以找到这样一些 ξ_i,使其对应的(R) 积分和 σ_k 与其上确界 S_k 之间有关系

$$S_k - \frac{1}{k} < \sigma_k \leqslant S_k \tag{8.8}$$

这时(2) 中的 $\lambda \to 0$,根据基本区间分割序列的定义,就相当于 $k \to \infty$,于是由(2) 得

$$\lim_{k\to\infty} S_k = I^*$$

所以在(8.8) 中取 $k \to \infty$ 时的极限,有

$$I^* = \lim_{k\to\infty}(S_k - \frac{1}{k}) \leqslant \lim_{k\to\infty}\sigma_k = I \leqslant \lim_{k\to\infty} S_k = I^*$$

即 $I^* = I$. 同理也可以得到 $I_* = I$. 所以有 $I^* = I_* = I$,据(3) 知 $f(x)$ 在$[a,b]$ 上(R) 可积,且(R)$\int_a^b f(x)\mathrm{d}x = I^* = I_* = I$. 定理 3 证完.

根据定理3,我们可以选择不同的基本区间分割序列来定义(R) 积分,其结果都是等价的. 常见的,可取对$[a,b]$ 的 n 等分的基本区间分割序列或者取对$[a,b]$ 的 2^n 等分的基本区间分割序列. 于是有下面的推论.

推论 4　设函数 $f(x)$ 在区间$[a,b]$ 上有定义,则 $f(x)$ 在$[a,b]$ 上(R) 可积的充分必要条件是对$[a,b]$ 做等分的分割,即取分点

$$x_i = a + \frac{b-a}{n}i \quad (i=0,1,2,\cdots,n)$$

在每个小区间$[x_i, x_{i+1}]$ 上任意选取一点 $\xi_i (i=0,1,2,\cdots,n-1)$,存在

$$\lim_{n\to\infty}\sum_{i=0}^{n-1} f(\xi_i)\Delta x_i = \lim_{n\to\infty}\sum_{i=0}^{n-1} f(\xi_i)\frac{b-a}{n} = I$$

这时(R)$\int_a^b f(x)\mathrm{d}x = I$.

推论 5　设函数 $f(x)$ 在区间$[a,b]$ 上有定义,则 $f(x)$ 在$[a,b]$ 上(R) 可积

的充分必要条件是对$[a,b]$做2^n等分的分割,即取分点

$$x_i = a + \frac{b-a}{2^n}i; \quad (i=0,1,2,\cdots,2^n)$$

在每个小区间$[x_i,x_{i+1}]$上任意选取一点$\xi_i(i=0,1,2,\cdots,2^n-1)$,存在

$$\lim_{n\to\infty}\sum_{i=0}^{2^n-1}f(\xi_i)\Delta x_i = \lim_{n\to\infty}\sum_{i=0}^{2^n-1}f(\xi_i)\frac{b-a}{2^n} = I$$

这时$(R)\int_a^b f(x)\mathrm{d}x = I.$

但是对于(S)积分,就没有类似的结果,这就是本章中所提出的(S)积分与(R)积分定义中的根本区别,请看下面的例子.

假设在区间$[0,1]$上定义了函数$f(x),g(x)$如下

$$f(x)=\begin{cases}0 & 0\leqslant x\leqslant \frac{1}{2}\\ 1 & \frac{1}{2}<x\leqslant 1\end{cases}, \quad g(x)=\begin{cases}0 & 0\leqslant x<\frac{1}{2}\\ 1 & \frac{1}{2}\leqslant x\leqslant 1\end{cases}$$

一方面,对区间$[0,1]$做任意分割时,函数$f(x)$在每个小区间上的振幅ω_i和$g(x)$在每个小区间上的增量是很容易算出的.当$x=\frac{1}{2}$不是分割点时,不妨设$x=\frac{1}{2}$落在$[x_l,x_{l+1}]$内,则$f(x)$在$[x_l,x_{l+1}]$的振幅$\omega_l = |f(x_{l+1})-f(x_l)|=1$,$g(x)$在$[x_l,x_{l+1}]$上的增量$\Delta g(x_l)=g(x_{l+1})-g(x_l)=1-0=1.$在其余的小区间上都有

$$\omega_i = 0, \Delta g(x_i)=0 \quad (i\neq l)$$

于是

$$\sum_i \omega_i \Delta g(x_i) = \omega_l \Delta g(x_l) = 1\times 1 = 1 \tag{8.9}$$

这与(S)可积的充分必要条件(8.6)矛盾,所以$(S)\int_a^b f(x)\mathrm{d}g(x)$不存在.

另一方面,对区间$[0,1]$做2^n等分的分割时,点$x=\frac{1}{2}$永远是分割点.若分割后的小区间$[x_i,x_{i+1}]\subset\left[0,\frac{1}{2}\right]$,则$\xi_i\in\left[0,\frac{1}{2}\right]$,这时$f(\xi_i)=0$;若分割后的小区间$[x_i,x_{i+1}]\subset\left[\frac{1}{2},1\right]$,则$\frac{1}{2}\leqslant x_i\leqslant x_{i+1}\leqslant 1$,所有的$g(x_i)=g(x_{i+1})=1$,即$\Delta g(x_i)=1-1=0$,故不论$[x_i,x_{i+1}]$落在什么位置,$f(\xi_i)\Delta g(x_i)\equiv 0$,于是

$$\sum_{i=0}^{2^n-1}f(x_i)\Delta g(x_i)\equiv 0 \tag{8.10}$$

由(8.9),(8.10) 我们得到:

定理6 设函数 $f(x),g(x)$ 在区间 $[a,b]$ 上有定义,如果存在某一固定的基本区间分割序列 $\{\Delta_k\}$,不论 ξ_i 在每个小区间上如何选取,对应的(S) 积分和序列 $\{\sigma_k\}$ 有极限,不能保证 (S)$\int_a^b f(x)\mathrm{d}g(x)$ 存在.

参考文献

[1] WEWIT E,STROMBERY K R. 实分析与抽象分析[M]. 天津:天津大学出版社,1994.
[2] 周民强. 实变函数[M]. 北京:北京大学出版社,1995.
[3] 那汤松. 实变函数论[M]. 北京:人民教育出版社,1963.
[4] 菲赫金哥尔茨. 微积分学教程[M]. 北京:人民教育出版社,1964.
[5] 郑英元,毛羽辉,宋国栋. 数学分析[M]. 北京:高等教育出版社,1989.

关于 Riemann-Lebesgue-Stieltjes 积分的两个性质的研究

毕节师范专科学校教育系的金瑾教授 2004 年根据 Riemann-Lebesgue-Stieltjes 积分的概念,对 Riemann-Lebesgue-Stieltjes 积分做了进一步的研究,并给出了 Riemann-Lebesgue-Stieltjes 积分的两个定理.

定义 设 $\alpha(x)$ 是 $[a,b]$ 上的单调函数,对 $\forall \eta > 0$,存在开集 G,$|G| < \eta$,对 $[a,b]$ 上的任一分法 $D: a = x_0 < x_1 < \cdots < x_{n-1} < x_n = b$,设 $\Delta\alpha_i = \alpha(x_i) - \alpha(x_{i-1})(1 \leqslant i \leqslant n)$. $f(x)$ 为 $[a,b]$ 上的有界实函数,令 $M_i = \sup\{f(x), x \in [x_{i-1}, x_i] - G\}$,$m_i = \inf\{f(x), x \in [x_{i-1}, x_i] - G\}$,则称 $S(D,f,\alpha,G) = \sum_{i=1}^{n} m_i \Delta\alpha_i$ 为 $f(x)$ 关于 $\alpha(x)$、分法 D、开集 G 在 $[a,b]$ 上的达布大和;称 $L(D,f,\alpha,G) = \sum_{i=1}^{n} m_i \Delta\alpha_i$ 为 $f(x)$ 关于 $\alpha(x)$、分法 D、开集 G 在 $[a,b]$ 上的达布小和. 显然有 $S(D,f,\alpha,G) \geqslant L(D,f,\alpha,G)$ 和 $\sup_D L(D,f,\alpha,G) \leqslant \inf_D s(D,f,\alpha,G)$. 若 $\inf_D S(D,f,\alpha,G) = \sup_D L(D,f,\alpha,G)$,则称 $f(x)$ 在 $[a,b]$ 上关于 $\alpha(x)$ Riemann-Lebesgue-Stieltjes 可积,简称为 RLS 可积. 若 $f(x)$ 关于 $\alpha(x)$ 在 $[a,b]$ 上 RLS 可积,则称 $A = \inf_D S(D,f,\alpha,G) = \sup_D L(D,f,\alpha,G)$ 为 $f(x)$ 关于 $\alpha(x)$ 在 $[a,b]$ 上的 Riemann-Lebesgue-Stieltjes 积分,简记为 $(RLS)\int_a^b f(x) \mathrm{d}\alpha(x)$.

定理 1 设 $f(x)$ 为 $[a,b]$ 上的有界实值函数,$\alpha(x)$ 为 $[a,b]$ 上的单调增函数,$f(x)$,$\alpha(x)$ 在同一点 $C \in [a,b]$ 的同一侧都不连续,则 $f(x)$ 在 $[a,b]$ 上关于 $\alpha(x)$ 不是 RLS 可积.

证明 不妨设 $f(x)$ 及 $\alpha(x)$ 在 $C \in [a,b]$ 处都不左连续，则 $c \neq a$，且存在 $\varepsilon > 0$ 使对 $[a,b]$ 的任一分法 $D: a = x_0 < x_1 < x_2 < \cdots < x_n = b, x_{i-1} < C < x_i (1 \leqslant i \leqslant n)$ 有 $M_i - m_i \geqslant \varepsilon, \Delta \alpha_i \geqslant \varepsilon$，于是有

$$S(D, f, \alpha, G) - L(D, f, \alpha, G) =$$

$$\sum_{i=1}^{n} M_i \Delta \alpha_i - \sum_{i=1}^{n} m_i \Delta \alpha_i =$$

$$\sum_{i=1}^{n} (M_i - m_i) \Delta \alpha_i \geqslant \varepsilon^2$$

所以 $f(x)$ 在 $[a,b]$ 上关于 $\alpha(x)$ 不 RLS 可积.

引理 2 若 $\alpha(x)$ 是 $[a,b]$ 上的单调增函数，$f(x)$ 是 $[a,b]$ 上的有界实值函数，且 $f(x)$ 和 $\alpha(x)$ 在区间 $[a,b]$ 上无共同的左或右不连续点，D 是区间 $[a,b]$ 的一个分法，则对 $\forall \varepsilon > 0$，存在 $[a,b]$ 的分法 D 使得 $y \in D$ 时，$\alpha(x)$ 至少在 y 的一侧是连续的，且

$$L(D', f, \alpha, G) \geqslant L(D, f, \alpha, G) - \varepsilon$$
$$S(D', f, \alpha, G) \leqslant S(D, f, \alpha, G) + \varepsilon$$

证明 不妨设仅有一点 $y \in D$ 使得 $\alpha(x)$ 在点 y 左右都不连续，则 $y \neq a$ 和 $y \neq b$ 且 $f(x)$ 在点 y 连续，故 $\exists \delta > 0$，使得 $[y - \delta, y + \delta] \subset [a,b]$，且除点 y 外，$[y - \delta, y + \delta]$ 中无 D 中的点，同时使得 $|x - y| < \delta$ 时 $|f(x) - f(y)| \leqslant \frac{1}{2} \cdot [\alpha(b) - \alpha(a)] \varepsilon$. 分别在 $(y - \delta, y)$ 及 $(y, y + \delta)$ 中取一个 $\alpha(x)$ 的连续点得到 D 的加细 $D^* = \{x_0, x_1, \cdots, x_n\}$. 设 $y = x_i$，令 $D' = D^* - \{x_i\}$，则 D' 为 $[a,b]$ 的分法，且 $\alpha(x)$ 在 D 的每一点至少有一侧是连续的. 令

$$M'_i = \sup f(x)$$
$$m'_i = \inf f(x) \quad (x_{i-1} \leqslant x \leqslant x_{i+1})$$

则 $M'_i - m'_i \leqslant \dfrac{\varepsilon}{\alpha(b) - \alpha(a)}$，于是

$$L(D', f, \alpha, G) - L(D, f, \alpha, G)$$
$$\geqslant L(D', f, \alpha, G) - L(D^*, f, \alpha, G)$$
$$= m'_i [\alpha(x_{i+1}) - \alpha(x_{i-1})] - (m_i \Delta \alpha_i + m_{i+1} \Delta \alpha_{i+1})$$
$$\geqslant (m'_i - M'_i) \Delta \alpha_{i+1} - (m_i \Delta \alpha_i + m_{i+1} \Delta \alpha_{i+1})$$
$$\geqslant (m'_i - M'_i)[\alpha(x_{i+1}) - \alpha(x_{i-1})] \geqslant -\varepsilon$$

即 $L(D', f, \alpha, G) \geqslant L(D, f, \alpha, G) - \varepsilon$. 同理可得

$$S(D', f, \alpha, G) \leqslant S(D, f, \alpha, G) + \varepsilon$$

定理 3 若 $f(x)$ 在 $[a,b]$ 上 RLS 可积，$\alpha(x)$ 为 $[a,b]$ 上的单调增函数，则 $f(x)$ 在 $[a,b]$ 上是关于测度为 $\alpha(x)$ 的可积函数，且

$$(L)\int f(x)d\alpha(x) = (RLS)\int f(x)d\alpha(x)$$

证明 由定理 1，不妨设 $f(x)$ 与 $\alpha(x)$ 无共同的同侧不连续点。因 $f(x)$ 在 $[a,b]$ 上 RLS 可积，则 $f(x)$ 在 $[a,b]$ 上有界，又 $\alpha(x)$ 为 $[a,b]$ 上的单调增函数，故存在 $[a,b]$ 的一列分法 $\{D_k\}$，其中 D_{k+1} 是 D_k 的加细，且 $|D_k| < 1/k$。对 $\forall \eta > 0$，存在开集 G，$|G| < \eta$，有

$$\lim_{k\to\infty} L(D_k,f,\alpha,G) = \lim_{k\to\infty} S(D_k,f,\alpha,G) = (RLS)\int_a^b f(x)d\alpha(x)$$

由引理知，对于每个自然数 k，可设对 D_k 中的每一点，$\alpha(x)$ 至少在其一侧是连续的。设 $D_k = \{x_0, x_1, \cdots, x_n\}$，其中 $a = x_0 < x_1 < \cdots < x_n = b$，当 $x \in (x_{i-1}, x_i)$ 时，令 $L_k(x) = m_i$，$S_k(x) = M_i$，对 $x_i \in D_k$，当 $\alpha(x)$ 在 x_i 左连续时，规定 $L_k(x_i) = m_{i+1}$，$S_k(x_k) = M_{i+1}$，否则规定 $L_k(x_i) = m_i$，$S_k(x_i) = M_i$。

此时

$$L(D_k,f,\alpha,G) = (L)\underline{\int} L_k(x)d\alpha(x)$$

$$S(D_k,f,\alpha,G) = (L)\overline{\int} S_k(x)d\alpha(x)$$

因为 D_{k+1} 是 D_k 的加细，所以对一切 $x \in [a,b]$ 有

$$L_1(x) \leqslant L_2(x) \leqslant \cdots \leqslant f(x) \leqslant \cdots \leqslant S_2(x) \leqslant S_1(x)$$

于是存在 $L(x)$ 和 $S(x)$ 使得 $\lim_{k\to\infty} L_k(x) = L(x)$，$\lim_{k\to\infty} S_k(x) = S(x)$。

显然 $L(x)$ 和 $S(x)$ 都是 $[a,b]$ 上的有界可测函数，且 $L(x) \leqslant f(x) \leqslant S(x)(a \leqslant x \leqslant b)$。由上所述及单调收敛定理可得

$$(L)\int (x)d_{\alpha(x)} = (RLS)\underline{\int} f(x)d\alpha(x)$$

$$(L)\int S(x)d_{\alpha(x)} = (RLS)\overline{\int} f(x)d\alpha(x)$$

又因当且仅当 $(RLS)\underline{\int} L(x)d\alpha(x) = (RLS)\overline{\int} S(x)d\alpha(x)$ 时，$f(x)$ 在 $[a,b]$ 上关于 $\alpha(x)$ RLS 可积，从而当且仅当 $(L)\int L(x)d\alpha(x) = L\int S(x)d\alpha(x)$ 时，$f(x)$ 在 $[a,b]$ 上关于 $\alpha(x)$ RLS 可积。所以当且仅当对于几乎所有的 $x \in [a,b]$ 有 $L(x) = S(x)$。根据上述可知，$f(x)$ 在 $[a,b]$ 上关于 $\alpha(x)$ RLS 可积，可知 $f(x)$ 在 $[a,b]$ 上 Lebesgue 可积，且有

$$(L)\int f(x)d\alpha(x) = (RLS)\int f(x)d\alpha(x)$$

参考文献

[1] 夏道行.实变函数论与泛函分析(上册)[M].北京:人民教育出版社,1978.

[2] 江泽坚.实变函数论[M].北京:人民教育出版社,1961.

[3] 程其襄.实变函数与泛函分析基础[M].北京:高等教育出版社,1983.

从新视角看 Lebesgue 积分与 Riemann 积分的关系

众所周知,有界函数 $f(x)$ 在有界区间 $[a,b]$ 上 Riemann 可积一定 Lebesgue 可积,且积分值相等[1-4],即

$$\int_{[a,b]} f \mathrm{d}x = \int_a^b f \mathrm{d}x$$

对无穷区间的 Riemann 广义积分或无界函数的 Riemann 瑕积分而言,f Riemann 绝对可积的充分必要条件是 f Lebesgue 可积[4],且

$$\int_{[a,+\infty)} f \mathrm{d}x = \int_a^{+\infty} f \mathrm{d}x$$

$$\int_{[a,b]} f \mathrm{d}x = \lim_{\varepsilon \to 0} \int_{a+\varepsilon}^b f \mathrm{d}x$$

反过来,Lebesgue 可积不一定 Riemann 可积,如 Dirichlet 函数

$$D(x) = \begin{cases} 0 & x \text{ 为 } [0,1] \text{ 中无理数时} \\ 1 & x \text{ 为 } [0,1] \text{ 中有理数时} \end{cases}$$

就只是 Lebesgue 可积的[1-4],而不是 Riemann 可积的[1-4],西华师范大学数学与信息学院的魏勇、成都纺织高等专科学校基础部的张步林两位教授 2012 年研究了在一般集合上定义的一般函数的 Lebesgue 积分,当然该函数本身的 Riemann 积分不一定存在,但无论 E 的测度是否有限,均可以另外构造两个相关的 Riemann 可积函数 $l(y)$ 与 $w(y)$,在 $(0,+\infty)$ 和 $(-\infty,+\infty)$ 上的 Riemann 积分恰好为 f 在 E 上的 Lebesgue 积分. 令

$$g(y) = mE[f \geqslant y], h(y) = mE[f^- \geqslant y]$$

$$l(y) = g(y) - h(y), w(y) = \begin{cases} mE[f \geqslant y] & y \geqslant 0 \\ -mE[f \leqslant y] & y < 0 \end{cases}$$

则 $g(y)$ 与 $h(y)$ 满足:

第 10 章

(1) 若函数有界且 $|f(x)| \leqslant M$,则

$$\int_E f^+ \, dx = \int_0^M g(y) \, dy$$

$$\int_E f^- \, dx = \int_0^M h(y) \, dy$$

(2) 若函数无界,则

$$\int_E f^+ \, dx = \int_0^{+\infty} g(y) \, dy$$

$$\int_E f^- \, dx = \int_0^{+\infty} h(y) \, dy$$

$$\int_E f \, dx = \int_0^{+\infty} l(y) \, dy$$

$$\int_E f \, dx = \int_{-\infty}^{+\infty} w(y) \, dy$$

定理 1 设 $f(x)$ 在 E 上 Lebesgue 非负可积,则:

(1) 当 $mE < +\infty$, $f(x)$ 在 E 上有界(即存在 $M > 0$,使 $f(x) \leqslant M$)时,$g(y) = mE[f \geqslant y]$, $h(y) = mE[f \leqslant y]$ 在 $[0, M]$ 上 Riemann 可积,且

$$\int_E f \, dx = \int_0^M g(y) \, dy = \int_0^M mE[f \geqslant y] \, dy$$

(2) 当 $mE < +\infty$, $f(x)$ 在 E 上无界时,$g(y) = mE[f \geqslant y]$ 在 $[0, +\infty)$ 无穷区间上 Riemann 可积,且

$$\int_E f \, dx = \int_0^{+\infty} g(y) \, dy = \int_0^{+\infty} mE[f \geqslant y] \, dy$$

(3) 当 $mE = +\infty$, $f(x)$ 在 E 上有界时,$g(y) = mE[f \geqslant y]$, $h(y) = mE[f \leqslant y]$ 在 $(0, M]$ 上 Riemann 广义可积(以 0 为瑕点的 Riemann 瑕积分),且

$$\int_E f \, dx = \int_0^M g(y) \, dy = \int_0^M mE[f \geqslant y] \, dy$$

(4) 当 $mE = +\infty$, $f(x)$ 在 E 上无界时,$g(y) = mE[f \geqslant y]$ 在 $(0, +\infty)$ 上 Riemann 广义可积(同时含以 0 为瑕点的 Riemann 瑕积分和无穷区间积分),且

$$\int_E f \, dx = \int_0^{+\infty} g(y) \, dy = \int_0^{+\infty} mE[f \geqslant y] \, dy$$

证明 (1) 当 $f(x)$ 在 E 上有界时,因为

$$\int_a^b f \, dx = \lim_{n \to \infty} \left\{ \sum_{i=1}^{n2^n} \frac{i-1}{2^n} mE\left[\frac{i-1}{2^n} \leqslant f \leqslant \frac{i}{2^n}\right] + nmE[f \geqslant n] \right\}$$

其中

$$\sum_{i=1}^{n2^n} \frac{i-1}{2^n} mE\left[\frac{i-1}{2^n} \leqslant f < \frac{i}{2^n}\right] + nmE[f \geqslant n]$$

$$= \sum_{i=1}^{n2^n} \frac{i-1}{2^n}\left\{mE\left[f \geqslant \frac{i-1}{2^n}\right] - mE\left[f \geqslant \frac{i}{2^n}\right]\right\} + nmE[f \geqslant n]$$

$$= \sum_{i=1}^{n2^n} \frac{1}{2^n} mE\left[f \geqslant \frac{i}{2^n}\right]$$

所以

$$\int_E f\,\mathrm{d}x = \lim_{n\to\infty} \sum_{i=1}^{n2^n} \frac{1}{2^n} mE\left[f \geqslant \frac{i}{2^n}\right]$$

我们对和式 $\lim\limits_{n\to\infty}\sum\limits_{i=1}^{n2^n} \frac{1}{2^n} mE\left[f \geqslant \frac{i}{2^n}\right]$ 换个角度看，令 $g(y) = mE[f \geqslant y]$，则 $\frac{1}{2^n}$ 是值域区间 $[0, M]$ 的等份长度，$mE\left[f \geqslant \frac{i}{2^n}\right]$ 是 $g(y)$ 在 $\left[\frac{i-1}{2^n}, \frac{i}{2^n}\right]$ 内的函数值. 由于 $g(y) = mE[f \geqslant y]$ 在 $[0, M]$ 上单调递减，且 $g(M) = 0$，则 $g(y)$ 在 $[0, M]$ 上 Riemann 可积，且 $\lim\limits_{n\to\infty}\sum\limits_{i=1}^{n2^n} \frac{1}{2^n} mE\left[f \geqslant \frac{i}{2^n}\right]$ 刚好是 $g(y)$ 在 $[0, M]$ 上的 Riemann 积分 $\int_0^M g(y)\mathrm{d}y$，故

$$\int_E f\,\mathrm{d}x = \int_0^M g(y)\mathrm{d}y$$

(2) 当 $mE < +\infty$，且 $f(x)$ 在 E 上无界时，$g(y) = mE[f \geqslant y]$ 在 $[0, +\infty)$ 上有限单调递减，$g(y) = mE[f \geqslant y]$. 从而对任意 $M > 0$，$g(y)$ 在 $[0, M]$ 上 Riemann 可积. 记 $E_M = E[f \leqslant M]$，则 $E_M \subset E$，$g_M(y) = mE_M[f \geqslant y] \leqslant mE[f \geqslant y] = g(y)$，且 $\int_0^M g_M(y)\mathrm{d}y \leqslant \int_0^M g(y)\mathrm{d}y$，于是

$$\left|\int_E f\,\mathrm{d}x - \int_0^M g(y)\mathrm{d}y\right| \leqslant \left|\int_E f\,\mathrm{d}x - \int_0^M g_M(y)\mathrm{d}y\right|$$

$$\leqslant \left|\int_E f\,\mathrm{d}x - \int_{E_M} f(x)\mathrm{d}x\right|$$

$$= \left|\int_{E[f \geqslant M]} f\,\mathrm{d}x\right| \to 0 \quad (M \to \infty)$$

即 $g(y) = mE[f \geqslant y]$ 在 $[0, +\infty)$ 上 Riemann 无穷区间可积，且 $\int_E f\,\mathrm{d}x = \int_0^{+\infty} g(y)\mathrm{d}y$.

(3) 不妨假定 $mE[f > 0] = +\infty$，则由内极限定理知 $mE[f > 0] = \lim\limits_{n\to\infty} mE\left[f > \frac{1}{2^n}\right] = +\infty$，即

$$\lim_{y\to 0} g(y) = \lim_{y\to 0} mE[f > y] = +\infty$$

故 $y=0$ 是瑕点. 当 $f(x)$ 在 E 上有界时

$$\int_E f\,dx = \lim_{k\to\infty} \int_{E[f\geq \frac{1}{k}]} f\,dx = \lim_{k\to\infty} \int_{\frac{1}{k}}^M g(y)\,dy = \int_0^M g(y)\,dy$$

(4) 当 $mE = +\infty, f(x)$ 在 E 上无界时,同理可证

$$\int_E f\,dx = \int_0^{+\infty} g(y)\,dy = \int_0^{+\infty} mE[f \geq y]\,dy$$

定理 2 设 $f(x)$ 在 E 上 Lebesgue 可积,则存在两单调递减函数 $g(y) = mE[f^+ \geq y], h(y) = mE[f^- \geq y]$,满足 $f(x)$ 在 E 上的 Lebesgue 积分等于这两单调递减函数之差 $l(y) = g(y) - h(y)$ 的 Riemann 积分,即 $\int_E f\,dx = \int_0^{+\infty} l(y)\,dy$.

证明 由定理 1 知,对非负函数 f^+ 与 f^-,满足

$$\int_E f^+\,dx = \int_0^{+\infty} mE[f^+ \geq y]\,dy$$

$$\int_E f^-\,dx = \int_0^{+\infty} mE[f^- \geq y]\,dy$$

即

$$\int_E f\,dx = \int_E f^+\,dx - \int_E f^-\,dx$$
$$= \int_0^{+\infty} mE[f^+ \geq y]\,dy - \int_0^{+\infty} mE[f^- \geq y]\,dy$$
$$= \int_0^{+\infty} \{mE[f^+ \geq y] - mE[f^- \geq y]\}\,dy$$
$$= \int_0^{+\infty} l(y)\,dy$$

定理 3 设 $f(x)$ 在 E 上 Lebesgue 可积,则存在一个在 $(-\infty, 0), (0, +\infty)$ 上单调递减的函数 $w(y)$,满足 $f(x)$ 在 E 上的 Lebesgue 积分等于 $w(y)$ 在 $(-\infty, +\infty)$ 上的 Riemann 积分,即

$$\int_E f(x)\,dx = \int_{-\infty}^{+\infty} w(y)\,dy$$

证明 显然

$$\int_E f^+\,dx = \int_0^{+\infty} mE[f^+ \geq y]\,dy = \int_0^{+\infty} w(y)\,dy$$

$$\int_E f^- \,\mathrm{d}x = \int_0^{+\infty} mE[f^- \geqslant y]\mathrm{d}y \int_0^{+\infty} mE[f \leqslant -y]\mathrm{d}y$$

$$= \int_0^{+\infty} -mE[f \leqslant -y]\mathrm{d}(-y) = \int_0^{+\infty} -mE[f \leqslant t]\mathrm{d}t$$

$$= \int_{-\infty}^0 mE[f \leqslant y]\mathrm{d}y$$

令 $w(y) = \begin{cases} mE[f \geqslant y] & y \geqslant 0 \\ -mE[f \leqslant y] & y < 0 \end{cases}$,则

$$\int_E f \,\mathrm{d}x = \int_E f^+ \,\mathrm{d}x - \int_E f^- \,\mathrm{d}x$$

$$= \int_0^{+\infty} w(y)\mathrm{d}y - \int_{-\infty}^0 mE[f \leqslant y]\mathrm{d}y$$

$$= \int_0^{+\infty} w(y)\mathrm{d}y + \int_{-\infty}^0 (-mE[f \leqslant y])\mathrm{d}y = \int_{-\infty}^{+\infty} w(y)\mathrm{d}y$$

注1 对一般函数而言,f 的定义域不一定是一维空间的子集,更不一定是区间、半直线、直线,即使是直线上定义的 Lebesgue 可积函数也不一定 Riemann 可积. 但 f 始终可以表示成两个在 $(0,+\infty)$ 上单调递减的函数之差的 Riemann 积分,或一个在 $(-\infty,0)$ 和 $(0,+\infty)$ 上单调递减的数的 Riemann 积分,尤其值得关注的是,利用本章结果可以将多元函数的 Lebesgue 积分表示成某个一元函数的 Riemann 积分,于是本章从新视角揭示了 Lebesgue 积分与 Riemann 积分的关系.

参考文献

[1] 那汤松. 实变函数论[M]. 徐瑞云,译. 北京:高等教育出版社,2010.

[2] 程其襄,张奠宙,魏国强,等. 实变函数与泛函分析基础[M]. 3版. 北京:高等教育出版社,2010.

[3] 夏道行,严绍宗,吴卓仁,等. 实变函数论与泛函分析(上册)[M]. 2版. 北京:高等教育出版社,2010.

[4] 魏勇. 实变函数论新编[M]. 北京:科学出版社,2011.

[5] 何志成,申世英,张跃辉. 广义Vitali不可测集的构造[J]. 西南大学学报(自然科学版),2007,29(10):14-17.

关于无穷 Riemann 积分与 Lebesgue 积分的关系及其应用的若干注记

现行的有关实变函数的内容基本上只论述正常的 Riemann 积分和 Lebesgue 积分的关系,广义 Riemann 积分和 Lebesgue 积分的关系很少涉及.事实上,可以借助 Lebesgue 积分的理论与方法对广义 Riemann 积分有关问题进行处理,方法非常有效,而且往往互补.阜阳师范大学经济学院的姚磊,阜阳师范大学数学与统计学院的姚云飞、王先超、武忠文四位教授 2015 年研究了无穷 Riemann 积分和 Lebesgue 积分的关系及其应用的有关问题,并且在 Lebesgue 积分的框架之下给出了一些疑难的 Riemann 积分的简捷处理.

§1 预备知识

引理 1[1] 记 $E=\{x \mid x$ 为 f 在 $[a,b]$ 的间断点$\}$,设 $f \in B[a,b]$,则 $f \in R[a,b] \Leftrightarrow m(E)=0$.

引理 2[1] 设 $f \in B[a,b]$,若 $f \in R[a,b]$,则 (1) $f \in M[a,b]$. (2) $f \in L[a,b]$,且
$$(R)\int_a^b f(x)\mathrm{d}x = (L)\int_a^b f(x)\mathrm{d}x$$

引理 3[1] 若 $f \in M(E_i), i=1,2,3,4,\cdots$,则 $f \in M(\bigcup_{i=1}^{\infty} E_i)$.

证明 令 $E=\bigcup_{i=1}^{\infty} E_i$,由 $f \in M(E_i)$ 知 $E \in \mu_{R^k}$,于是 $\forall a \in \mathbf{R}$ 据文献[1]中的 P64 的定理 6 知
$$E[f>a]=\bigcup_{i=1}^{+\infty} E_i[f>a] \in \mu_{R^k}$$

第 11 章

于是据[1]中的 P77－78 的定义知
$$f \in M(E) = M(\bigcup_{i=1}^{+\infty} E_i)$$

证毕.

注 特别地,当 $E_i = \phi, i \geqslant n+1, i \in \mathbf{N}$ 时
$$\bigcup_{i=1}^{+\infty} E_i = \bigcup_{i=1}^{n} E_i$$
有
$$f \in M(\bigcup_{i=1}^{+\infty} E_i) = M(\bigcup_{i=1}^{n} E_i)$$

由此便获得文献[1]中的 P79－80 的定理 3 的结果. 可见文献[1]中的 P79－80 的定理 3 为此处引理 3 的特例.

引理 4[4] 设 $b \neq 0$, 则反常积分
$$\int_0^{+\infty} \frac{\sin bx}{x^\lambda} \mathrm{d}x = \begin{cases} 条件收敛 & 当 0 < \lambda \leqslant 1 时 \\ 绝对收敛 & 当 1 < \lambda < 2 时 \\ 发散 & 当 \lambda \leqslant 0 或 \lambda \geqslant 2 时 \end{cases}$$

引理 5 若 (1) $E_n \in \mu_{R^k}, n \in \mathbf{N}_+, E_n \subset E_{n+1}$, 令 $E = \bigcup_{n=1}^{+\infty} E_n$.
(2) $f \in M^+(E_n), n \in \mathbf{N}_+$, 则 (ⅰ) $E = \lim_{n \to \infty} E_n \in \mu_{R^k}$.
(ⅱ) $f \in M^+(E)$.
(ⅲ) $\int_E f(x) \mathrm{d}x = \lim_{n \to \infty} \int_{E_n} f(x) \mathrm{d}x$.

证明 (ⅰ) 由 $E_n \subset E_{n+1} (n \in \mathbf{N}_+)$ 知 $E = \bigcup_{n=1}^{+\infty} E_n$, 由 $E_n \in \mu_{R^k}, n \in \mathbf{N}_+$ 知 $E = \lim_{n \to \infty} E_n \in \mu_{R^k}$.

(ⅱ) 由 $f \in M^+(E_n), n \in \mathbf{N}_+$ 与引理 3, 知 $f \in M^+(\bigcup_{n=1}^{+\infty} E_n) = M^+(E)$.

(ⅲ) 由 $E_n \subset E_{n+1} \subset E (n \in \mathbf{N}_+)$ 知
$$\chi E_n(x) \leqslant \chi E_{n+1}(x) \leqslant \chi E(x) \quad (x \in E)$$
由 $f \in M^+(E)$ 知
$$f(x) \chi E_n(x) \leqslant f(x) \chi E_{n+1}(x) \leqslant f(x) \chi E(x)$$
且
$$\lim_{n \to \infty} \chi E_n(x) = \chi \lim_{n \to \infty} E_n(x) = \chi E(x)$$

所以, 由 Levi 定理知
$$\int_E f(x) \mathrm{d} = \int_E f(x) \chi E(x) \mathrm{d}x = \int_E \lim_{n \to \infty} f(x) \chi E_n(x) \mathrm{d}x$$
$$= \lim_{n \to \infty} \int_E f(x) \chi E_n(x) \mathrm{d}x = \lim_{n \to \infty} \int_{E_n} f(x) \mathrm{d}x$$

证毕.

引理 6 若(1)$E_n \in \mu_{R^k}, n \in \mathbf{N}_+, E_n \subset E_{n+1}$,令$E = \bigcup\limits_{n=1}^{+\infty} E_n$,(2) f 在 E 的 L 积分确定,则(ⅰ)$E = \lim\limits_{n \to \infty} E_n \in \mu_{R^k}$.

(ⅱ)$\int_E f(x) \mathrm{d}x = \lim\limits_{n \to \infty} \int_{E_n} f(x) \mathrm{d}x$.

证明 (ⅰ)由 $E_n \in \mu_{R^k}, n \in \mathbf{N}_+$,据文献[1]中的 P64 的定理 6 知 $\bigcup\limits_{n=1}^{\infty} E_n \in \mu_{R^k}$,由 $E_n \subset E_{n+1}$,知 $\lim\limits_{n \to \infty} E_n = \bigcup\limits_{n=1}^{+\infty} E_n$,即 $\lim\limits_{n \to \infty} E_n = E$,于是 $E \in \mu_{R^k}$.

(ⅱ)由 f 在 E 的 L 积分确定和引理 5 知

$$\int_E f(x) \mathrm{d}x = \int_E f^+(x) \mathrm{d}x - \int_E f^-(x) \mathrm{d}x$$
$$= \lim_{n \to \infty} \int_{E_n} f^+(x) \mathrm{d}x - \lim_{n \to \infty} \int_{E_n} f^-(x) \mathrm{d}x$$
$$= \lim_{n \to \infty} \left(\int_{E_n} f^+(x) \mathrm{d}x - \int_{E_n} f^-(x) \mathrm{d}x \right)$$
$$= \lim_{n \to \infty} \int_{E_n} f(x) \mathrm{d}x$$

引理 7[1] (Levi 定理级数形式)设 $u_n \in M^+(E), n \in \mathbf{N}_+$,则

$$\int_E \sum_{n=1}^{+\infty} u_n(x) \mathrm{d}x = \sum_{n=1}^{+\infty} \int_E u_n(x) \mathrm{d}x$$

有了这些引理,它们之间某种关系将联系起来,下面请看二者的关系及其应用.

§2 无穷 Riemann 积分和 Lebesgue 积分的相互关系及其应用

2.1 关　系

定理 1 设 $f \in [a, +\infty) \to \mathbf{R}$,且 $\forall [\alpha, \beta] \subset [a, +\infty), f \in \mathbf{R}[\alpha, \beta]$.若 $f(x) \geqslant 0, x \in [a, +\infty]$,则:

(ⅰ)$f \in M^+[a, +\infty)$.

(ⅱ)f 在 $[a, +\infty)$ 的 L 的积分确定,即 $(\mathrm{L})\int_a^{+\infty} f(x) \mathrm{d}x$ 存在.

(ⅲ)$(\mathrm{R})\int_a^{+\infty} f(x) \mathrm{d}x = (\mathrm{L})\int_a^{+\infty} f(x) \mathrm{d}x$.

(ⅳ)$\int_a^{+\infty} f(x) \mathrm{d}x$ 收敛 $\Leftrightarrow f \in \mathbf{L}[a, +\infty)$.

$$(\text{V})\,(\text{R})\int_a^{+\infty}f(x)\mathrm{d}x=+\infty\Leftrightarrow(\text{L})\int_a^{+\infty}f(x)\mathrm{d}x=+\infty.$$

证明 （ⅰ）由题设可知，$\forall n\in\mathbf{N}, n\geqslant 1, f\in\mathbf{R}[a,a+n]$，知 $f\in M[a,a+n]$，又 $\bigcup_{n=1}^{\infty}[a,a+n]=[a,+\infty)$，于是根据引理 3 知

$$f\in M^+(\bigcup_{n=1}^{+\infty}E_n)=M^+[a,+\infty)$$

（ⅱ）据文献[1]中的 P102 的定义，由（ⅰ）的结果 $f\in M^+[a,+\infty)$ 知 f 在 $[a,+\infty)$ 的 L 的积分确定，即 $(\text{L})\int_a^{+\infty}f(x)\mathrm{d}x$ 存在.

（ⅲ）由（ⅱ），于是据引理 5、引理 2、文献[4]中 P272－273 的定义 1 知

$$\int_{[a,+\infty)}f(x)\mathrm{d}x=\int_{\bigcup_{n=1}^{+\infty}[a,a+n]}f(x)\mathrm{d}x$$
$$=\lim_{n\to\infty}\int_{[a,a+n]}f(x)\mathrm{d}x$$
$$=\lim_{n\to\infty}(\text{R})\int_a^{a+n}f(x)\mathrm{d}x$$
$$=(\text{R})\int_a^{+\infty}f(x)\mathrm{d}x$$

据此知（ⅵ），（Ⅴ）均成立.

证毕.

注 此处定理 1 的提法与证法较优于文献[1]中的 P122 的定理 3.

定理 2 设 $f\in[a,+\infty)\to\mathbf{R}$，且 $\forall[\alpha,\beta]\subset[a,+\infty), f\in\mathbf{R}[\alpha,\beta]$，则：

（ⅰ）$f\in M[a,+\infty)$.

（ⅱ）$(\text{R})\int_a^{+\infty}|f(x)|\mathrm{d}x=(\text{L})\int_{[a,+\infty)}|f(x)|\mathrm{d}x$.

（ⅲ）$(\text{R})\int_a^{+\infty}f(x)\mathrm{d}x$ 绝对收敛 $\Leftrightarrow f\in\mathbf{L}[a,+\infty)$，且 $(\text{L})\int_{[a,+\infty)}f(x)\mathrm{d}x=(\text{R})\int_a^{+\infty}f(x)\mathrm{d}x$.

（ⅳ）当 $(\text{R})\int_a^{+\infty}f(x)\mathrm{d}x$ 条件收敛时，$f\notin\mathbf{L}[a,+\infty)$.

证明 （ⅰ）依据题设条件 $\forall n\in\mathbf{N}, n\geqslant 1, f\in\mathbf{R}[a,a+n]$，知 $f\in M[a,a+n]$，又 $\bigcup_{n=1}^{\infty}[a,a+n]=[a,+\infty)$，于是据引理 3 知

$$f\in M(\bigcup_{n=1}^{+\infty}E_n)=M[a,+\infty)$$

（ⅱ）由（ⅰ）知 $f\in M[a,+\infty)$，于是据文献[1]中的 P80 定理 4(2) 知 $|f|\in M^+[a,+\infty)$，从而由定理 1 的（ⅲ）知

$$(\text{R})\int_a^{+\infty}|f(x)|\mathrm{d}x=(\text{L})\int_{[a,+\infty)}|f(x)|\mathrm{d}x$$

由此,据定理 1 知 $(R)\int_a^{+\infty} f(x)dx$ 绝对收敛 $\Leftrightarrow f \in L[a,+\infty)$,且知当 $(R)\int_a^{+\infty} f(x)dx$ 条件收敛时,$f \notin L[a,+\infty)$. 于是由 $f \in L[a,+\infty)$、题设条件和定义知

$$(L)\int_{[a,+\infty)} f(x)dx = \int_{[a,+\infty)} f(x)dx = \int_{\bigcup_{n=1}^{\infty}[a,a+n]} f(x)dx$$
$$= \lim_{n\to\infty}\int_{[a,a+n]} f(x)dx$$
$$= \lim_{n\to\infty}(R)\int_a^{a+n} f(x)dx$$
$$= (R)\int_a^{+\infty} f(x)dx$$

所以(ⅲ),(ⅳ)成立.

证毕.

定理 3 设 $f:(-\infty,a]\to R$,且 $\forall[\alpha,\beta]\subset(-\infty,a]$,$f \in R[\alpha,\beta]$. 若 $f(x)\geqslant 0, x\in(-\infty,a]$,则(ⅰ)$f \in M^+(-\infty,a]$.

(ⅱ)f 在 $(-\infty,a]$ 的 L 积分确定,即 $(L)\int_{-\infty}^a f(x)dx$ 存在.

(ⅲ)$(R)\int_{-\infty}^a f(x)dx = (L)\int_{-\infty}^a f(x)dx$.

(ⅳ)$\int_{-\infty}^a f(x)dx$ 收敛 $\Leftrightarrow f \in L(-\infty,a]$.

(ⅴ)$(R)\int_{-\infty}^a f(x)dx = +\infty \Leftrightarrow (L)\int_{-\infty}^a f(x)dx = +\infty$.

证法同定理 1.

定理 4 设 $f:(-\infty,a]\to R$,且 $\forall[\alpha,\beta]\subset(-\infty,a]$,$f \in R[\alpha,\beta]$,则:

(ⅰ)$f \in M(-\infty,a]$.

(ⅱ)$(R)\int_{-\infty}^a |f(x)|dx = (L)\int_{(-\infty,a)} |f(x)|dx$.

(ⅲ)$(R)\int_{-\infty}^a f(x)dx$ 绝对收敛 $\Leftrightarrow f \in L(-\infty,a]$,且 $(L)\int_{(-\infty,a)} f(x)dx = (R)\int_{-\infty}^a f(x)dx$.

(ⅳ)当 $(R)\int_{-\infty}^a f(x)dx$ 条件收敛时,$f \notin L(-\infty,a]$.

证法同定理 2.

定理 5 设 $f:(-\infty,+\infty)\to R$,且 $\forall[\alpha,\beta]\subset(-\infty,+\infty)$,$f \in R[\alpha,\beta]$. 若 $f(x)\geqslant 0, x\in(-\infty,+\infty)$,则:

(ⅰ) $f \in M^+(-\infty, +\infty)$.

(ⅱ) f 在 $(-\infty, +\infty)$ 上 L 积分确定,即 $(L)\int_{-\infty}^{+\infty} f(x)dx$ 存在.

(ⅲ) $(R)\int_{-\infty}^{+\infty} f(x)dx = (L)\int_{-\infty}^{+\infty} f(x)dx$.

(ⅳ) $\int_{-\infty}^{+\infty} f(x)dx$ 收敛 $\Leftrightarrow f \in L(-\infty, +\infty)$.

(ⅴ) $(R)\int_{-\infty}^{+\infty} f(x)dx = +\infty \Leftrightarrow (L)\int_{-\infty}^{+\infty} f(x)dx = +\infty$.

证法同定理 1.

定理 6 设 $f:(-\infty, +\infty) \to R$,且 $\forall [\alpha, \beta] \subset (-\infty, +\infty), f \in R[\alpha, \beta]$,则:

(ⅰ) $f \in M(-\infty, +\infty)$.

(ⅱ) $(R)\int_{-\infty}^{+\infty} |f(x)|dx = (L)\int_{(-\infty,+\infty)} |f(x)|dx$.

(ⅲ) $(R)\int_{-\infty}^{+\infty} f(x)dx$ 绝对收敛 $\Leftrightarrow f \in L(-\infty, +\infty)$,且

$$(L)\int_{(-\infty,+\infty)} f(x)dx = (R)\int_{-\infty}^{+\infty} f(x)dx$$

(ⅳ) 当 $(R)\int_{-\infty}^{+\infty} f(x)dx$ 条件收敛时,$f \notin L(-\infty, +\infty)$.

证法同定理 2.

注 (1) 可以讨论 R 的瑕积分与 L 的积分的关系.

(2) 结合上述的结果可以讨论无穷积分中被积函数含有有限个瑕点的情形.

研究了这些无穷 R 积分与 L 积分的关系,这些关系都特别有用.下面我们将研究它们的应用.

2.2 应 用

2.2.1 计算复杂的积分

例 1 求 $(R)\int_0^{+\infty} \frac{x}{e^x - 1}dx$.

解 因为 $f(x) = \frac{x}{e^x - 1} > 0 (x > 0)$,根据定理 1(ⅲ) 知

$$(R)\int_0^{+\infty} \frac{x}{e^x - 1}dx = (L)\int_0^{+\infty} \frac{x}{e^x - 1}dx = (L)\int_0^{+\infty} \frac{xe^{-x}}{1 - e^{-x}}dx$$

$$= (L)\int_0^{+\infty} xe^{-x} \sum_{n=0}^{\infty} (e^{-x})^n dx \quad (0 < e^{-x} < 1)$$

（据文献[5]中的 P23 例 2）

$$= (L)\int_0^{+\infty} x e^{-x} \sum_{n=0}^{\infty} e^{-nx} dx$$

$$= (L)\int_0^{+\infty} x \sum_{n=1}^{\infty} e^{-nx} dx$$

$$= (L)\int_0^{+\infty} \sum_{n=1}^{\infty} x e^{-nx} dx$$

$$= \sum_{n=1}^{\infty} (L)\int_0^{+\infty} x e^{-nx} dx \text{（根据引理 7）}$$

$$= \sum_{n=1}^{\infty} (R)\int_0^{+\infty} x e^{-nx} dx \quad \text{（据定理 1 的（ⅲ））}$$

$$= \sum_{n=1}^{\infty} \left(-\frac{1}{n}\right) (R)\int_0^{+\infty} x d(e^{-nx})$$

$$= \sum_{n=1}^{\infty} \left(-\frac{1}{n}\right) (x e^{-nx} \big|_{x=0}^{x=+\infty} - (R)\int_0^{+\infty} e^{-nx} dx)$$

$$= \sum_{n=1}^{\infty} (R) \frac{1}{n} \int_0^{+\infty} e^{-nx} dx$$

$$= \sum_{n=1}^{\infty} \left(-\frac{1}{n^2}\right) e^{-nx} \big|_{x=0}^{x=+\infty}$$

$$= \sum_{n=1}^{\infty} \frac{1}{n^2}$$

$$= \frac{\pi^2}{6} \text{（据文献[5]中的 P893(2)）}$$

例 2 证明 $(R)\int_1^{+\infty} \frac{\sin x}{x} dx$ 条件收敛，但 $\frac{\sin x}{x} \notin L[1, +\infty)$.

证明 令 $F(u) = \int_1^u f(x) dx = \int_1^u \sin x dx, g(x) = \frac{1}{x}$.

根据文献[4]中的 P280 定理 11.3（Dirichlet 判别法）知对于 $\forall u \geqslant 1$

$$|F(u)| = |\cos u - \cos 1| \leqslant 2$$

$g(x)$ 当 $x \to +\infty$ 时单调趋于 0. 故 $(R)\int_1^{+\infty} \frac{\sin x}{x} dx$ 收敛.

但 $\left|\frac{\sin x}{x}\right| \geqslant \frac{\sin^2 x}{x}, \frac{\sin^2 x}{x} = \frac{1-\cos 2x}{2x} = \frac{1}{2x} - \frac{\cos 2x}{2x}$，且 $\int_1^{+\infty} \frac{1}{2x} dx = +\infty$.

由 Dirichlet 判别法知 $\int_1^{+\infty} \frac{\cos 2x}{2x} dx$ 收敛，所以 $(R)\int_1^{+\infty} \left|\frac{\sin x}{x}\right| dx = +\infty$.

故 $(R)\int_1^{+\infty} \frac{\sin x}{x} dx$ 不是绝对收敛的，即 $(R)\int_1^{+\infty} \frac{\sin x}{x} dx$ 是条件收敛的.

因此，$\frac{\sin x}{x} \notin L[1, +\infty)$.

例 3 求 $(R)\int_0^{+\infty} e^{-x^2} dx$.

解 因为当 $x > 0$ 时,$e^x > 1+x \Rightarrow e^{x^2} > 1+x^2 \Rightarrow 0 < e^{-x^2} < \dfrac{1}{1+x^2}$,而 $\int_0^{+\infty} \dfrac{1}{1+x^2} dx = \arctan x \Big|_{x=0}^{x=+\infty} = \dfrac{\pi}{2}$ 收敛. 所以 $\int_0^{+\infty} e^{-x^2} dx$ 收敛.

于是记 $I = \int_0^{+\infty} e^{-x^2} dx$,则 $0 < I < +\infty$.

又据文献[1]中的 P130 的定理 4(即 Fubini 定理)知

$$I^2 = \left(\int_0^{+\infty} e^{-x^2} dx\right)^2 = \int_0^{+\infty} e^{-x^2} dx \int_0^{+\infty} e^{-y^2} dy$$
$$= \int_0^{+\infty}\int_0^{+\infty} e^{-(x^2+y^2)} dx dy$$

令 $x = r\cos\theta, y = r\sin\theta$,则 $r \in [0, +\infty), \theta \in \left[0, \dfrac{\pi}{2}\right]$. 于是

$$原式 = \int_0^{\frac{\pi}{2}}\int_0^{+\infty} e^{-r^2} r dr d\theta = \int_0^{\frac{\pi}{2}} d\theta \int_0^{+\infty} e^{-r^2} r dr$$
$$= \int_0^{\frac{\pi}{2}} dr \int_0^{+\infty} e^{-r^2} d\left(\dfrac{1}{2}r^2\right)$$
$$= -\dfrac{1}{2}\int_0^{\frac{\pi}{2}} dr \int_0^{+\infty} e^{-r^2} d(-r^2)$$
$$= -\dfrac{1}{2} \cdot \dfrac{\pi}{2} e^{-r^2} \Big|_{r=0}^{+\infty} = \dfrac{\pi}{4}$$
$$I^2 = \dfrac{\pi}{4}$$

因为 $0 < I < +\infty$,所以由 $I^2 = \dfrac{\pi}{4}$ 知 $I = \sqrt{I^2} = \sqrt{\dfrac{\pi}{4}} = \dfrac{\sqrt{\pi}}{2}$.

所以 $\int_0^{+\infty} e^{-x^2} dx = \dfrac{\sqrt{\pi}}{2}$.

例 4 设 $P_0 \subset [0,1]$ 是 Cantor 集,令

$$f(x) = \begin{cases} 0 & \text{当 } x \in P_0 \\ \dfrac{1}{n} & x \text{ 在 } P_0 \text{ 的余集中长为 } \dfrac{1}{3^n} \text{ 的构成区间上} \end{cases}$$

试求 $\int_{[0,1]} f(x) dx$ 的值.

解 由题设知 $f(x) \geq 0, x \in E$(其中 $E = [0,1]$),$E = (E - P_0) \bigcup P_0$,$m(P_0) = 0$

$$E - P_0 = G = \bigcup_{n=1}^{+\infty} G_n = \bigcup_{n=1}^{+\infty}\bigcup_{i=1}^{2^{n-1}} I_i^{(n)}, m(I_i^{(n)}) = \dfrac{1}{3^n}$$

当 $x \in P_0$ 时,$f(x) = 0$,由 $m(P_0) = 0$,知 $f \in M^+(P_0)$;当 $x \in I_i^{(n)}$ 时,$f(x) = \dfrac{1}{n}$.

可见 $f \in M^+(I_i^{(n)})$,所以 $f \in M^+(G)$,又 $f \in M^+(P_0)$.故 $f \in M^+(G \cup P_0) = M^+[0,1]$. 于是

$$\begin{aligned}
0 \leqslant \int_{[0,1]} f(x) \mathrm{d}x &= \int_{P_0 \cup G} f(x) \mathrm{d}x \\
&= \int_{P_0} f(x) \mathrm{d}x + \int_G f(x) \mathrm{d}x \\
&= 0 + \int_G f(x) \mathrm{d}x \\
&= \sum_{n=1}^{\infty} \int_{G_n} f(x) \mathrm{d}x = \sum_{n=1}^{\infty} \int_{\bigcup_{i=1}^{2n-1} I_i^{(n)}} f(x) \mathrm{d}x \\
&= \sum_{n=1}^{\infty} \sum_{i=1}^{2n-1} \int_{I_i^{(n)}} f(x) \mathrm{d}x = \sum_{n=1}^{\infty} \sum_{i=1}^{2^n-1} \int_{I_i^{(n)}} \frac{1}{n} \mathrm{d}x \\
&= \sum_{n=1}^{\infty} \sum_{i=1}^{2n-1} \frac{1}{n} m(I_i^{(n)}) = \sum_{n=1}^{\infty} \sum_{i=1}^{2^n-1} \frac{1}{n} \frac{1}{3^n} \\
&= \sum_{n=1}^{\infty} \frac{1}{n} 2^{n-1} \frac{1}{3^n} = \frac{1}{2} \sum_{n=1}^{\infty} \frac{1}{n} \left(\frac{2}{3}\right)^n \\
&= \frac{1}{2} \ln 3 < +\infty
\end{aligned}$$

所以 $f \in L[0,1]$ 且 $\int_{[0,1]} f(x) \mathrm{d}x = \dfrac{1}{2} \ln 3$.

注 其中当 $x \in (-1,1]$ 时,$\ln(1+x) = \sum_{n=1}^{\infty} (-1)^{n-1} \dfrac{x^n}{n}$. 特别地,当 $x = -t$ 时,$-1 \leqslant t < 1$,有

$$\ln(1-t) = \sum_{n=1}^{\infty} (-1)^{2n-1} \frac{t^n}{n} = -\sum_{n=1}^{\infty} \frac{t^n}{n}$$

所以 $\sum_{n=1}^{\infty} \dfrac{t^n}{n} = -\ln(1-t)$,特别地,当 $t = \dfrac{2}{3}$ 时

$$-\ln\left(1 - \frac{2}{3}\right) = \ln 3 = \sum_{n=1}^{\infty} \frac{1}{n} \left(\frac{2}{3}\right)^n$$

所以 $\dfrac{1}{2} \sum_{n=1}^{\infty} \left(\dfrac{2}{3}\right)^n = \dfrac{1}{2} \ln 3$.

例 5 设 $p > 0, b > a$,求 $I = (R) \int_0^{+\infty} \mathrm{e}^{-px} \dfrac{\sin bx - \sin ax}{x} \mathrm{d}x$.

解 记

$$f(x) = e^{-px} \frac{\sin bx - \sin ax}{x}$$

则由 $f(x)$ 之形式且据文献[4]中的 P132 — 133 的定理 6.8（洛必达法则）知 $\lim_{x \to 0} f(x) = b - a$, 由 $b > a$, 知 $|f(x)| \leqslant e^{-px}(b-a)$, 由 $p > 0$, 知

$$\int_0^{+\infty} e^{-px} dx = \frac{1}{p} < +\infty$$

所以 $(R)\int_0^{+\infty} f(x) dx$ 绝对收敛.

于是由定理 2(ⅲ)与文献[1]中的 P130 的定理 4（即 Fubini 定理）知

$$\begin{aligned}
(R)\int_0^{+\infty} f(x) dx &= (L)\int_0^{+\infty} f(x) dx \\
&= (L)\int_0^{+\infty} ((R)\int_a^b \cos xy \, dy) e^{-px} dx \\
&= (L)\int_0^{+\infty} ((L)\int_a^b \cos xy \, dy) e^{-px} dx \\
&= (L)\iint_D e^{-px} \cos xy \, dx dy
\end{aligned}$$

其中 $D = [0, +\infty) \times [a, b]$

$$g(x,y) = e^{-px} \cos xy \in M(D)$$

$$|g(x,y)| = |e^{-px} \cos xy| \leqslant e^{-px} \quad ((x,y) \in D)$$

$$\iint_D e^{-px} dx dy = \int_a^b dy \int_0^{+\infty} e^{-px} dx = \frac{1}{p}(b-a) < +\infty$$

所以 $g \in L(D)$, 于是由定理 2(ⅲ)与文献[1]中的 P130 的定理 4（即 Fubini 定理）知

$$\begin{aligned}
(L)\int_0^{+\infty} (e^{-px}(R)\int_a^b \cos xy \, dy) dx &= (L)\iint_D (e^{-px} \cos xy) dy dx \\
&= (L)\int_a^b ((L)\int_0^{+\infty} e^{-px} \cos xy \, dx) dy \\
&= (L)\int_a^b ((R)\int_0^{+\infty} e^{-px} \cos xy \, dx) dy \\
&= (L)\int_a^b \frac{p}{p^2+y^2} dy = (R)\int_a^b \frac{p}{p^2+y^2} dy \\
&= (R)\int_a^b \frac{1}{1+(\frac{y}{p})^2} d(\frac{y}{p}) \\
&= \left(\arctan \frac{y}{p}\right)\Big|_{y=a}^b = \arctan \frac{b}{p} - \arctan \frac{a}{p}
\end{aligned}$$

注 此处较文献[5]中的 P199 例 5 的处理方法简单, 并没有用一致收敛的有关定理和方法. 因为数学分析中的一致收敛的问题是其三大一致问题之一,

是比较难的.

2.2.2 求复杂的极限

例 6 $\lim\limits_{n\to+\infty}(R)\int_0^{+\infty}\dfrac{\ln(x+n)}{n}e^{-x}\cos x\,dx$.

解 依据文献[4]中的 P54 的定理 3.8(归结原则)知 $\lim\limits_{n\to+\infty}\dfrac{\ln(x+n)}{n}=\lim\limits_{t\to+\infty}\dfrac{\ln(x+t)}{t}$.

于是(在 $x\geqslant 0$,且暂时固定的条件之下)据文献[4]中的 P132-133 的定理 6.8(L'Hopital 法则)知 $\lim\limits_{t\to+\infty}\dfrac{\ln(x+t)}{t}=\lim\limits_{t\to+\infty}\dfrac{(\ln(x+t))'}{t'}=\lim\limits_{t\to+\infty}\dfrac{1}{x+t}=0$.

所以 $\lim\limits_{n\to+\infty}\dfrac{\ln(x+n)}{n}=\lim\limits_{t\to+\infty}\dfrac{\ln(x+t)}{t}=0$.

从而当 $n\to+\infty$,$|e^{-x}-\cos x|\leqslant 1$,$x\geqslant 0$,$\dfrac{\ln(x+n)}{n}\to 0$.

于是,设 $f_n(x)=\dfrac{\ln(n+x)}{n}e^{-x}\cos x$,则

$$\lim_{n\to+\infty}f_n(x)=0$$

且由其形式知

$$f_n(x)=\dfrac{\ln(n+x)}{n}e^{-x}\cos x\in M[0,+\infty)$$

又因为 $\left(\dfrac{\ln t}{t}\right)'=\dfrac{1-\ln t}{t^2}\begin{cases}>0 & 0<t<e\\=0 & t=e\\<0 & t>e\end{cases}$,所以当 $n\geqslant 3$,$x\geqslant 0$ 时($x+n\geqslant 3$),有

$$\dfrac{\ln(x+n)}{n}=\dfrac{x+n}{n}\cdot\dfrac{\ln(x+n)}{x+n}\leqslant\dfrac{x+n}{n}\cdot\dfrac{\ln 3}{3}$$
$$=\left(1+\dfrac{x}{n}\right)\dfrac{\ln 3}{3}\leqslant(1+x)\dfrac{\ln 3}{3}<1+x$$

从而当 $n\geqslant 3$ 时,$|f_n(x)|\leqslant(1+x)e^{-x}$,当 $1<n\leqslant 2$ 时,$\dfrac{\ln(x+n)}{n}=\dfrac{x+n}{n}\cdot\dfrac{\ln(x+n)}{x+n}<1+x$,$|f_n(x)|\leqslant(1+x)e^{-x}$.

因为 $(1+x)e^{-x}>0$,且

$$(R)\int_0^{+\infty}(1+x)e^{-x}dx=\int_0^{+\infty}e^{-x}dx+\int_0^{+\infty}xe^{-x}dx$$
$$=-e^{-x}\Big|_{x=0}^{x=+\infty}-xe^{-x}\Big|_{x=0}^{x=+\infty}+\int_0^{+\infty}e^{-x}dx$$

$$= 1 - 0 - \mathrm{e}^{-x}\Big|_{x=0}^{x=+\infty} = 1 + 1 = 2$$

$$= (\mathrm{L})\int_0^{+\infty}(1+x)\mathrm{e}^{-x}\mathrm{d}x$$

由此知 $\int_0^{+\infty}|f_n(x)|\mathrm{d}x$ 收敛,所以 $\int_0^{+\infty}f_n(x)\mathrm{d}x$ 绝对收敛. 于是由定理 2(ⅲ)知

$$(\mathrm{R})\int_0^{+\infty}f_n(x)\mathrm{d}x = (\mathrm{L})\int_0^{+\infty}f_n(x)\mathrm{d}x \qquad (*)$$

于是根据文献[1]中的 P114 的定理 5 知

$$\lim_{n\to+\infty}(\mathrm{L})\int_0^{+\infty}f_n(x)\mathrm{d}x = (\mathrm{L})\int_0^{+\infty}\lim_{n\to+\infty}f_n(x)\mathrm{d}x = (\mathrm{L})\int_0^{+\infty}0\mathrm{d}x = 0$$

所以在(*)的两边取极限得

$$\lim_{n\to\infty}(\mathrm{R})\int_0^{+\infty}f_n(x)\mathrm{d}x = \lim_{n\to\infty}(\mathrm{L})\int_0^{+\infty}f_n(x)\mathrm{d}x = 0$$

即

$$\lim_{n\to+\infty}(\mathrm{R})\int_0^{+\infty}\frac{\ln(x+n)}{n}\mathrm{e}^{-x}\cos x\,\mathrm{d}x = 0$$

例 7 求 $\lim\limits_{n\to\infty}(\mathrm{R})\int_0^{+\infty}\dfrac{\mathrm{d}t}{\left(1+\dfrac{t}{n}\right)^n t^{\frac{1}{n}}}$.

证明 因为当 $n > 2, t \in (0,1)$ 时,$0 < \dfrac{1}{\left(1+\dfrac{t}{n}\right)^n t^{\frac{1}{n}}} < \dfrac{1}{t^{\frac{1}{n}}} < \dfrac{1}{t^{\frac{1}{2}}} = \dfrac{1}{\sqrt{t}}$.

当 $t \in [1, +\infty)$ 时,$n > 2$

$$0 < \frac{1}{\left(1+\dfrac{t}{n}\right)t^{\frac{1}{n}}} \leqslant \frac{1}{\left(1+\dfrac{t}{n}\right)^n} < \frac{1}{C_n^2\left(\dfrac{t}{n}\right)^2}$$

$$= \frac{1}{\dfrac{n(n-1)}{2}\dfrac{t^2}{n^2}} = \frac{2n}{n-1}\cdot\frac{1}{t^2} = \frac{2}{t^2}\left(\frac{n}{n-1}\right)$$

$$= \frac{2}{t^2}\left(1+\frac{1}{n-1}\right) < \frac{4}{t^2}$$

令 $F(t) = \begin{cases}\dfrac{1}{\sqrt{t}} & t \in (0,1] \\ \dfrac{4}{t^2} & t \in [1,+\infty)\end{cases}$,则 $F(t) > 0$,$(\mathrm{R})\int_0^{+\infty}F(t)\mathrm{d}t$ 收敛.

于是根据定理 1(ⅳ)知 $F \in \mathrm{L}[0,+\infty)$,令 $f_n(t) = \dfrac{1}{\left(1+\dfrac{t}{n}\right)^n t^{\frac{1}{n}}}$,则由上述的推理过程知 $0 < f_n(t) \leqslant F(t), t > 0$,且

$$\lim_{n\to\infty} f_n(t) = \lim_{n\to\infty} \frac{1}{\left(1+\dfrac{t}{n}\right)^n t^n} = \frac{1}{e^t} = e^{-t} \quad (t > 0)$$

故根据引理 5 与文献[1]中的 P114 的定理 5 知

$$\lim_{n\to\infty}(R)\int_0^{+\infty} f_n(t)dt = \lim_{n\to\infty}(L)\int_0^{+\infty} f_n(t)dt$$
$$= (L)\int_0^{+\infty} e^{-t}dt = (R)\int_0^{+\infty} e^{-t}dt = 1$$

即 $\lim_{n\to\infty}(R)\int_0^{+\infty} \dfrac{dt}{\left(1+\dfrac{t}{n}\right)^n t^{\frac{1}{n}}} = 1.$

注 例 1、例 2 中没有用到数学分析中的一致收敛的定理和方法,而是用实变函数中的 Lebesgue 控制收敛定理来解决问题,进而简化了计算.

2.2.3 级数中的应用

例 8 由 $\dfrac{1}{1+x} = (1-x) + (x^2 - x^3) + \cdots (0 < x < 1)$,求证 $\ln 2 = 1 - \dfrac{1}{2} + \dfrac{1}{3} - \dfrac{1}{4} + \cdots$.

证明 令 $f(x) = \dfrac{1}{1+x}$, $f_1(x) = 1-x$, $f_2(x) = x^2 - x^3$, $\cdots$, $f_n(x) = x^{2n-2} - x^{2n-1}$,则 $\forall n \in \mathbf{N}_+$,在 $0 < x < 1$ 时,$f_n(x) > 0$,$\cdots$ 于是 $\forall n \in \mathbf{N}_+, f_n \in M^+[0,1]$,又 $f(x) = \sum_{n=1}^{\infty} f_n(x)$. 于是由引理 7 知

$$\int_0^1 f(x)dx = \sum_{n=1}^{\infty}(R)\int_0^1 f_n(x)dx = (L)\int_0^1 \sum_{n=1}^{\infty} f_n(x)dx$$

即

$$\int_0^1 f(x)dx = (L)\int_0^1 \sum_{n=1}^{\infty} f_n(x)dx = \sum_{n=1}^{\infty}(R)\int_0^1 f_n(x)dx$$
$$= \sum_{n=1}^{\infty}\int_0^1 (x^{2n-2} - x^{2n-1})dx$$
$$= \sum_{n=1}^{\infty}\left(\frac{x^{2n-1}}{2n-1}\Big|_{x=0}^{1} - \frac{x^{2n}}{2n}\Big|_{x=0}^{1}\right)$$
$$= \sum_{n=1}^{\infty}\left(\frac{1}{2n-1} - \frac{1}{2n}\right)$$
$$= 1 - \frac{1}{2} + \frac{1}{3} - \frac{1}{4} + \cdots$$

又

$$\int_0^1 f(x)dx = \int_0^1 \frac{1}{1+x}dx = \ln(1+x)\Big|_{x=0}^{x=1} = \ln 2$$

所以
$$\ln 2 = 1 - \frac{1}{2} + \frac{1}{3} - \frac{1}{4} + \cdots$$

例 9 求证:$(R)\int_0^1 \frac{x^p}{1-x}\ln\frac{1}{x}dx = \sum_{n=1}^{\infty}\frac{1}{(p+n)^2}, p > -1.$

证明 由定理 1 知
$$(R)\int_0^1 \frac{x^p}{1-x}\ln\frac{1}{x}dx = (L)\int_0^1 \frac{x^p}{1-x}\ln\frac{1}{x}dx$$

因为 $0 < x < 1, \frac{1}{1-x} = \sum_{n=0}^{\infty} x^n$,所以 $\frac{x^p}{1-x} = \sum_{n=0}^{\infty} x^{n+p}, x^{n+p} > 0, x^{n+p} \in M^+[0,1].$

故由引理 7 知
$$\begin{aligned}
(L)\int_0^1 \frac{x^p}{1-x}\ln\frac{1}{x}dx &= (L)\int_0^1 \sum_{n=0}^{\infty}\left(x^{n+p}\ln\frac{1}{x}\right)dx \\
&= \sum_{n=0}^{\infty}\int_{(0,1)}\left(x^{n+p}\ln\frac{1}{x}\right)dx = \sum_{n=0}^{\infty}\int_{(0,1)}(x^{n+p}\ln x)dx \\
&= -\sum_{n=0}^{\infty}\left(\frac{x^{n+p+1}}{n+p+1}\ln x\Big|_{x=0}^{1} - \frac{1}{n+p+1}\int_0^1 x^{n+p+1}\frac{1}{x}dx\right) \\
&= \sum_{n=0}^{\infty}\frac{1}{n+p+1}\int_0^1 x^{n+p}dx = \sum_{n=0}^{\infty}\frac{1}{(n+p+1)^2} \\
&= \sum_{n=1}^{\infty}\frac{1}{(n+p)^2}
\end{aligned}$$

注 此问题中没有用函数项级数的一致收敛性,而是通过 Levi 定理的级数形式将函数的积分号与求和符号互换,从而简便计算.

§3 结 束 语

依据 Lebesgue 积分与 Riemann 积分的特性知在 k 维欧式空间 **R** 中,当 $k \geq 2, k = N$ 时,Lebesgue 积分完全涵盖了 Riemann 积分.但在 $k = 1$ 时,就不一定了.

参考文献

[1] 程其襄,张奠宙,魏国强,等.实变函数与泛函分析基础[M].3 版.北京:高等教育出版社,2012:121-122.

[2] 周民强.实变函数论[M].2版.北京:北京大学出版社,2008.
[3] 刘培德.实变函数教程[M].北京:科学出版社,2006:101.
[4] 华东师范大学数学系.数学分析(上)[M].4版.北京:高等教育出版社,2010:54,132-133,272-273,280,287.
[5] 华东师范大学数学系.数学分析(下)[M].4版.北京:高等教育出版社,2010:23,77,89,199.
[6] JONES F.Lebesgue integration on Euclidean space [M].Massachusetts:Jones and bartlett publishers,2010:206-207.
[7] POLGA G,SEGO G.Problems and Theorems in Analysis [M].Berlin:Springer-Verlag,1972:143-145.
[8] 周性伟.实变函数[M].2版.北京:科学出版社,2004:78-88.
[9] 胡适耕.实变函数[M].北京:高等教育出版社,1999:93-97.
[10] 徐森林.实变函数论[M].合肥:中国科学技术大学出版社,2002:284-290.
[11] 胡适耕,姚云飞.数学分析:定理•问题•方法[M].北京:科学出版社,2007:151-152.

Stieltjes 积分的单调收敛定理

§1 引 言

关于 Riemann 积分的单调收敛定理[1-9]在理论和应用上都很重要. 四川大学数学学院的马冬梅、陈雪梅二位教授 2014 年在文献 [1] 的基础上将该定理推广到 Stieltjes 积分的情形,即:

定理 1(单调收敛定理) 令 f_n 是闭区间 $[a,b]$ 上 S-可积函数的一个非减序列,g 是单调递增函数. 假设对 $[a,b]$ 中的每个 x 有
$$f(x) = \lim_{n \to \infty} f_n(x)$$
如果 f 在 $[a,b]$ 上也是 S-可积的,那么
$$\int_a^b f(x) \mathrm{d}g(x) = \lim_{n \to \infty} \int_a^b f_n(x) \mathrm{d}g(x)$$

§2 单调收敛定理的证明

为了证明定理 1,我们引入记号
$$M_i = \sup\{f(x) \mid x \in [u_i, v_i]\}$$
$$m_i = \inf\{f(x) \mid x \in [u_i, v_i]\}$$
$$S(\Pi) = \sum_{i=1}^n M_i \Delta x_i$$
$$s(\Pi) = \sum_{i=1}^n m_i \Delta x_i$$

这里 Π 是 $[a,b]$ 的任一分划. 以下引理是 Cousin 于 1895 年在其博士论文中提出的,目的是推广 Heine-Borel 有限覆盖定理,本章中我们给出一个简单证明.

引理 2(Cousin 引理)　令 C 是闭区间 $[a,b]$ 的一个完全覆盖,即对 $\forall x \in [a,b], \exists \delta > 0$, 使得 C 包含 $[a,b]$ 的所有长度小于 δ, 并且包含 x 的子区间,那么存在 $(a=)x_0 < x_1 < \cdots < x_{N+1} = b$, 使得对所有 $1 \leqslant i \leqslant N+1$ 有 $[x_{i-1}, x_i] \in C$.

证明　由定义, $\forall x \in [a,b]$, 若 $y \in [x, x+\delta(x)] \cap [a,b]$, 则 $[x,y] \in C$
$$x_0 = a, x_1 = x_0 + \delta(x_0), x_2 = x_1 + \delta(x_1), \cdots, x_{n+1} = x_n + \delta(x_n), \cdots$$
则
$$[x_0, x_1], \cdots, [x_n, x_{n+1}] \cdots \in C.$$
令 $\lim\limits_{n \to \infty} x_n = z(\delta(x_0), \cdots, (x_n), \cdots)$. 则
$$a > z(\delta(x_0), \cdots, \delta(x_n), \cdots) \leqslant b$$
设 $z_0 = \sup z(\delta(x_0), \cdots, \delta(x_n), \cdots)$. 则
$$a < z_0 \leqslant b$$
下证 $z_0 = b$. 若 $z_0 < b$, 则在区间 $\left[z_0 - \dfrac{\delta(z_0)}{2}, z_0 + \dfrac{\delta(z_0)}{2}\right]$ 上有
$$z_0 - \frac{\delta(z_0)}{2} < z(\delta(x_0), \cdots, \delta(x_n), \cdots) \leqslant z_0$$
易知存在 K 使得
$$x_K \leqslant z(\delta(x_0), \cdots, \delta(x_n), \cdots) \leqslant x_K + \varepsilon$$
取 $\varepsilon < z(\delta(x_0), \cdots, \delta(x_n), \cdots) - \left(z_0 - \dfrac{\delta(z_0)}{2}\right)$ 时, 有
$$z_0 - \frac{\delta(z_0)}{2} < x_K \leqslant z(\delta(x_0), \cdots, \delta(x_n), \cdots)$$
从而
$$[x_0, x_1], \cdots, [x_{K-1}, x_K], \left[x_K, z_0 + \frac{\delta(z_0)}{2}\right] \in C$$
这与 z_0 是上确界矛盾,所以 $z_0 = b$.

再证存在有限个区间覆盖 $[a,b]$. 在区间 $[b - \delta(b), b]$ 上, 有 $b - \delta(b) < z(\delta(x_0), \cdots) < b$, 则一定存在 N, 使得
$$x_N < z(\delta(x_0), \cdots) < x_N + \varepsilon$$
取 $\varepsilon < z(\delta(x_0), \cdots) - (b - \delta(b))$. 有
$$b - \delta(b) < x_N < z(\delta(x_0), \cdots)$$
从而有
$$a = x_0 < x_1 < \cdots < x_{N-1} < x_N < x_{N+1} = b$$

且
$$[x_0,x_1],[x_1,x_2],\cdots,[x_{N-1},x_N],[x_N,b]\in C$$
证毕.

引理 3 若函数 f 在 $[a,b]$ 上是 S-可积的,g 是单调递增的,则对每个 $\varepsilon>0$,存在一个 $\delta>0$ 使得
$$\sum_{([u_i,v_i],w_i)\in\Pi}|\int_{u_i}^{v_i}f(x)\mathrm{d}g(x)-f(w_i)(g(v_i)-g(u_i))|<\varepsilon$$
其中 Π 是 $[a,b]$ 的一个划分或子划分,使得对每对 $([u_i,v_i],w_i)\in\Pi$ 有 $v_i-u_i<\delta$.

证明 设 $\int_a^b f(x)\mathrm{d}g(x)=I$,且 Π 是 $[a,b]$ 的一个分划. $\forall \xi_i\in[u_i,v_i]$,只要 $\lambda=\max(v_i-u_i)<\delta$,就有
$$|\sum_{([u_i,v_i],\xi_i)\in\Pi}f(\xi_i)(g(v_i)-g(u_i))-I|<\frac{\theta}{2}$$
另外,由上确界的定义知存在 $\eta_i\in[u_i,v_i]$ 满足
$$0<M-f(\eta_i)<\frac{\varepsilon}{2[g(b)-g(a)]}$$
于是
$$|S(\Pi)-\sum_{(k=n[u_i,v_i],\eta_i)\in\Pi}f(\eta_i)(g(v_i)-g(u_i))|=$$
$$\sum_{([u_i,v_i],\eta_i)\in\Pi}[M_i-f(\eta_i)](g(v_i)-g(u_i))<$$
$$\frac{\varepsilon}{2[g(b)-g(a)]}[g(b)-g(a)]=\frac{\varepsilon}{2}$$
从而
$$|S(\Pi)-I|$$
$$\leq|S(\Pi)-\sum_{([u_i,v_i],\eta_i)\in\Pi}f(\eta_i)(g(v_i)-g(u_i))|+$$
$$|\sum_{([u_i,v_i],\eta_i)\in\Pi}f(\eta_i)(g(v_i)-g(u_i))-I|$$
$$<\frac{\varepsilon}{2}+\frac{\varepsilon}{2}=\varepsilon$$
所以 $\lim_{\lambda\to 0}S(\Pi)=I$. 同理 $\lim_{\lambda\to 0}s(\Pi)=I$. 于是
$$\sum_{([u_i,v_i],\eta_i)\in\Pi}|\int_{u_i}^{v_i}f(x)\mathrm{d}g(x)-f(\omega_i)(g(v_i)-g(u_i))|$$
$$\leq\sum_{([u_i,v_i],\eta_i)\in\Pi}(M_i-m_i)(g(v_i)-g(u_i))<\varepsilon \tag{12.1}$$
证毕.

定理1的证明　令 $h_n = f - f_n$，则 h_n 是非负的和单减的，且在每个 x 处，有
$$\lim_{n \to \infty} h_n(x) = 0$$

令 $\varepsilon > 0$ 并取 $\eta = \dfrac{\varepsilon}{g(b) - g(a) + 1}$，则对每个 n，由引理3，可以选取 $\delta_n > 0$ 使得
$$\sum_{([u_i, v_i], \omega_i) \in \Pi} \left| \int_{u_i}^{v_i} h_n(x) \mathrm{d}g(x) - h(\omega_i)(g(v_i) - g(u_i)) \right| < \eta^{2-n}$$

其中 Π 是 $[a,b]$ 的一个分划，且 $v_i - u_i < \delta(n)$。$\forall x \in [a,b]$，选取满足 $h_n(x) < \eta$，$\forall n > N(x)$ 的第一个整数 $N(x)$，并令
$$E_j = \{x \in [a,b] : N(x) = j\}, j = 1, 2, 3, \cdots$$

则当 $x \in E_j$ 时，$\delta(x) = \delta_j$，由 Cousin 引理，Π 是 $[a,b]$ 的任一分划，对每对 $([u_i, v_i], \omega_i) \in \Pi$ 满足
$$v_i - u_i < \delta(\omega_i)$$

令 $N = \max N(\omega_i)$，$([u_i, v_i], \omega_i) \in \Pi$，这里 Π 是 $[a,b]$ 的分划。对 $j = 1, 2, \cdots, N$，把 Π 分成 N 个不相交的子集，记为
$$\Pi_j = \{([u_i, v_i], \omega_i) \in \Pi : \omega_i \in E_j\} \quad (j = 1, 2, \cdots, N)$$
$$\Pi = \Pi_1 \cup \Pi_2 \cup \cdots \cup \Pi_N$$

再令 $m > N, m \in \mathbf{N}^*$，则由 h_n 的非负单调减少性质有
$$0 \leqslant \int_a^b h_m(x) \mathrm{d}g(x) = \sum_{([u_i, v_i], \omega_i) \in \Pi} \int_{u_i}^{v_i} h_m(x) \mathrm{d}g(x)$$
$$= \sum_{j=1}^N \Big(\sum_{([u_i, v_i], \omega_i) \in \Pi_j} \int_{u_i}^{v_i} h_m(x) \mathrm{d}g(x) \Big)$$
$$\leqslant \sum_{j=1}^N \Big(\sum_{([u_i, v_i], \omega_i) \in \Pi_j} \int_{u_i}^{v_i} h_j(x) \mathrm{d}g(x) \Big)$$
$$< \sum_{j=1}^N \sum_{([u_i, v_i], \omega_i) \in \Pi_j} \Big(\int_{u_i}^{v_i} h_j(x) \mathrm{d}g(x) - h_j(\omega_i)(g(v_i) - g(u_i)) \Big) +$$
$$h_j(\omega_i)(g(v_i) - g(u_i))$$
$$\leqslant \sum_{j=1}^N \Big(\sum_{([u_i, v_i], \omega_i) \in \Pi_j} h_j(\omega_i)(g(v_i) - g(u_i)) + \eta^{2-j} \Big)$$
$$< \sum_{j=1}^N \Big(\sum_{([u_i, v_i], \omega_i) \in \Pi_j} \eta(g(v_i) - g(u_i)) + \eta^{2-j} \Big)$$
$$< \eta[g(b) - g(a) + 1]$$
$$= \frac{\varepsilon}{g(b) - g(a) + 1}[g(b) - g(a) + 1] = \varepsilon$$

由此即得

$$\int_a^b f(x)\mathrm{d}g(x) - \lim_{n\to\infty}\int_a^b f_n(x)\mathrm{d}g(x) = \lim_{n\to\infty}\int h_n(x)\mathrm{d}(x) = 0$$

从而

$$\int_a^b f(x) = \lim_{n\to\infty}\int_a^b f_n(x)\mathrm{d}g(x)$$

参考文献

[1] THOMSON B S. Monotone convergence theorem for the Riemann integral[J]. Amer Math Monthly,2010,117:547.

[2] KUO H H. Introduction to Stochastic Integration [M]. New York/Berlin:Springer,2006.

[3] STEIN E M, Skakarchi R, Real Analysis:Mesure Theorem,Integration,and Hilbert Spaces[M]. Singapore:World Publishing Company,2005.

[4] STEIN E M,Skakarchi R. Complex Analysis[M]. Singapore:World Publishing Company,2003.

[5] STEIN E M,SKAKARCHI R. Functional Analysis,Introduction to Further Topics in Analysis[M]. Princeton:Princeton University Press,2011.

[6] STEIN E M,SKAKARCHI R. Fourier Analysis:An Introduction[M]. Singapore:World Publishing Company,2013.

[7] 夏道行,吴卓人,严绍宗. 实变函数论与泛函分析[M]. 北京:高等教育出版社,2010.

[8] 汪东鑫. 随机过程[M]. 西安:西安交通大学出版社,2006.

[9] 陈纪修,於崇华,金路. 数学分析[M]. 北京:高等教育出版社,2009.

第三编
应用篇

Stieltjes 积分及其应用

论述了 Stieltjes 积分的定义、性质及它在分析学、力学、概率论等学科中的应用.

大家已熟悉 Riemann 积分(简称 R 积分)的一个推广——Lebesgue 积分,而对 R 积分的另一个重要推广——Stieltjes 积分(简称 S 积分)却较少研究. S 积分与 R 积分联系更密切.它在数学分析、力学、概率论等学科中都占有极其重要的位置,具有广泛的应用.

§1 S 积分的定义

设 $f(x)$ 与 $g(x)$ 为 $[a,b]$ 上的有界函数.

(ⅰ) 对 $[a,b]$ 任做分划
$$T: a = x_0 < x_1 < x_2 < \cdots < x_n = b$$
将区间分成 n 个小区间.

(ⅱ) 在每个小区间 $[x_{i-1}, x_i]$ $(i=1,2,\cdots,n)$ 上任取一点 ξ_i,作乘积 $f(\xi_i)[g(x_i) - g(x_{i-1})]$.

(ⅲ) 作和
$$\sigma = \sum_{i=1}^{n} f(\xi_i)[g(x_i) - g(x_{i-1})] = \sum_{i=1}^{n} f(\xi_i) \triangle g(x_i)$$
此和称为 S 积分的积分和.

(ⅳ) 令 $\Lambda(T) = \max_{i} \{\triangle x_i\}$,如果当 $\Lambda(T) \to 0$ 时,不论分法如何,也不论点 ξ_i 的取法如何,σ 常趋于同一个有限的极限 I,那么称 $f(x)$ 在 $[a,b]$ 上关于 $g(x)$ 为 S 可积的,并称 I 为 $f(x)$ 在 $[a,b]$ 上关于 $g(x)$ 的 S 积分,记作

第 1 章

$$\int_a^b f(x)\mathrm{d}g(x)$$

注 此定义与 R 积分定义间唯一的(但为实质上的)区别是:$f(\xi_i)$ 不是用独立变量 x 的改变量 $\triangle x_i$ 来乘,而是用第二个函数的改变量 $\triangle g(x_i)$ 来乘,因此,当 $g(x)=x$ 时,S 积分便成为 R 积分,可见 S 积分是 R 积分的一种推广.

§2 几个预备定理

定理 1 若函数 $f(x)$ 在 $[a,b]$ 上 R 可积,而 $g(x)$ 可表示为积分 $g(x)=c+\int_a^x \varphi(t)\mathrm{d}t$,其中 $\varphi(t)$ 在 $[a,b]$ 上绝对可积,则

$$(S)\int_a^b f(x)\mathrm{d}g(x) = (R)\int_a^b f(x)\varphi(x)\mathrm{d}x$$

证明从略.

定理 2 (中值定理)设在 $[a,b]$ 上 $f(x)$ 有界,$m \leqslant f(x) \leqslant M$,而 $g(x)$ 单调,若 $\int_a^b f(x)\mathrm{d}g(x)$ 存在,则

$$\int_a^b f(x)\mathrm{d}g(x) = \mu[g(b)-g(a)] \quad (m \leqslant \mu \leqslant M)$$

特别地,当 $f(x)$ 在 $[a,b]$ 上连续时,有

$$\int_a^b f(x)\mathrm{d}g(x) = f(\xi)[g(b)-g(a)] \quad (a \leqslant \xi \leqslant b)$$

证明 当 $g(x)$ 单调增加时,证明参见参考文献[1];当 $g(x)$ 单调递减时,则以 $-g(x)$ 代替 $g(x)$ 即可.

定理 3 (分部积分公式)若积分 $\int_a^b f(x)\mathrm{d}g(x)$ 与 $\int_a^b g(x)\mathrm{d}f(x)$ 中有一个存在,则另一个也存在,且有

$$\int_a^b f(x)\mathrm{d}g(x) = f(x)g(x)\Big|_a^b - \int_a^b g(x)\mathrm{d}f(x)$$

定理 4 若在区间 $[a,b]$ 上,$f_1(x) \leqslant f_2(x)$,$g(x)$ 单调递增,且 $\int_a^b f_1(x)\mathrm{d}g(x)$ 与 $\int_a^b f_2(x)\mathrm{d}g(x)$ 存在,则

$$\int_a^b f_1(x)\mathrm{d}g(x) \leqslant \int_a^b f_2(x)\mathrm{d}g(x)$$

证明类似于 R 积分的性质,这里略.

定理 5 设在 $[a,b]$ 上 $f(x) \geqslant 0$,$g(x)$ 单调递增,$\int_a^b f(x)\mathrm{d}g(x)$ 存在,$[c,$

$d] \subset [a,b]$,则 $\int_c^d f(x)\mathrm{d}g(x)$ 也存在,且有

$$\int_c^d f(x)\mathrm{d}g(x) \leqslant \int_a^b f(x)\mathrm{d}g(x)$$

证明是显然的.

§3 应 用 举 例

例1 借助 S 积分证明 R 积分的第二中值定理.

设在 $[a,b]$ 上,$f(x)$ R 可积,而 $g(x)$ 单调,则必有 $\xi \in [a,b]$,使

$$(\mathrm{R})\int_a^b f(x)g(x)\mathrm{d}x = g(a)\int_a^\xi f(x)\mathrm{d}x + g(b)\int_\xi^b f(x)\mathrm{d}x \quad (a \leqslant \xi \leqslant b)$$

证明 作函数 $F(x) = \int_a^x f(t)\mathrm{d}t, a \leqslant x \leqslant b$,则 $F(x)$ 在 $[a,b]$ 上连续,于是

$$\begin{aligned}
(\mathrm{R})\int_a^b f(x)g(x)\mathrm{d}x &= (\mathrm{S})\int_a^b g(x)\mathrm{d}F(x) \\
&= g(x)F(x)\Big|_a^b - (\mathrm{S})\int_a^b F(x)\mathrm{d}g(x) \\
&= g(b)F(b) - F(\xi)[g(b) - g(a)] \\
&= g(a)F(\xi) + g(b)[F(b) - F(\xi)] \\
&= g(a)\int_a^\xi f(a)\mathrm{d}x + g(b)\int_\xi^b f(x)\mathrm{d}x \quad (a \leqslant \xi \leqslant b)
\end{aligned}$$

例2 借助 S 积分建立 R 积分的一般的分部积分公式.

我们知道,R 积分的通常的分部积分公式是:设 $U(x)$ 和 $V(x)$ 在 $[a,b]$ 上都有连续导数,则

$$\int_a^b U(x)V'(x)\mathrm{d}x = U(x)V(x)\Big|_a^b - \int_a^b U'(x)V(x)\mathrm{d}x$$

借助 S 积分可把它推广到一般情形,即:

设 $u(x)$ 和 $v(x)$ 在 $[a,b]$ 都绝对可积,而 $U(x)$ 和 $V(x)$ 分别由积分 $U(x) = U(a) + \int_a^x u(t)\mathrm{d}t$ 与 $V(x) = V(a) + \int_a^x v(t)\mathrm{d}t$ 所确定,则

$$(\mathrm{R})\int_a^b U(x)v(x)\mathrm{d}x = U(x)V(x) - \int_a^b V(x)u(x)\mathrm{d}x$$

证明

$$(R)\int_a^b U(x)v(x)dx = (S)\int_a^b U(x)dV(x)$$
$$= U(x)V(x)\big|_a^b - (S)\int_a^b V(x)dU(x)$$
$$= U(x)V(x)\big|_a^b - (R)\int_a^b V(x)u(x)dx$$

特别地,当 $u(x)$ 和 $v(x)$ 连续时,$U(x),V(x)$ 都有连续的导数,且 $U'(x)=u(x),V'(x)=v(x)$,于是 R 积分的一般的分部积分公式回到了通常的分部积分公式.

例 3 应用 S 积分证明概率论中常用的 Chebyshev 不等式.

设随机变量 ξ 具有有限方差,则任给 $\varepsilon > 0$,有 $P\{|\xi - M\xi| \geqslant \varepsilon\} \leqslant \dfrac{D\xi}{\varepsilon^2}$.

证明 设 $F(x)$ 为 ξ 的分布函数,则有
$$P\{|\xi - M\xi| \geqslant \varepsilon\} = \int_{|x-M\xi|\leqslant\varepsilon} dF(x) \leqslant \int_{|x-M\xi|\geqslant\varepsilon} \frac{(x-M\xi)^2}{\varepsilon^2} dF(x)$$
$$\leqslant \frac{1}{\varepsilon^2}\int_{-\infty}^{+\infty}(x-M\xi)^2 dF(\xi) = \frac{D\xi}{\varepsilon^2}$$

例 4 用 S 积分建立求质点的静矩和惯矩公式.

设 x 轴上的线段 $[a,b]$ 分布着质量,在个别的点处集中着,一般到连续地分布着,对 $x > a$,以 $\Phi(x)$ 表示分布在 $[a,x]$ 上的质量和,并令 $\Phi(a)=0$,显然,$\Phi(x)$ 是单调增函数,求这些质量对坐标原点的静矩和惯矩.

任给 $[a,b]$ 一分划 $T:a=x_0 < x_1 < \cdots < x_i < x_{i+1} < \cdots < x_n = b$,当 $i > 0$ 时,在线段 $[x_i, x_{i+1}]$ 上含有质量 $\Phi(x_{i+1}) - \Phi(x_i) = \triangle\Phi(x_i)$,在一切情形下,把质量认为集中在每个小线段的右端,便得这些质量对原点的静矩
$$M \approx \sum_{i=0}^{n-1} x_{i+1}\triangle\Phi(x_i)$$

令 $\Lambda(T) = \max_i\{\triangle x_i\}$,当 $\Lambda(T) \to 0$ 时,便得,$M = (S)\int_a^b x d\Phi(x)$. 同理,这些质量对原点的惯矩为 $I = (S)\int_a^b x^2 d\Phi(x)$.

参考文献

[1] 菲赫金哥尔茨. 微积分学教程[M]. 北京:人民教育出版社,1978.
[2] 吉林大学数学系. 数学分析[M]. 北京:人民教育出版社,1978.
[3] 复旦大学数学系. 概率论与数理统计[M]. 上海:上海科学出版社,1961.

用 Lebesgue-Stieltjes 积分定义的双曲型方程广义解

汕头大学数学研究所、中国科学院应用数学研究所的丁夏畦，中国科学院武汉数学物理研究所数学物理青年实验室、汕头大学数学研究所的王振二位研究员 1996 年用 Lebesgue-Stieltjes 积分给出一个双曲型方程组广义解的新定义，在这个意义下证明了 Cauchy 问题整体广义解的存在性. 这种解自然地包含了 δ 激波.

§1 引 言

在文献[1]中，张同和谭得春、郑玉玺研究了方程组

$$\begin{cases} u_t + (u^2)_x = 0 \\ v_t + (uv)_x = 0 \end{cases} \tag{2.1}$$

它是作为二维气体力学模型方程组

$$\begin{cases} u_t + (u^2)_x + (uv)_y = 0 \\ v_t + (uv)_x + (v^2)_y = 0 \end{cases} \tag{2.2}$$

的一维简化模型而提出的.

在文献[2]中，丁夏畦、吴永辉研究了二维 Navier-Stokes 方程组的简化模型方程组

$$\begin{cases} u_t + uu_x + wu_y = 0 \\ w_t + uw_x + ww_y = 0 \end{cases} \tag{2.3}$$

它类似于文献[1]的一维简化模型就应该是

$$\begin{cases} u_t + uu_x = 0 \tag{2.4} \\ w_t + uw_x = 0 \tag{2.5} \end{cases}$$

此外，在文献[3]中 Le Floch 研究了方程组

$$\begin{cases} u_t + uu_x = 0 & (2.6) \\ v_t + (uv)_x = 0 & (2.7) \end{cases}$$

的初值问题,引进了多值解的概念.

在文献[4]中丁夏畦研究了 Riemann 问题及具孤立间断的初值问题通过引进场位

$$w(x,t) = \oint_{(0,0)}^{(x,t)} v\mathrm{d}x - uv\mathrm{d}t$$

将方程(2.7)变为(2.5).

由此,在文献[4]中丁夏畦引进了方程组(2.6),(2.7)和(2.4),(2.5)的广义解的定义,这个定义是经典广义解的自然推广.这种推广也就包含了张同等三人引进的 δ 波解.

我们说 (u,w) 是方程组(2.4),(2.5)的广义解,(u,w_x) 是方程组(2.6),(2.7)的广义解,如果

$$\begin{cases} \iint (u\varphi_t + \dfrac{u^2}{2}\varphi_x)\mathrm{d}x\mathrm{d}t = 0 & (2.8) \\ \iint w\psi_t \mathrm{d}x\mathrm{d}t - \iint u\psi \mathrm{d}w(x,t)\mathrm{d}t = 0 & (2.9) \end{cases}$$

对所有的 $\varphi, \psi \in C_0^\infty(\mathbf{R}_+^2)$.

上述第二式最后一个积分应理解为 Stieltjes-Lebesgue 积分.又上述定义中式(2.9)还可以为下面的 Stieltjes-Lebesgue 积分等式代替

$$\iint (\psi_t + u\psi_x)\mathrm{d}w(x,t)\mathrm{d}t = 0$$

在本章中我们要证明对方程组(2.4),(2.5)的 Cauchy 问题的上述广义解存在.在本章中去掉了文献[4]中所加解具孤立间断线的假定,如上所述这样的结果也就包括了对方程组(2.6),(2.7)的最一般初值问题广义解的存在.

§2 广义解的定义及主要结果

对非守恒形式的双曲型方程组

$$\begin{cases} u_t + uu_x = 0 \\ w_t + uw_x = 0 \end{cases} \quad (2.10)$$

我们考虑下述意义下的广义解.

定义 若 $w(x,t)$ 对变量 x 局部变差有界,则称 (u,w) 为方程组(2.1)的广义解.如果

$$\begin{cases} \iint (u\varphi_t + \dfrac{u^2}{2}\varphi_x)\mathrm{d}x\mathrm{d}t = 0 \\ \iint w\psi_t \mathrm{d}x\mathrm{d}t - \iint u\psi \mathrm{d}w(x,t)\mathrm{d}t = 0 \end{cases} \tag{2.11}$$

其中 $\varphi, \psi \in C_0^\infty(\mathbf{R}_+^2)$.

在此意义之下,对方程组(2.10)的 Cauchy 问题

$$\begin{cases} (2.10) \\ u(x,0) = u_0(x) \\ w(x,0) = w_0(x) \end{cases} \tag{2.12}$$

我们得到如下结果:

定理 1　设初值 $u_0(x) \in \mathrm{L}^\infty$,$w_0(x)$ 连续且局部变差有界,则方程组的 Cauchy 问题(2.12)存在整体广义解.

§3　黏 性 方 法

我们考虑黏性方程

$$\begin{cases} u_t^\varepsilon + u^\varepsilon u_x^\varepsilon = \varepsilon u_{xx}^\varepsilon \\ w_t^\varepsilon + u^\varepsilon w_x^\varepsilon = 0 \\ u^\varepsilon(x,0) = u_0(x), w^\varepsilon(x,0) = w_0(x) \end{cases} \tag{2.13}$$

对任意 $\delta > 0, -\infty < \xi < +\infty$. 记第二个方程的特征曲线

$$\begin{cases} \dfrac{\mathrm{d}x}{\mathrm{d}t} = u^\varepsilon \\ x(\delta) = \xi \end{cases} \tag{2.14}$$

为 $x = X^\varepsilon(t, \xi)$.

我们研究 $X^\varepsilon(t, \xi)$ 的收敛性.

我们知道,当 $\varepsilon \to 0$ 时,$u^\varepsilon(x,t)$ 几乎处处收敛到方程组(2.10)中第一个方程的广义解 $u(x,t)$. 对每个 ξ,由 u 唯一确定一连续曲线 $x = X(t, \xi)(t \geqslant \delta)$,使得 $X(\delta, \xi) = \xi$,并且曲线上属于每一点的 u 的特征三个解包含点 (ξ, δ). 由此我们有:

引理 2

$$\lim_{\varepsilon \to \infty} X^\varepsilon(t, \xi) = X(t, \xi) \quad (t \geqslant \delta) \tag{2.15}$$

证明　因为 $u^\varepsilon(x,t)$ 在上半平面 $t > 0$ 无穷光滑,所以特征曲线族 $x = X^\varepsilon(t, \xi)$ 充满整个上半平面 $t > 0$,并且彼此不相交. 由于对每个固定的 $t = t_0$,$X^\varepsilon(t_0, \xi)$ 是 ξ 的单调增函数,因此任取 $X^\varepsilon(t, \xi)$ 的一个子列,我们可以选取这个子列的子列 $X^{\varepsilon_i}(t, \xi)$ 使得在每个有理点 $t = t_j$ 收敛到 ξ 的单调函数 $Y(t_j, \xi)$.

设 $\|u_0(x)\|_{L^\infty} = M$,则 $|u^\varepsilon(x,t)| \leqslant M$,由式(2.14)得
$$|X^{\varepsilon_i}(t'',\xi) - X^{\varepsilon_i}(t',\xi)| \leqslant M|t''-t'| \qquad (2.16)$$

所以
$$|Y(t_k,\xi) - Y(t_j,\xi)| = \lim_{\varepsilon_i \to 0} |X^{\varepsilon_i}(t_k,\xi) - X^{\varepsilon_i}(t_j,\xi)| \leqslant M(t_k - t_j)$$
$$(2.17)$$

由式(2.17),对每个 ξ 我们定义函数
$$Y(t,\xi) = \lim_{t_j \to t} Y(t_j,\xi) \qquad (2.18)$$

根据(2.16),(2.17),(2.18)可以证明,子列 $X^{\varepsilon_i}(t,\xi)$ 在任意闭区间一致收敛,且
$$\lim_{\varepsilon_i \to 0} X^{\varepsilon_i}(t,\xi) = Y(t,\xi) \quad (t > \delta) \qquad (2.19)$$

为证明引理 2,我们只需证明 $Y(t,\xi) = X(t,\xi)$. 为此目的,我们证明下述三个结论:

(1) 若曲线 $x = Y(t,\xi)$ 与 u 的一条间断线 $x = X(t)$ 交于 (x_1,t_1),则
$$Y(t,\xi) = X(t) \quad (t \geqslant t_1) \qquad (2.20)$$

(2) 若曲线 $x = Y(t,\xi)$ 上的点 (x_0,t_0) 是 u 的连续点,则
$$Y(t,\xi) = x_0 + (t-t_0)u(x_0,t_0) \quad (\delta < t \leqslant t_0) \qquad (2.21)$$

(3) 当 $t > \delta$ 时,曲线 $x = Y(t,\xi)$ 上每点关于 u 的特征三个解包含点 (ξ,δ),即
$$Y(t,\xi) = X(t,\xi) \quad (t \geqslant \delta) \qquad (2.22)$$

(1) 的证明 若不然,则有 $t_2 > t_1, Y(t_2,\xi) \neq X(t_2)$. 不妨设 $Y(t_2,\xi) < X(t_2)$. 令
$$t_3 = \sup_{t < t_2}\{t : Y(t,\xi) = X(t)\} \qquad (2.23)$$

则 $Y(t_3,\xi) = X(t_3) = x_3$,且
$$Y(t,\xi) < X(t) \quad (t_3 < t < t_2) \qquad (2.24)$$

所以
$$\liminf_{t',t'' \to t_3+0} \frac{Y(t'',\xi) - Y(t',\xi)}{t'' - t'} \leqslant \limsup_{t',t'' \to t_3+0} \frac{X(t'') - X(t')}{t'' - t'}$$

亦即
$$\liminf_{t',t'' \to t_3+0} \frac{Y(t'',\xi) - Y(t',\xi)}{t'' - t'} \leqslant \frac{1}{2}(u(x_3+0,t_3) + u(x_3-0,t_3)) \quad (2.25)$$

设点 (x_3,t_3) 关于 u 的左特征线和 x 轴的交点为 y_3,则对任意 $\eta > 0$,存在 $\triangle > 0$,使得当 $|x-x_3| \leqslant M|t-t_3|, |t-t_3| < \triangle$ 时
$$\frac{x-y_3}{t} \geqslant \frac{x_3-y_3}{t_3} - \frac{1}{2}\eta = u(x_3-0,t_3) - \frac{1}{2}\eta \qquad (2.26)$$

任取 $t_3 < t' < t'' < t_3 + \triangle$. 令

$$d = d(t', t'') = \min_{t' \leqslant t \leqslant t''}(X(t) - Y(t,\xi)) > 0$$

作紧集

$$K = \{(x,t): x_3 - M(t-t_3) \leqslant x \leqslant Y(t,\xi) + \frac{d}{2}(t' \leqslant t \leqslant t'')\}$$

则 K 完全在间断线 $x = X(t)$ 的左侧. 设 (x,t) 关于 u 的右特征线和 x 轴的交点为 $y(x,t)$，则当 $(x,t) \in K$ 时，$y(x,t) \leqslant y_3$，且

$$u(x+0,t) = \frac{x - y(x,t)}{t} \geqslant \frac{x - y_3}{t} \geqslant u(x_3 - 0, t_3) - \frac{1}{2}\eta \quad (2.27)$$

根据文献[5]中的定理 3

$$u(x+0,t) \leqslant \liminf_{\substack{\varepsilon \to 0 \\ \xi \to x \\ \tau \to t}} u^\varepsilon(x,\tau) \leqslant \limsup_{\substack{\varepsilon \to 0 \\ \xi \to x \\ \tau \to t}} u^\varepsilon(x,\tau) \leqslant u(x-0,t) \quad (2.28)$$

及式 (2.27) 可知，存在 $\varepsilon_0 > 0$，当 $\varepsilon < \varepsilon_0$ 时

$$u^\varepsilon(x,t) \geqslant u(x_3 - 0, t_3) - \eta \quad ((x,t) \in K) \quad (2.29)$$

另外，$X^{\varepsilon_i}(t,\xi)$ 在 $[t', t'']$ 上一致收敛于 $Y(t,\xi)$. 所以存在 ε'，当 $\varepsilon_i < \min(\varepsilon', \varepsilon_0)$，$t' \leqslant t \leqslant t''$ 时，曲线 $x = X^{\varepsilon_i}(t,\xi)$ 完全落在紧集 K 上，并且由式 (2.29) 有

$$\frac{X^{\varepsilon_i}(t'',\xi) - X^{\varepsilon_i}(t',\xi)}{t'' - t'} = \frac{1}{t'' - t'}\int_{t'}^{t''} u^{\varepsilon_i}(X^{\varepsilon_i}(t,\xi),t) dt \\ \geqslant u(x_3 - 0, t_3) - \eta \quad (2.30)$$

所以

$$\frac{Y(t'',\xi) - Y(t',\xi)}{t'' - t'} = \lim_{\varepsilon_i \to 0} \frac{X^{\varepsilon_i}(t'',\xi) - X^{\varepsilon_i}(t',\xi)}{t'' - t'} \\ \geqslant u(x_3 - 0, t_3) - \eta \quad (2.31)$$

由下极限的定义

$$\liminf_{t',t'' \to t_3 + 0} \frac{Y(t'',\xi) - Y(t',\xi)}{t'' - t'} \geqslant u(x_3 - 0, t_3) \quad (2.32)$$

但是 $u(x_3 - 0, t_3) > u(x_3 + 0, t_3)$，即式 (2.32) 和式 (2.25) 相矛盾. 假设 $y(t_2,\xi) < X(t_2)$ 不成立，(1) 证完.

(2) 的证明 若 (x_0, t_0) 是 u 的连续点，则由 (1) 知，当 $t < t_0$ 时曲线 $x = Y(t,\xi)$ 上点为 u 的连续点. 与 (1) 中的证明类似，我们可以证明在每个 u 的连续点，曲线 $x = Y(t,\xi)$ 连续可导，并且

$$\frac{dY(t,\xi)}{dt} = u(Y(t,\xi),t) \quad (2.33)$$

记 $Z(t) = x_0 + (t - t_0)u(x_0, t_0)$. 若 (2) 不成立，则有 $t'_0 < t_0$，$Y(t'_0, \xi) \neq Z(t'_0)$. 不妨设 $Y(t'_0, \xi) > Z(t'_0)$，令

$$t_4 = \inf_{t > t'_0}\{t: Y(t,\xi) = Z(t)\} \quad (2.34)$$

则 $Y(t_4, \xi) = Z(t_4) = x_4$,且
$$Y(t, \xi) > Z(t) \quad (t'_0 < t < t_4) \tag{2.35}$$

先证明 $x = Y(t, \xi)$ 在 (t'_0, t_4) 内为凸曲线. 亦即证明 $u(t) = u(Y(t, \xi), t)$ 是 t 的单调函数. 设点 $(Y(t, \xi), t)$ 关于 u 的特征线和 x 轴的交点为 $y(t)$,则 $y(t)$ 非增. 即当 $t'_0 < t' < t'' < t_4$ 时

$$Y(t'', \xi) - t'' u(t'') \leq Y(t', \xi) - t' u(t') \tag{2.36}$$

或
$$\frac{u(t'') - u(t')}{t'' - t'} \geq \frac{1}{t''}\left(\frac{Y(t'', \xi) - Y(t', \xi)}{t'' - t'} - u(t')\right) \tag{2.37}$$

令 $t' \to t, t'' \to t$,有

$$\liminf_{t', t'' \to t} \frac{u(t'') - u(t')}{t'' - t'} \geq \liminf_{t', t'' \to t} \frac{1}{t''}\left(\frac{Y(t'', \xi) - Y(t', \xi)}{t'' - t'} - u(t')\right) \tag{2.38}$$

上式右端极限为零,所以沿曲线 $x = Y(t, \xi), u$ 单调非减, $x = Y(t, \xi)$ 是凸曲线. 取 (x_4, t_4) 的一个右邻点 $(x_4 + s, t_4), s > 0$,则当 s 充分小时,其左特征线必与曲线 $x = Y(t, \xi)$ 相交. 但由式(2.34),这条特征线是曲线 $x = Y(t, \xi)$ 在交点处的切线,这与曲线是凸的矛盾.(2)证完.

(3) 的证明 若不然,则有某个 $t_6, t_6 > \delta$ 使得点 (ξ, δ) 在属于 $(Y(t_6, \xi), t_6)$ 的 u 的特征三角形之外. 不妨设点 (δ, ξ) 在这个特征三角形的右侧. 由(2) 知,当 $\delta < t < t_6$ 时, $x = Y(t, \xi)$ 必完全位于这个特征三角形的右侧,根据(1),此时曲线 $x = Y(t, \xi)$ 上点为 u 的连续点. 再由(2),当 $t < t_6$ 时,曲线 $x = Y(t, \xi)$ 是 u 的一条特征线,并且其斜率为 $u(x_6 + 0, t_6)$,即它是点 (x_6, t_6) 关于 u 的右特征线. 这与假设矛盾(3)证完.

引理 2 证毕.

取 $\delta = \frac{1}{n}, n = 1, 2, \cdots$. 记相应的曲线分别为 $x = X_n^\varepsilon(t, \xi)$ 及 $x = X_n(t, \xi)$. 由引理 2

$$\lim_{\varepsilon \to 0} X_n^\varepsilon(t, \xi) = X_n(t, \xi) \quad \left(t \geq \frac{1}{n}\right) \tag{2.39}$$

定理 3 (收敛定理)设 $(u^\varepsilon, w^\varepsilon)$ 是方程组(2.13)的解,则 $u^\varepsilon(x, t), w^\varepsilon(x, t)$ 在 $\mathbf{R}_+^2$ 上几乎处处收敛到对变量 x 局部变差有界的函数 $u(x, t), w(x, t)$,并且在 u 的每个连续点 (x, t)

$$w(x, t) = w_0(x - tu(x, t)) \tag{2.40}$$

证明 只考虑 w^ε 的收敛性. 设 (x_0, t_0) 是 u 的一个连续点,我们证明

$$\lim_{\varepsilon \to 0} w^\varepsilon(x_0, t_0) = w_0(x_0 - t_0 u(x_0, t_0)) \tag{2.41}$$

由于沿(2.13)中第二个方程的每一条特征线 w^ε 为常数,设经过点 (x_0, t_0) 的特征线为 $x = X^\varepsilon(t; x_0, t_0)$,则

$$w^\varepsilon(x, t) = w_0(X^\varepsilon(0; x_0, t_0))$$

设 $\xi = x_0 - t_0 u(x_0, t_0)$，由 $w_0(x)$ 的连续性，对任意的 η 存在 $s > 0$. 当 $\xi' \in (\xi - s, \xi + s)$ 时

$$|w_0(\xi') - w_0(\xi)| < \eta \tag{2.42}$$

分别取 u 的连续点 $(x_1, t_0), (x_2, t_0), x_1 < x < x_2$，并且 x_1, x_2 与 x_0 充分接近，使得过此两点的特征线与 x 轴的交点在 ξ 的邻域 $\left(\xi - \dfrac{s}{2}, \xi + \dfrac{s}{2}\right)$ 内.

取 $m > \max\left(\dfrac{1}{t_0}, \dfrac{2M}{s}\right), \xi_k = x_k + \left(\dfrac{1}{m} - t_0\right) u(x_k, t_0), k = 1, 2$，则光滑曲线 $x = X_m^\varepsilon(t, \xi_k)$ 与 x 轴的交点落在 ξ 的邻域 $(\xi - s, \xi + s)$ 内. 由于

$$\lim_{\varepsilon \to 0} X_m^\varepsilon(t_0, \xi_k) = X_m(t_0, \xi_k) = x_k \tag{2.43}$$

因此对充分小的 ε 有

$$X_m^\varepsilon(t_0, \xi_1) < x_0 < X_m^\varepsilon(t_0, \xi_2) \tag{2.44}$$

从而曲线 $x = X^\varepsilon(t; x_0, t_0)$ 夹在两曲线 $x = X_m^\varepsilon(t, \xi_k)$ 之间. 特别地，$X^\varepsilon(0; x_0, t_0)$ 落在 $(\xi - s, \xi + s)$ 内

$$|w^\varepsilon(x, t) - w_0(\xi)| < \eta \tag{2.45}$$

式 (2.41) 得证. 定理 3 证毕.

由于 u 的间断线至多只有可列条，并且 w^ε 沿每一条间断线局部差有界，因此我们可以选取子列 w^{ε_i} 在 u 的每一条间断线上收敛. 根据定理 3，子列 w^{ε_i} 在 $\mathbf{R}_+^2$ 上点点收敛.

用 Lebesgue-Stieltjes 积分定义的间断解的存在唯一性

汕头大学数学研究所的丁夏畦,中国科学院武汉数学物理研究所的王振两位研究员 1996 年在 Lebesgue-Stieltjes 积分定义的广义解的意义下,证明了一个双曲型方程组 Cauchy 问题整体广义解的存在性和唯一性. 作为经典广义解的自然推广,本章中的广义解可以包含某些具有奇性的双曲波如 δ- 波. 也适用更一般的方程组.

近年来,人们注意到一些严格和非严格双曲型方程组的 Cauchy 问题没有经典的有界可测解. 这一事实表明,除经典的基本波外,双曲型方程组的解可能还包含新型的双曲波. 文献[1-7]以及丁夏畦分别讨论了这些问题,并提出了一些广义解的新定义.

继文献[6]之后,张同等人[7]进一步研究了一维简化模型

$$\begin{cases} u_t + (u^2)_x = 0 & (3.1) \\ v_t + (uv)_x = 0 & (3.2) \end{cases}$$

的 Riemann 问题和具有分片光滑解的 Cauchy 问题,文献[7]指出,作为黏性极限的后果,对某些初值方程组(3.1)和(3.2)的解必定会出现 δ- 激波.

本章中,考虑下述方程组的 Cauchy 问题

$$\begin{cases} u_t + \left(\dfrac{1}{2}u^2\right)_x = 0 \\ v_t + (uv)_x = 0 \\ u(x,0) = u_0(x) \\ v(x,0) = v_0(x) \end{cases} \quad (3.3)$$

方程(3.3)已被文献[3]研究,在文献[3]中,Le Floch 提出了多值解的概念. 另外,丁夏畦研究了式(3.3)的 Riemann 问题及具孤立间断的初值问题,并提出用 Stieltjes-Lebesgue 积分定义双曲型方程的广义解,本章将以这个定义来研究 Cauchy 问题式(3.3)的广义解的存在唯一性.

与丁夏畦文章相似,我们首先引进场位

$$\omega(x,t) = \oint_{(0,0)}^{(x,t)} v\,dx - uv\,dt$$

将方程(3.3)变为

$$\begin{cases} u_t + uu_x = 0 \\ \omega_t + u\omega_x = 0 \\ u(x,0) = u_0(x) \\ \omega(x,0) = \omega_0(x) \end{cases} \quad (3.4)$$

其中 $\omega_0(x) = \int_0^x v_0(y)\,dy$.

定义 1 说 (u,ω) 是 Cauchy 问题式(3.4)的广义解,(u,ω_x) 是 Cauchy 问题式(3.3)的广义解,若对所有的 $\varphi, \psi \in C_0^\infty(\mathbf{R}_+^2)$,则

$$\begin{cases} \iint \left(u\varphi_t + \dfrac{u^2}{2}\varphi_x\right)dx\,dt = 0 \\ \iint \omega\psi_t\,dx\,dt - \iint u\psi\,d\omega(x,t)\,dt = 0 \end{cases} \quad (3.5)$$

并且当 $t \to 0$ 时

$$u(x,t) \to u_0(x)\,(L_{\text{loc}}^1(R)) \quad (3.6\text{a})$$

$$\omega(x,t) \to \omega_0(x)\,(L_{\text{loc}}^\infty(R)) \quad (3.6\text{b})$$

上述式(3.5)最后一个积分应理解为 Stieltjes-Lebesgue 积分.这个定义是经典广义解的自然推广,也就包含了张同等 3 人引进的 δ-波解.

定义 2 设 (u,ω) 是方程(3.4)在上述意义下的广义解,(u,ω) 称为式(3.4)的可允许广义解,如果存在一个正常数 E 使得对任意的 $-\infty < x_1 < x_2 < +\infty$ 和几乎所有的 $t > 0$,有

$$\frac{u(x_2,t) - u(x_1,t)}{x_2 - x_1} \leq \frac{E}{t} \quad (3.7)$$

本章的主要结果如下:

定理 1 设初值 $u_0(x)$ 有界可测,$\omega_0(x)$ 连续且局部变差有界,则 Cauchy 问题式(3.4)存在整体广义解.

定理 2 设 (u_1,ω_1),(u_2,ω_2) 是式(3.4)的可允许广义解,且满足式(3.5)~(3.7),则 $u_1 = u_2, \omega_1 = \omega_2$.

§1 黏性方法

考虑黏性方程

$$\begin{cases} u_t^\varepsilon + u^\varepsilon u_x^\varepsilon = \varepsilon u_{xx}^\varepsilon \\ \omega_t^\varepsilon + u^\varepsilon \omega_x^\varepsilon = 0 \\ u^\varepsilon(x,0) = u_0(x) \\ \omega^\varepsilon(x,0) = \omega_0(x) \end{cases} \tag{3.8}$$

对任意点 (x_0, t_0), $t_0 > 0$, 定义第二个方程的特征曲线

$$\frac{\mathrm{d}x}{\mathrm{d}t} = u^\varepsilon, \quad x(t_0) = x_0 \tag{3.9}$$

为 $x = X^\varepsilon(t; x_0, t_0)$.

我们研究 $X^\varepsilon(t; x_0, t_0)$ 当 $\varepsilon \to 0$ 时的收敛性. 因为 $u^\varepsilon(x, t)$ 几乎处处收敛到方程组(3.4)中第一个方程的广义解 $u(x, t)$[8], 由此有下面的引理.

引理 3 设 (x_0, t_0) 是 u 的连续点, 则曲线 $x = X^\varepsilon(t; x_0, t_0)$ 收敛到属于点 (x_0, t_0) 的关于 u 的特征线, 即当 $0 \leqslant t \leqslant t_0$ 时

$$\lim_{\varepsilon \to 0} X^\varepsilon(t; x_0, t_0) = x_0 + (t - t_0) u(x_0, t_0) \tag{3.10}$$

证明 设 $M = \|u_0(x)\|_{L^\infty}$, 则 $|u^\varepsilon(x, t)| \leqslant M$, 由式(3.9)知

$$|X^\varepsilon(t''; x_0, t_0) - X^\varepsilon(t'; x_0, t_0)| \leqslant M|t'' - t'| \tag{3.11}$$

根据 Ascoli-Arzela 引理, 对每一个子列 $X^\varepsilon(t; x_0, t_0)$, 可以选取这个子列的子列 $X^{\varepsilon_s}(t; x_0, t_0)$, 使其在 $[0, t_0]$ 上收敛到某个关于 t 的 Lipschitz 连续函数 $X(t; x_0, t_0)$, 即

$$\lim_{\varepsilon_s \to 0} X^{\varepsilon_s}(t; x_0, t_0) = X(t; x_0, t_0) \tag{3.12}$$

设 $Y(t) = x_0 + (t - t_0) u(x_0, t_0)$. 为证明引理3, 只需证明

$$X(t; x_0, t_0) = Y(t) \quad (0 \leqslant t \leqslant t_0) \tag{3.13}$$

我们用反证法. 若不然, 则存在 $0 < t_1 < t_0$, 使得 $X(t_1; x_0, t_0) \neq Y(t_1)$. 不失一般性, 设 $X(t_1; x_0, t_0) > Y(t_1)$. 取 $s > 0$ 充分小, 则点 $(x_0 + s, t_0)$ 的左特性线 l: $x = Z(t)$ 必与曲线 $x = X(t; x_0, t_0)$ 相交.

令

$$t_2 = \sup\{t < t_0; X(t; x_0, t_0) = Z(t)\}$$

则 $X(t_2; x_0, t_0) = Z(t_2) = x_2$, 且

$$X(t; x_0, t_0) < Z(t) \quad (t_2 < t < t_0) \tag{3.14}$$

记特征线 $l: x = Z(t)$ 与 x 轴的交点为 y_2, 可知 $Z(t) = y_2 + \dfrac{t}{t_2}(x_2 - y_2)$, 并且因

为当 $0 < t \leqslant t_0, x < Z(t)$ 时,点 (x,t) 的右特征线与 x 轴的交点 $y^*(x,t)$(此记号可见于文献[8])小于或等于 y_2,所以有

$$u(x+0,t) = \frac{x - y^*(x,t)}{t} \geqslant \frac{x - y_2}{t} \quad (0 < t \leqslant t_0, x < Z(t)) \quad (3.15)$$

由文献[8]知

$$\begin{aligned} u(x+0,t) &\leqslant \liminf_{(\varepsilon,\xi,\tau) \to (0,x,t)} u^\varepsilon(\xi,\tau) \\ &\leqslant \limsup_{(\varepsilon,\xi,\tau) \to (0,x,t)} u^\varepsilon(\xi,\tau) \leqslant u(x-0,t) \end{aligned} \quad (3.16)$$

由式(3.12),(3.15),(3.16),得到

$$\begin{aligned} X(t;x_0,t_0) &= x_2 + \lim_{\varepsilon_t \to 0} \int_{t_2}^t u^{\varepsilon_t}(X^{\varepsilon_t}(t;x_0,t_0),t)\mathrm{d}t \\ &\geqslant x_2 + \int_{t_2}^t \liminf_{\varepsilon_t \to 0} u^{\varepsilon_t}(X^{\varepsilon_t}(t;x_0,t_0),t)\mathrm{d}t \\ &\geqslant x_2 + \int_{t_2}^t \frac{X(s;x_0,t_0) - y_2}{s}\mathrm{d}s \end{aligned} \quad (3.17)$$

其中 $t_2 < t < t_0$.

因此

$$X(t;x_0,t_0) - Z(t) \geqslant \int_{t_2}^t \frac{X(s;x_0,t_0) - Z(s)}{s}\mathrm{d}s \quad (3.18)$$

或

$$\frac{\mathrm{d}}{\mathrm{d}t}\left(\frac{1}{t}\int_{t_2}^t \frac{X(s;x_0,t_0) - Z(s)}{s}\mathrm{d}s\right) \geqslant 0 \quad (3.19)$$

由式(3.18)和式(3.19),有

$$X(t;x_0,t_0) \geqslant Z(t) \quad (t_2 < t < t_0) \quad (3.20)$$

这和式(3.14)矛盾.因此式(3.13)成立,引理 3 得证.

由于沿方程组(3.8)的第二个方程的每一条特征线 $\omega^\varepsilon(x,t)$ 为常数,且 $\omega_0(x) \in C(\mathbf{R}) \cap BV_{\mathrm{loc}}(\mathbf{R})$,因此 $\omega^\varepsilon(x,t)$ 对变量 x 局部一致变差有界.又由引理 3 可知,$\omega^\varepsilon(x,t)$ 在 $\mathbf{R}_+^2$ 几乎处处收敛于 $\omega(x,t)$,其中

$$\omega(x_0,t_0) = \omega_0(x_0 - t_0 u(x_0,t_0)) \quad (3.21)$$

我们按如下方式定义 u, ω

$$u(x,t) = \frac{1}{2}(u(x+0,t) + u(x-0,t)) \quad (3.22)$$

$$\omega(x,t) = \omega_0(x - tu(x-0,t)) \quad (3.23)$$

又由 $x - tu(x \pm 0,t)$ 是 x 的单调增函数知,$u(x,t), \omega(x,t)$ 对变量 x 局部变差有界,由此有下面定理.

定理 4 设 $(u^\varepsilon, \omega^\varepsilon)$ 是方程组(3.8)的解,则 $u^\varepsilon(x,t), \omega^\varepsilon(x,t)$ 在 $\mathbf{R}_+^2$ 上几乎处处收敛于 $u(x,t), \omega(x,t)$,并且 $u(x,t), \omega(x,t)$ 对变量 x 局部变差有界.

§2 广义解的存在性

这一节证明定理 1.

设 u, ω 如式 (3.22),(3.23) 所述,则 (u, ω) 满足式 (3.6a),(3.6b). 由于作为连续函数 $u_h(x,t) = \frac{1}{2h}\int_{x-h}^{x+h} u(y,t) \mathrm{d}y$ 的极限,u_h 点点收敛于 $u(h \to 0)$,因此,对任意 $\psi \in C_0^\infty(\mathbf{R}_+^2)$,Lebesgue-Stieltjes 积分 $\iint u\psi \mathrm{d}\omega(x,t)\mathrm{d}t$ 有意义.

定理 1 的证明 只需证明

$$\iint \omega \psi_t \mathrm{d}x \mathrm{d}t - \iint u\psi \mathrm{d}\omega(x,t)\mathrm{d}t = 0 \tag{3.24}$$

其中 $\psi \in C_0^\infty(\mathbf{R}_+^2)$. 对任意 ψ,作梯形 Ω

$$\Omega = \{(x,t): -N + Mt \leqslant x \leqslant N - Mt, 0 < t \leqslant T\}$$

则当 N, T 适当大时,$\mathrm{supp}\, \psi \subset\subset \Omega$.

我们证明,对任意 $\delta, 0 < \delta < \frac{T}{2}$,存在与 δ 无关的正常数 C,使得

$$\left|\iint \omega \psi_t \mathrm{d}x \mathrm{d}t - \iint u\psi \mathrm{d}\omega(x,t)\mathrm{d}t\right| \leqslant C\delta \ln \frac{T}{\delta} \tag{3.25}$$

考虑 u 的间断点集,令

$$S_\delta = \left\{(x,t) \in \Omega : [u] \leqslant -\frac{\delta}{t}, t \geqslant \delta\right\} \tag{3.26}$$

若 S_δ 非空,令 $t_1 = \inf\{t : (x,t) \in S_\delta\}$,则存在 $(x_n^{(1)}, t_n^{(1)}) \in S_\delta, n = 1, 2, \cdots$,$x_n^{(1)} \to x_1, t_n^{(1)} \to t_1$. 由于 $u(x+0, t)$ 和 $u(x-0, t)$ 分别是下半连续及上半连续函数,因此

$$[u](x_1, t_1) \leqslant \liminf_{n \to \infty} [u](x_n^{(1)}, t_n^{(1)}) \leqslant -\frac{\delta}{t_1} \tag{3.27}$$

且 $(x_1, t_1) \in S_\delta$.

定义 Ω 中曲线 $L_1 : x = X_1(t)$. 当 $t \geqslant t_1$ 时为经过 (x_1, t_1) 的间断线;当 $t \leqslant t_1$ 时为属于 (x_1, t_1) 的 u 的左特征线.

若 $S_\delta \setminus L_1$ 不空,令 $t_2 = \inf\{t : (x,t) \in S_\delta \setminus L_1\}$. 同样,存在 $S_\delta \setminus L_1$ 中的点列 $\{(x_n^{(2)}, t_n^{(2)})\}$,$(x_2, t_2) \in S_\delta$,以及经过 (x_2, t_2) 的曲线 $L_2' : x = X_2(t)$. 首先说明 $(x_2, t_2) \notin L_1$. 因为否则 $(x_2, t_2) \in L_1$,这时不失一般性我们设点列 $\{(x_n^{(2)}, t_n^{(2)})\}$ 有子列落在 L_1 的左侧,则

$$\limsup_{n\to\infty} u(x_n^{(2)}-0, t_n^{(2)})$$
$$\geqslant \frac{\delta}{t_2} + \limsup_{n\to\infty} u(x_n^{(2)}+0, t_n^{(2)}) \geqslant \frac{\delta}{t_2} + u(x_2-0, t_2) \tag{3.28}$$

这与 $u(x+0,t)$ 下半连续矛盾. 因此 $L_2 = L'_2 \setminus L_1$ 不空, 且 (x_1, t_1) 与 (x_2, t_2) 的关于 u 的特征三角形彼此不相交.

若 $S_\delta \setminus (L_1 \cup L_2)$ 不空, 重复上述步骤至 n 步, 得到 n 个点 $(x_j, t_j) \in S_\delta$, 及互不重合的曲线 $L_j : x = X_j(t), j = 1, 2, \cdots, n$. 并且对不同的 i, j, (x_i, t_i) 与 (x_j, t_j) 的特征三角形彼此不相交. 它们与 x 轴相截成 n 个不相交的开区间, 每个开区间的长度不小于 δ, 因此上述步骤必至 $n \leqslant \frac{2N}{\delta}$ 终止, 即

$$S_\delta \subset \bigcup_{j=1}^n L_j \tag{3.29}$$

取坡度函数

$$\Phi_m(x) = \begin{cases} 1 & |x| \leqslant \frac{1}{m} \\ 2 - m|x| & \frac{1}{m} < |x| \leqslant \frac{2}{m} \\ 0 & |x| > \frac{2}{m} \end{cases} \tag{3.30}$$

令

$$\varphi_m = \prod_{i=1}^n (1 - \Phi_m(x - X_i(t))) \tag{3.31}$$

$$\varphi_{m,j} = \prod_{i \neq j} (1 - \Phi_m(x - X_i(t))) \tag{3.32}$$

$$\psi_m = \psi \varphi_m \tag{3.33}$$

则

$$\bar{\psi} = \lim_{m \to \infty} \psi_m = \begin{cases} \psi, (x,t) \in \Omega - \bigcup_{j=1}^n L_j \\ 0, (x,t) \in \bigcup_{j=1}^n L_j \end{cases} \tag{3.34}$$

又在曲线 $L_j : x = X_j(t)$ 上几乎处处有

$$\frac{\mathrm{d}X_j(t)}{\mathrm{d}t} = u \tag{3.35}$$

因此

$$\lim_{m \to \infty} \left(\iint (\psi_m)_t \omega \, \mathrm{d}x \mathrm{d}t - \iint u \psi_m \mathrm{d}\omega(x,t) \mathrm{d}t \right)$$
$$= \lim_{m \to \infty} \left(\iint (\psi_t \varphi_m + \psi(\varphi_m)_t) \omega \, \mathrm{d}x \mathrm{d}t - \iint u \psi_m \mathrm{d}\omega(x,t) \mathrm{d}t \right)$$

$$= \lim_{m\to\infty} \sum_{j=1}^{n} \int X'_j(t) dt \left(\int_{X_j(t)+\frac{1}{m}}^{X_j(t)+\frac{2}{m}} - \int_{X_j(t)-\frac{2}{m}}^{X_j(t)-\frac{1}{m}} \right) m\psi\omega\varphi_{m,j} dx +$$

$$\iint \psi_t \omega\, dx\, dt - \iint u\bar{\psi}\, d\omega(x,t)\, dt$$

$$= \iint \psi_t \omega\, dx\, dt - \sum_{j=1}^{n} \int_{L_j} u\psi[\omega]\, dt - \iint \bar{\psi} u\, d\omega(x,t)\, dt$$

$$= \iint \psi_t \omega\, dx\, dt - \iint u\psi\, d\omega(x,t)\, dt \tag{3.36}$$

所以为证式(3.25),只需证明

$$\left| \iint (\psi_m)_t \omega\, dx\, dt - \iint u\psi_m\, d\omega(x,t)\, dt \right| \leqslant C\delta \ln \frac{T}{\delta} \tag{3.37}$$

其中常数 C 与 m 和 δ 无关.

设 $K_m = \operatorname{supp} \psi_m$. 由于在 $K_m \cap \{t \geqslant \delta\}$ 上

$$|u(x+0,t) - u(x-0,t)| \leqslant \frac{\delta}{t} \tag{3.38}$$

再由式(3.16)及有限覆盖定理可以证明,在 $K_m \cap \{t \geqslant \delta\}$ 上,存在 ε_0,当 $\varepsilon \leqslant \varepsilon_0$ 时

$$|u^\varepsilon - u| \leqslant \frac{2\delta}{t} \tag{3.39}$$

$$|u^\varepsilon - u^{\varepsilon_0}| \leqslant \frac{2\delta}{t} \tag{3.40}$$

因此由式(3.8),(3.39)和(3.40)有

$$\left| \iint (\psi_m)_t \omega\, dx\, dt - \iint u\psi_m\, d\omega(x,t)\, dt \right|$$

$$= \left| \iint_{K_m} (\psi_m)_t (\omega - \omega^\varepsilon)\, dx\, dt - \iint_{K_m} u\psi_m\, d\omega\, dt + \iint_{K_m} u^\varepsilon \psi_m\, d\omega^\varepsilon\, dt \right|$$

$$\leqslant \left| \iint_{K_m} (\psi_m)_t (\omega - \omega^\varepsilon)\, dx\, dt - \iint_{K_m} u^{\varepsilon_0} \psi_m\, d\omega\, dt + \iint_{K_m} u^{\varepsilon_0} \psi_m\, d\omega^\varepsilon\, dt \right| +$$

$$\iint_{K_m} |u - u^{\varepsilon_0}| |\psi_m| |d\omega|\, dt + \iint_{K_m} |u^\varepsilon - u^{\varepsilon_0}| |\psi_m| |d\omega^\varepsilon|\, dt$$

$$\leqslant \left| \iint_{K_m} ((\psi_m)_t + (\psi_m u^{\varepsilon_0})_x)(\omega - \omega^\varepsilon)\, dx\, dt \right| +$$

$$4\operatorname{var}(\omega_0; (-N, N)) \|\psi\|_{C_0} \left(\int_\delta^T \frac{\delta}{t} + \int_0^\delta M dt \right)$$

$$\tag{3.41}$$

令 $\varepsilon \to 0$,有

$$\left| \iint (\psi_m)_t \omega\, dx\, dt - \iint u\psi_m\, d\omega(x,t)\, dt \right|$$

$$\leqslant 4\operatorname{var}(\omega_0; (-N, N)) \|\psi\|_{C_0} \left(\delta \ln \frac{T}{\delta} + M\delta \right) \leqslant C\delta \ln \frac{T}{\delta} \tag{3.42}$$

其中常数 C 与 m 和 δ 无关.

令 $m \to \infty$,得到式(3.25),再令 $\delta \to 0$,知式(3.24)成立.定理 1 证毕.

§3 可允许解的唯一性

本节中将证明定理 2.

设 $(u_1,\omega_1),(u_2,\omega_2)$ 和 (u,ω) 分别满足定理 2 和定理 1 的条件,由式(3.7)得到 $u_1 = u_2 = u$ a.e. $\mathbf{R}_+^2$,并且对几乎所有的 $t > 0$

$$u_i(x+0,t) \leqslant u_i(x,t) \leqslant u_i(x-0,t) \quad (i=1,2) \tag{3.43}$$

亦即对几乎所有的 $t > 0$,若 (x,t) 是 u 的一个连续点,则

$$u_1(x,t) = u_2(x,t) = u(x,t) \tag{3.44}$$

另外,考虑 u 的任意一条间段线 L,由式(3.5)的第二式,可以证明

$$\int_L \psi[\omega_1](u_1-u)\mathrm{d}t = 0 \quad (\forall \psi \in C_0^\infty(\mathbf{R}_+^2)) \tag{3.45}$$

即

$$[\omega_1](u_1-u) = 0 \text{ a.e. } L \tag{3.46}$$

由式(3.44)和(3.46)知,(u,ω_1) 和 (u,ω_2) 都是式(3.4)的可允许广义解.

定理 2 的证明 记 $M = \|u\|_{L^\infty}$.对任意 $N > 0$,令

$$\Omega = \{(x,t); 0 < t < N/M, |x| < N - Mt\}$$

设 $z = \omega_1 - \omega_2$,则 (u,z) 满足式(3.5),且当 $t \to 0$ 时,$z(x,t) \to 0 (L^\infty(-N,N))$.只需证明

$$z(x,t) = 0 \text{ a.e. } \Omega \tag{3.47}$$

首先,证明若 (x_0,t_0) 是 z 的 Lebesgue 点,则

$$|z(x_0,t_0)| \leqslant \|z\|_{L^\infty(\Omega_{t_1})} \tag{3.48}$$

其中 $0 < t_1 < t_0, \Omega_{t_1} = \Omega \cap \{t < t_1\}$.

令

$$u_h(x,t) = u(x,t+h^2) * j_h(x,t) \tag{3.49}$$

这里

$$j_h(x,t) = \alpha_h(x)\alpha_{h^2}(t), \alpha_h(s) = \frac{1}{h}\alpha\left(\frac{s}{h}\right)$$

其中函数 $\alpha(s)$ 满足

$$\alpha(s) \in C_0^\infty(-\infty,+\infty), \alpha(s) \geqslant 0, \alpha(s) = \alpha(-s)$$

$$\operatorname{supp} \alpha(s) \subset (s: |s| \leqslant 1), \int_{-\infty}^\infty \alpha(s)\mathrm{d}s = 1$$

因此 $u_h \to u(h \to 0)$，且
$$(u_h)_x \leqslant \frac{1}{t} \tag{3.50}$$

设
$$C_h = \iint_\Omega \| u_h - u \| \mathrm{d}z \| \mathrm{d}t$$

则 $C_h \to 0(h \to 0)$.

由式(3.5)
$$-\iint \psi_t z \mathrm{d}x \mathrm{d}t + \iint \psi u \mathrm{d}z \mathrm{d}t = 0 \quad (\forall \psi \in C_0^\infty(\Omega)) \tag{3.51}$$

所以
$$\left| \iint (\psi_t + (\psi u_h)_x) z \mathrm{d}x \mathrm{d}t \right| \leqslant C_h \|\psi\|_{C_0} \quad (\forall \psi \in C_0^\infty(\Omega)) \tag{3.52}$$

对任意 $-N + t_0 M < \xi < N - t_0 M$，记下述方程所确定的光滑曲线为 $x = X(\xi, t)$

$$\frac{\mathrm{d}x}{\mathrm{d}t} = u_h, x(t_0) = \xi \tag{3.53}$$

因此
$$X(\xi, t) = \xi + \int_{t_0}^{t} u_h(X(\xi, s), s) \mathrm{d}s \tag{3.54}$$

作坐标变换
$$A: (x, t) \to (\xi, t) \tag{3.55}$$

其中 $A^{-1}(\xi, t) = (X(t, \xi), t)$. 因此
$$\frac{\partial X(\xi, t)}{\partial \xi} = 1 + \int_{t_0}^{t} (u_h)_x \frac{\partial X(\xi, s)}{\partial \xi} \mathrm{d}s \tag{3.56}$$

$$\frac{\partial X(\xi, t)}{\partial t} = u_h(X(\xi, t), t) \tag{3.57}$$

上述式(3.56)可变为
$$\frac{\partial X(\xi, t)}{\partial \xi} = e^{\int_{t_0}^{t} (u_h)_x \mathrm{d}s} \tag{3.58}$$

所以
$$\iint (\psi_t + (\psi u_h)_x) z \mathrm{d}x \mathrm{d}t = \iint (\psi_t + u_h \psi_x + (u_h)_x \psi) z \mathrm{d}x \mathrm{d}t$$
$$= \iint \left(\frac{\partial}{\partial t} \psi(X(\xi, t), t) + (u_h)_x \psi \right) e^{\int_{t_0}^{t} (u_h)_x \mathrm{d}s} z \mathrm{d}\xi \mathrm{d}t \tag{3.59}$$
$$= \iint (\psi e^{\int_{t_0}^{t} (u_h)_x \mathrm{d}s})_t z \mathrm{d}\xi \mathrm{d}t$$

而式(3.52)可写成

$$\left|\iint (\psi e^{\int_{t_0}^{t}(u_h)_x ds})_t z d\xi dt\right| \leqslant C_h \|\psi\|_{C_0} \tag{3.60}$$

任取 $\varphi(\xi) \in C_0^\infty(-N+t_0M, N-t_0M)$,设

$$\psi(X(\xi,t),t)e^{\int_{t_0}^{t}(u_h)_x ds} = \varphi(\xi)\psi(t)$$

这里

$$\varphi(t) = \int_{-\infty}^{t} (\alpha_\varepsilon(s-t'_2) - \alpha_\varepsilon(s-t'_1))ds$$

其中 $\frac{t_1}{2} < t'_1 < t_1 < t'_2 < t_0$,且 ε 充分小.

由式(3.50)知,当 $\frac{t_1}{2} < t < t_0$ 时

$$e^{\int_{t_0}^{t}(u_h)_x ds} \leqslant e^{\int_{t_1}^{t_0}\frac{ds}{s}} = \frac{t_0}{t} \leqslant \frac{2t_0}{t_1} \tag{3.61}$$

由式(3.60)和(3.61),有

$$\left|\iint \varphi(\xi)\psi(t)z d\xi dt\right| \leqslant C_h \|\varphi\psi e^{\int_{t_0}^{t}(u_h)_x ds}\|_{C_0} \leqslant \frac{2t_0}{t_1}C_h \|\varphi\|_{C_0} \tag{3.62}$$

即

$$\left|\iint \varphi(\alpha_\varepsilon(t-t'_2) - \alpha_\varepsilon(t-t'_1))z d\xi dt\right| \leqslant \frac{2t_0}{t_1}C_h \|\varphi\|_{C_0} \tag{3.63}$$

对任意 $\frac{t_1}{2} < t'_1 < t_1 < t'_2 < t_0$,令 $\varepsilon \to 0$,得

$$\left|\int \varphi(\xi)(z(X(\xi,t'_2),t'_2) - z(X(\xi,t'_1),t'_1))d\xi\right| \leqslant \frac{2t_0}{t_1}C_h \|\varphi\|_{C_0} \tag{3.64}$$

因此

$$\left|\frac{1}{\sqrt{C_h}}\iint_{t_0-\sqrt{C_h}}^{t_0} \varphi(\xi)z dt d\xi\right| \leqslant \|\varphi\|_{L^1}\|z\|_{L^\infty(\Omega_{t_1})} + \frac{2t_0}{t_1}C_h\|\varphi\|_{C_0} \tag{3.65}$$

其中 $\varphi \in C_0^\infty(-N+t_0M, N-t_0M)$.

通过磨光函数的方法可以证明,对任意 $\varphi \in L^\infty(-N+t_0M, N-t_0M)$

$$\left|\frac{1}{\sqrt{C_h}}\iint_{t_0-\sqrt{C_h}}^{t_0} \varphi(\xi)z dt d\xi\right| \leqslant \|\varphi\|_{L^1}\|z\|_{L^\infty(\Omega_{t_1})} + \frac{2t_0}{t_1}C_h\|\varphi\|_{L^\infty} \tag{3.66}$$

取

$$\varphi(\xi) = \frac{1}{2\sqrt{C_h}}(H(\xi-x_0+\sqrt{C_h}) - H(\xi-x_0-\sqrt{C_h}))$$

这里 $H(s)$ 是 Heaviside 函数.

由式(3.66),得到

$$\left|\frac{1}{2C_h}\iint_D z(x(\xi,t),t)d\xi dt\right| \leqslant \|z\|_{L^\infty(\Omega_{t_1})} + \frac{t_0}{t_1}\sqrt{C_h} \tag{3.67}$$

其中 $D = (x_0 - \sqrt{C_h}, x_0 + \sqrt{C_h}) \times (t_0 - \sqrt{C_h}, t_0)$.

令 $J = \{(x,t); t_0 - \sqrt{C_h} < t < t_0, |x - x_0| < \sqrt{C_h} + M|t - t_0|\}$, 则 $A^{-1}(D) \subset J$, 且 $\mathrm{mes}(J) \leqslant (M+2)C_h$. 与式(3.61)类似,可以证明当 $t_0 - \sqrt{C_h} \leqslant t \leqslant t_0$ 且 h 充分小时

$$e^{-\int_{t_0}^{t}(u_h)_x \mathrm{d}s} \leqslant 2 \qquad (3.68)$$

因此

$$\begin{aligned}
|z(x_0,t_0)| &\leqslant \frac{1}{2C_h}\iint_D |z - z(x_0,t_0)| \mathrm{d}\xi \mathrm{d}t + \left|\frac{1}{2C_h}\iint_D z(x(\xi,t),t)\mathrm{d}\xi \mathrm{d}t\right| \\
&\leqslant \frac{1}{2C_h}\iint_D |z - z(x_0,t_0)| \mathrm{d}\xi \mathrm{d}t + \|z\|_{L^\infty(\Omega_{t_1})} + \frac{t_0}{t_1}\sqrt{C_h} \\
&= \frac{1}{2C_h}\iint_{A^{-1}(D)} |z(x,t) - z(x_0,t_0)| e^{-\int_{t_0}^{t}(u_h)_x \mathrm{d}s} \mathrm{d}x\mathrm{d}t + \\
&\quad \|z\|_{L^\infty(\Omega_{t_1})} + \frac{t_0}{t_1}\sqrt{C_h} \\
&\leqslant \frac{M+2}{\mathrm{mes}(J)}\iint_J |z(x,t) - z(x_0,t_0)| \mathrm{d}x\mathrm{d}t + \\
&\quad \|z\|_{L^\infty(\Omega_{t_1})} + \frac{t_0}{t_1}\sqrt{C_h}
\end{aligned}$$

$$(3.69)$$

在式(3.69)中令 $C_h \to 0$ 得式(3.68).再令 $t_1 \to 0$,得到 $z(x_0,t_0) = 0$. 定理 2 证毕.

参考文献

[1] KEYFITZ B,KRANZER H C. A system of nonstrictly hyperbolic conservation laws arising in elasticity theory[J]. Arch Ratinal Mech Anal,1980,72:219-241

[2] KEYFITZ B,KRANZER H C. A viscosity approximation to a system of conservation laws with no classical Riemann solution. In:Nonlinear Hyperbolic Problems[J]. Lecture Notes in Math. France:Bordeaux,1990,1402:185-197.

[3] LE FLOCH P. An existence and uniqueness result for two nonstrictly hyperbolic systems[J]. Ecole Polytechnique:Centre de Mathematiques Appliquees,1990,(219):10.

[4] FORESTIER A,LE FLOCH A. Multivalued solutions to some non-linear and non-strictly hyperbolic systems. Japan J Indust Appl Math,1992,9:1-23.

[5] TAN D,ZHANG T. Two-dimensional Riemann problem for a hyperbolic system of nonlinear conservation laws I[J]. Four-cases. J D E,1994,3(2):15.

[6] TAN D,ZHANGT. Two-dimensional Riemann problem for a hyperbolic system of nonlinear conservation laws Ⅱ[J]. Initial data involving some rarefaction waves J. J D E,1994,3(2):15.

[7] TAN D,ZHANG T,ZHENG Y. Delta-shock wave as limits of vanishing viscosity for hyperbolic systems of consavation laws[J]. J D E,1994,112,(1):1-32.

[8] Hopf E. The partial differential equation $u_t + uu_x = uu_{xx}$[J]. Comm Pure Appl Math,1950,3:201-230.

非线性 Volterra-Stieltjes 积分方程的解

第 4 章

§1 引 言

南京工程学院基础部的朱涛,扬州大学数学科学学院的李刚两位教授 2008 年研究了如下非线性 Volterra-Stieltjes 积分方程

$$x(t) = h(t) + \int_0^t u(t,s,x(s)) \mathrm{d}_s g(t,s) \quad (4.1)$$

的解. 关于 Volterra-Stieltjes 积分方程的研究是在 20 世纪 60 年代开始的[1,2], 但对于像 $g(t,s)$ 这种关于两个变量的 Stieltjes 积分方程是最近才开始研究的. J. Banas 在文献[3,4]中对特殊的 $g(t,s)$, 利用 Schauder 不动点定理证明了积分方程(4.1)在[0,1]上有连续解. 他们(朱、李两位教授)利用常微分方程中饱和解的理论,对更一般的 $g(t,s)$, 证明了积分方程(4.1)在$[0,+\infty)$上有连续解.

§2 预 备 知 识

设 $x(t)$ 是定义在$[a,b]$上的实函数,$\bigvee_a^b x$ 表示 $x(t)$ 在$[a,b]$上的变差,若 $\bigvee_a^b x$ 是有限的,则称 $x(t)$ 是$[a,b]$上的有界变差函数. $u(t,s) = u : [a,b] \times [c,d] \to \mathbf{R}$, $\bigvee_{t=a}^b u(t,s)$ 表示函数 $t \to u(t,s)$ 在$[a,b]$上的变差,其中 s 是$[c,d]$中某一固定元素. 有界变差函数的性质见文献[5]. 若 x, ϕ 是定义在$[a,b]$上的两个实函数,在满足一

定的条件下,Stieltjes 积分 $\int_a^b x(t)\mathrm{d}\phi(t)$ 可积,则称 $x(t)$ 关于 ϕ 在 $[a,b]$ 上可积. 文献[5]中给出了许多条件保证 Stieltjes 积分可积,最常用的是 x 在 $[a,b]$ 上连续,ϕ 是 $[a,b]$ 上的有界变差函数. 本节主要研究下面这种 Stieltjes 积分 $\int_a^b x(s)\mathrm{d}_s g(t,s)$,其中,$g:[a,b]\times[a,b]\to \mathbf{R}$,$\mathrm{d}_s$ 表示关于变量 s 的积分.

下面给出在本节中常用的几个引理和一个重要定义.

引理 1[6] 若 x 关于有界变差函数 ϕ 在 $[a,b]$ 上 Stieltjes 可积,则
$$\left|\int_a^b x(t)\mathrm{d}\phi(t)\right| \leqslant \int_a^b |x(t)|\mathrm{d}\left(\bigvee_a^t \phi\right)$$
而且下列不等式成立:$\left|\int_a^b x(t)\mathrm{d}\phi(t)\right| \leqslant \sup_{a\leqslant t\leqslant b}|x(t)|\cdot\left(\bigvee_a^b \phi\right).$

引理 2[6] 若 x 关于单调递增函数 ϕ 在 $[a,b]$ 上 Stieltjes 可积,则
$$\left|\int_a^b x(t)\mathrm{d}\phi(t)\right| \leqslant \sup_{a\leqslant t\leqslant b}|x(t)|\cdot(\phi(b)-\phi(a))$$

引理 3[6] 若 $x_1(t),x_2(t)$ 关于单调递增函数 ϕ 在 $[a,b]$ 上 Stieltjes 可积,且 $x_1(t)\leqslant x_2(t),\forall t\in[a,b]$,则 $\int_a^b x_1(t)\mathrm{d}\phi(t)\leqslant \int_a^b x_2(t)\mathrm{d}\phi(t).$

引理 4[6] 设 x 是 $[a,b]$ 上的非负函数,且关于函数 ϕ_1,ϕ_2 在 $[a,b]$ 上 Stieltjes 可积,若 $\phi_2-\phi_1$ 是 $[a,b]$ 上的单调递增函数,则 $\int_a^b x(t)\mathrm{d}\phi_1(t)\leqslant \int_a^b x(t)\mathrm{d}\phi_2(t).$

定义 1 设定义在 $[0,a)$ 上的连续函数 $x(t)$ 是积分方程(4.1)的解,又设下列两种情况之一出现:(1)$a=+\infty$;(2)$\lim\sup\limits_{t\to a^-}|x(t)|=\infty$. 则称 $x(t)$ 是积分方程(4.1)的饱和解,$[0,a)$ 称为饱和解 $x(t)$ 的最大存在区间.

§3 主 要 结 果

为了书写方便,令 $(Ux)(t)=\int_0^t u(t,s,x(s))\mathrm{d}_s g(t,s)$,$(Fx)(t)=h(t)+(Ux)(t).$ 记 $I=[0,T].$

假设(4.1)中出现的函数满足下列条件:

(1)$h(t)$ 是定义在 $\mathbf{R}_+$ 上的连续函数,其中 $\mathbf{R}_+=[0,+\infty).$

(2)$g:\mathbf{R}_+\times\mathbf{R}_+\to \mathbf{R}$,对任给的 $k>0$,函数 $s\to g(t,s)$ 在 $[0,k]$ 上是有界变差函数,$\forall t\in[0,k]$. 并且函数 $s\to g(t,s)$ 在 $\mathbf{R}_+$ 上连续,$\forall t\in \mathbf{R}_+.$

(3) $\forall k, \varepsilon > 0, \exists \delta > 0$，使得当 $t_1, t_2 \in [0, k]$，$|t_1 - t_2| \leqslant \delta$ 时有 $\bigvee_{s=0}^{k}[g(t_2, s) - g(t_1, s)] \leqslant \varepsilon$.

(4) $u: \mathbf{R}_+ \times \mathbf{R}_+ \times \mathbf{R} \to \mathbf{R}$ 上的连续函数.

注 (1) 由(2)—(3)得，$t \to \bigvee_{s=0}^{T} g(t, s)$ 在 I 上是连续函数，因此记 $K = \sup\{\bigvee_{s=0}^{T} g(t, s): t \in I\}$.

(2) 由条件(2)得，$p \to \bigvee_{s=0}^{p} g(t, s)$ 在 I 上是连续函数，$\forall t \in I$[5,7].

(3) 记 $M(R_0) = \max\{|u(t, s, x)|: t, s \in I, x \in [-R_0, R_0]\}$.

引理 5 在条件(2), (3) 下，$t \to \bigvee_{s=t_0}^{t} g(t, s)$ 在 $[t_0, T]$ 上为连续函数，$\forall t_0 \in I$.

证明 记 $N(\varepsilon) = \sup\{\bigvee_{s=0}^{T}[g(t_2, s) - g(t_1, s)]: t_1, t_2 \in I, t_1 < t_2, t_2 - t_1 \leqslant \varepsilon\}$. 由条件(3)得，当 $\varepsilon \to 0, N(\varepsilon) \to 0, \forall \varepsilon > 0$，取 $t_1, t_2 \in [t_0, T]$，使 $t_1 < t_2$，$t_2 - t_1 \leqslant \varepsilon$，则

$$|\bigvee_{s=t_0}^{t_1} g(t_1, s) - \bigvee_{s=t_0}^{t_2} g(t_2, s)|$$
$$\leqslant |\bigvee_{s=t_0}^{t_1} g(t_1, s) - \bigvee_{s=t_0}^{t_1} g(t_2, s)| + |\bigvee_{s=t_0}^{t_1} g(t_2, s) - \bigvee_{s=t_0}^{t_2} g(t_2, s)|$$
$$\leqslant \bigvee_{s=t_0}^{t_1}[g(t_1, s) - g(t_2, s)] + \bigvee_{s=t_1}^{t_2} g(t_2, s)$$
$$\leqslant \bigvee_{s=0}^{T}[g(t_1, s) - g(t_2, s)] + \bigvee_{s=0}^{t_2} g(t_2, s) - \bigvee_{s=0}^{t_1} g(t_2, s)$$
$$\leqslant N(\varepsilon) + \bigvee_{s=0}^{t_2} g(t_2, s) - \bigvee_{s=0}^{t_1} g(t_2, s)$$

由条件(2)和注(2)得，$t \to \bigvee_{s=t_0}^{t} g(t, s)$ 在 $[t_0, T]$ 上连续，且当 $t \to t_0^+$ 时，$\bigvee_{s=t_0}^{t} g(t, s) \to 0$.

定理 6 在条件(2)~(4)下，$U: C(I) \to C(I)$ 是连续算子.

证明 第一步，$\forall x \in C(I)$，证 $Ux \in C(I)$.

记 $W(\varepsilon) = \sup\{|u(t_2, s, y) - u(t_1, s, y)|: t_1, t_2, s \in I, |t_2 - t_1| \leqslant \varepsilon, y \in [-\|x\|, \|x\|]\}$. $\forall \varepsilon > 0$，取 $t_1, t_2 \in I$，使 $t_1 < t_2, t_2 - t_1 \leqslant \varepsilon$，则有

$$|(Ux)(t_2)-(Ux)(t_1)|$$
$$=\left|\int_0^{t_2} u(t_2,s,x(s))\mathrm{d}_s g(t_2,s) - \int_0^{t_1} u(t_1,s,x(s))\mathrm{d}_s g(t_1,s)\right|$$
$$\leqslant \left|\int_0^{t_2} u(t_2,s,x(s))\mathrm{d}_s g(t_2,s) - \int_0^{t_1} u(t_2,s,x(s))\mathrm{d}_s g(t_2,s)\right| +$$
$$\left|\int_0^{t_1} u(t_2,s,x(s))\mathrm{d}_s g(t_2,s) - \int_0^{t_1} u(t_1,s,x(s))\mathrm{d}_s g(t_2,s)\right| +$$
$$\left|\int_0^{t_1} u(t_1,s,x(s))\mathrm{d}_s g(t_2,s) - \int_0^{t_1} u(t_1,s,x(s))\mathrm{d}_s g(t_1,s)\right|$$
$$\leqslant \int_{t_1}^{t_2} |u(t_2,s,x(s))| \mathrm{d}_s(\bigvee_{p=0}^{s} g(t_2,p)) +$$
$$\int_0^{t_1} |u(t_2,s,x(s)) - u(t_1,s,x(s))| \mathrm{d}_s(\bigvee_{p=0}^{s} g(t_2,p)) +$$
$$\int_0^{t_1} |u(t_1,s,x(s))| \mathrm{d}_s(\bigvee_{p=0}^{s}[g(t_2,p)-g(t_1,p)])$$
$$\leqslant M(\|x\|) \cdot [\bigvee_{p=0}^{t_2} g(t_2,p) - \bigvee_{p=0}^{t_1} g(t_2,p)] +$$
$$K \cdot W(\varepsilon) + M(\|x\|) \cdot N(\varepsilon)$$

因为 u 在 $I \times I \times [-\|x\|,\|x\|]$ 上一致连续,所以当 $\varepsilon \to 0$ 时,$W(\varepsilon) \to 0$. 根据条件(3)和注(2),得 $Ux \in C(I)$.

第二步,证 U 是 $C(I)$ 上的连续算子.

$\forall \varepsilon > 0$,取 $x, y \in C(I)$,且 $\|x-y\| < \varepsilon$. 令 $P = \|x\| + \varepsilon$.

记 $W_P(u(t,s,\cdot),\varepsilon) = \sup\{|u(t,s,v)-u(t,s,q)| : v,q \in [-P,P], |v-q| \leqslant \varepsilon\}$

$$|(Ux)(t)-(Uy)(t)| \leqslant \int_0^t |u(t,s,x(s))-u(t,s,y(s))| \mathrm{d}_s(\bigvee_{p=0}^{s} g(t,p))$$
$$\leqslant \int_0^T |u(t,s,x(s))-u(t,s,y(s))| \mathrm{d}_s(\bigvee_{p=0}^{s} g(t,p))$$
$$\leqslant \sup\{W_P(u(t,s,\cdot),\varepsilon) : t,s \in I\} \cdot \bigvee_{s=0}^{T} g(t,s)$$
$$\leqslant K \cdot \sup\{W_P(u(t,s,\cdot),\varepsilon) : t,s \in I\}$$

因为 u 在 $I \times I \times [-P,P]$ 上一致连续,得 U 是 $C(I)$ 上的连续算子.

综上所述,$U:C(I) \to C(I)$ 上的连续算子.

定理 7 在条件(1)~(4)下,$F:C(I) \to C(I)$ 是紧算子.

证明 设 X 是 $C(I)$ 中非空有界子集,设 $r = \{\sup\|x\| : x \in X\}$.

$\forall x \in X$,由定理6的证明,$\forall \varepsilon > 0$,取 $t_1, t_2 \in I, t_1 < t_2$,当 $t_2 - t_1 \leqslant \varepsilon$ 时,有

$$|(Fx)(t_1)-(Fx)(t_2)| \leqslant |h(t_1)-h(t_2)|+|(Ux)(t_1)-(Ux)(t_2)|$$
$$\leqslant |h(t_1)-h(t_2)|+M(\|x\|) \cdot$$
$$\left[\bigvee_{s=0}^{t_2} g(t_2,s) - \bigvee_{s=0}^{t_1} g(t_2,s)\right] +$$
$$K \cdot W(\varepsilon) + M(\|x\|) \cdot N(\varepsilon)$$

因此,$F(X)$ 在 I 上等度连续.

另外,$|(Fx)(t)| \leqslant \|h\| + \int_0^t |u(t,s,x(s))| \mathrm{d}_s(\bigvee_{p=0}^s g(t,p)) \leqslant \|h\| + K \cdot M(\|x\|)$. 即 $\|Fx\| \leqslant \|h\| + K \cdot M(r)$. 因此,$FX$ 在 $C(I)$ 上有界. 根据 Arzela-Ascoli 定理得,$F:C(I) \to C(I)$ 是紧算子.

定理 8 在条件 $(1) \sim (4)$ 下,$\exists t_1$,使积分方程 (4.1) 在 $[0,t_1]$ 上有连续解 $x_1(t)$.

证明 当 $R_1 > \|h\| = \max_{0 \leqslant t \leqslant 1} |h(t)|$ 时,$\exists t_1 \leqslant 1$,使
$$\|h\| + M(R_1) \max_{0 \leqslant t \leqslant t_1} \bigvee_{s=0}^t g(t,s) \leqslant R_1$$

由定理 6,7 得,$F:C[0,t_1] \to C[0,t_1]$ 上的连续,紧算子,且 F 映 $B(0,R_1)$ 到 $B(0,R_1)$. 其中,$B(0,R_1) = \{x: \|x\| = \max_{0 \leqslant t \leqslant t_1} |x(t)| \leqslant R_1, x \in C[0,t_1]\}$. 根据 Schauder 不动点定理,积分方程 (4.1) 在 $[0,t_1]$ 上有连续解 $x_1(t)$.

上面定理断定了方程 (4.1) 在局部上有解. 下面证明方程 (4.1) 的解可以延拓成为饱和解,并在附加条件下证明了方程 (4.1) 在 $[0,\infty)$ 上有连续解.

定理 9 在条件 $(1) \sim (4)$ 下,定义在 $[0,a_1]$ 上的有界连续函数 $x_1(t)$ 是积分方程 (4.1) 的解,则必存在 $a_2(a_1 < a_2)$ 及定义在 $[0,a_2]$ 上的连续函数 $x_2(t)$,使得 (1) 当 $0 \leqslant t < a_1$ 时,$x_2(t) = x_1(t)$;(2) 当 $0 \leqslant t \leqslant a_2$ 时,$x_2(t)$ 为积分方程 (4.1) 的解.

证明 令 $m = \sup_{0 \leqslant t < a_1} |x_1(t)| < \infty$,取 $\{t_n\}$,使 $0 < t_1 < \cdots < t_n < \cdots < a_1$,且 $\lim_{n \to \infty} t_n = a_1$. 当 $m > n$ 时,有

$$|(Ux_1)(t_m) - (Ux_1)(t_n)|$$
$$\leqslant \int_{t_n}^{t_m} |u(t_m,s,x_1(s))| \mathrm{d}_s(\bigvee_{p=0}^s g(t_m,p)) +$$
$$\int_0^{t_n} |u(t_n,s,x_1(s)) - u(t_n,s,x_1(s))| \mathrm{d}_s(\bigvee_{p=0}^s g(t_m,p)) +$$
$$\int_0^{t_n} |u(t_n,s,x_1(s))| \mathrm{d}_s(\bigvee_{p=0}^s [g(t_m,p)-g(t_n,p)])$$
$$\leqslant \sup\left\{\int_{t_n}^{t_m} |u(t_m,s,\varphi(s))| \mathrm{d}_s(\bigvee_{p=0}^s g(t_m,p)),\right.$$
$$\left. \varphi \in C[0,a_1], \|\varphi\| \leqslant m\right\} +$$

$$\sup\left\{\int_0^{t_m} \mid u(t_m,s,\varphi(s)) - u(t_n,s,\varphi(s)) \mid \mathrm{d}_s(\bigvee_{p=0}^s g(t_m,p)),\right.$$
$$\left.\varphi \in C[0,a_1], \|\varphi\| \leqslant m\right\} +$$
$$\sup\left\{\int_0^{t_n} \mid u(t_n,s,\varphi(s)) \mid \mathrm{d}_s(\bigvee_{p=0}^s [g(t_m,p) - g(t_n,p)]),\right.$$
$$\left.\varphi \in C[0,a_1], \|\varphi\| \leqslant m\right\}$$

由条件(3),注(2)及 u 在 $I \times I \times [-m,m]$ 上一致连续,得 $\lim\limits_{n,m\to\infty} \mid (Ux_1)(t_m) - (Ux_1)(t_n) \mid = 0$,根据 Cauchy 收敛准则,$\lim\limits_{t\to a_1^-} x_1(t)$ 存在. 显然

$$x'(t) = \begin{cases} x_1(t) & t \in [0,a_1) \\ \lim\limits_{t\to a_1^-} x_1(t) & t = a_1 \end{cases}$$

为积分方程(4.1)在 $[0,a_1]$ 上的连续解.

令 $(Hx)(t) = h(t) + \int_0^{a_1} u(t,s,x'(s))\mathrm{d}_s g(t,s) + \int_{a_1}^t u(t,s,x(s))\mathrm{d}_s g(t,s)$. 类似定理8的证明,$\exists a_2$,及 $y \in C[a_1,a_2]$,满足 $(Hy_1)(t) = y_1(t)$. 易证 $x_2(t) = \begin{cases} x'(t) & t \in [0,a_1] \\ y_1(t) & t \in [a_1,a_2] \end{cases}$ 为积分方程(4.1)在 $[0,a_2]$ 上的连续解,且当 $0 \leqslant t < a_1$ 时,$x_1(t) = x_2(t)$.

定理 10 在条件(1)~(4)下,设定义在某一区间 $[0,a_0]$ 上的连续函数 $x_0(t)$ 是积分方程(4.1)的解,则一定存在积分方程(4.1)的饱和解 $x^*(t)$,其最大存在区间为 $[0,a^*] \supset [0,a_0]$,并且当 $0 \leqslant t \leqslant a_0$ 时,$x^*(t) = x_0(t)$.

证明 令 Ω 表示具有下列性质的函数集合:$x(t)$ 是定义在某一 $[0,a) \supset [0,a_0]$ 上的连续函数,当 $0 \leqslant t < a$ 时,$x(t)$ 为积分方程(4.1)的解,当 $0 \leqslant t \leqslant a_0$ 时,$x_0(t) = x(t)$. 由定理9知,$\Omega \neq \emptyset$. 在 Ω 中定义半序关系:$(x_1,[0,a_1)) < (x_2,[0,a_2))$,指 $[0,a_1) \subset [0,a_2)$,且 $x_1(t) = x_2(t)$,$\forall t \in [0,a_1)$. 设 $\Sigma = \{x_\gamma(t) \in \Omega, \gamma \in \Gamma\}$ 是 Ω 中全序子集,$x_\gamma(t)$ 的定义区间为 $[0,a_\gamma)$. 令 $[0,a_\mu) = \bigcup\limits_{\gamma \in \Gamma}[0,a_\gamma)$,$\forall t \in [0,a_\mu)$,$\exists \gamma_0$,使 $t \in [0,a_{\gamma_0})$,此时定义 $x_\mu(t) = x_{\gamma_0}(t)$. 显然,$x_\mu(t)$ 在 $[0,a_\mu)$ 上有定义,并且 $x_\mu \in \Omega$,而且 x_μ 是 Σ 的一个上界. 因此 Ω 中每一个全序子集都在 Ω 中有上界,则根据 Zorn 引理得,Ω 必有极大元. 设 $x^*(t)$ 是 Ω 的一个极大元,其最大存在区间为 $[0,a^*)$. 显然,$x^*(t)$ 是积分方程(4.1) 的饱和解,$[0,a^*) \supset [0,a_0)$,当 $0 \leqslant t \leqslant a_0, x^*(t) = x_0(t)$.

定理 11 在条件(1)~(4)下,若 $\forall t_0$,(1) $\exists b_{t_0} > 0$,使函数 $s \to b_{t_0}s - \bigvee\limits_{p=0}^s g(t,p)$ 在 $[0,t_0]$ 上单调递增,$\forall t \in [0,t_0]$. (2) $\exists k_{t_0}, l_{t_0} > 0$,使

$$|u(t,s,x)| \leqslant k_{t_0}(l_{t_0} + |x|), \forall (t,s,x) \in [0,t_0] \times [0,t_0] \times \mathbf{R}$$

则积分方程(4.1)在$[0,\infty)$上有连续解.

证明 由定理10得,积分方程(4.1)存在饱和解$x(t)$,其最大存在区间为$[0,a)$,即

$$x(t) = h(t) + \int_0^t u(t,s,x(s)) \mathrm{d}_s g(t,s) \quad (0 \leqslant t < a)$$

若$a < +\infty$,记$\|h\| = \max\limits_{0 \leqslant t \leqslant a}|h(t)|$,则$\exists k_a, b_a, l_a$,使得

$$|x(t)| \leqslant \|h\| + \int_0^t |u(t,s,x(s))| \mathrm{d}_s (\bigvee_{p=0}^s g(t,p))$$

$$\leqslant \|h\| + ak_a b_a l_a + k_a b_a \int_0^t |x(s)| \mathrm{d}s$$

由Gronwall不等式得,$|x(t)| \leqslant (\|h\| + ak_a b_a l_a) \exp(tk_a b_a)$. 这与$\limsup\limits_{t \to a^-} |x(t)| = \infty$矛盾. 故积分方程(4.1)在$[0,\infty)$上有连续解.

例 若$g(t,s) = \begin{cases} t\ln\dfrac{t+s}{t} & t \in (0,+\infty), s \in \mathbf{R}_+ \\ 0 & t = 0, s \in \mathbf{R}_+ \end{cases}$,则显然满足定理11中的全部条件,若$u(t,s,x(s))$也满足定理11中的条件,则由定理11可得积分方程(4.1)在$[0,\infty)$上有连续解.

参考文献

[1] MINGARELLI A B. Volterra-Stieltjes Integral Equations and Generalied Ordinary Differential Expressions[M]. Berlin:Springer,1983.

[2] BITZER C W. Stieltjes-Volterra integral equations[J]. Illionis J Math,1970,14:434-451.

[3] BANAS'J,O'REGAN D. Volterra-Stieltjes integral operators[J]. Math Comput Modelling,2005, 41:335-344.

[4] BANAS'J, CABALLERO M J. Some properties of nonlinear Volterra-Stieltjes integral operators[J]. Comput Math Appl,2005,49:1565-1573.

[5] DUNFORD N,SCHWARTZ J T. Linear Operators[M]. Leyden:Int Publ,1963.

[6] NATANSON I P. Theory of Functions of a Real Variable[M]. New York:Ungar Publishing Co, 1960.

[7] SIKORSKI R. Real Function(in Polish)[M]. Warszawa:PWN,1958.

二阶模糊随机过程均方 Henstock-Stieltjes 积分的收敛定理

Henstock 积分是一种 Riemann 型的非绝对积分. 自从文献[1]给出 Henstock 积分的收敛定理之后,该积分在微分方程等领域得到了广泛应用. 很多结果已经推广到 Banach 空间、模糊数空间[2-5]. 近年来,文献[6-7]比较系统地研究了一类模糊随机过程的均方微积分,给出了二阶模糊随机过程均方 Riemann-Stieltjes 积分的两种形式的定义,宝鸡文理学院数学系的任爱红教授 2011 年利用文献[8-9]中二阶模糊随机过程均方 Henstock-Stieltjes 积分的定义,讨论了二阶模糊随机过程均方 Henstock-Stieltjes 积分的两类收敛定理.

定义 1 设 $\delta(x)$ 是定义在 $[a,b]$ 上的正值函数(称为尺度函数),即 $\delta(x):[a,b] \to (0,+\infty)$,$[a,b]$ 的一个划分 $T = \{[t_{i-1}, t_i]; \xi_i, i = 1, 2, \cdots, n\}$ 称为 $\delta(x)$ 的精细划分,如果满足下列两个条件:① $a = t_0 < t_1 < \cdots < t_n = b$;② $\xi_i \in [t_{i-1}, t_i] \subset (\xi_i - \delta(\xi_i), \xi_i + \delta(\xi_i))$,$i = 1, 2, \cdots, n$(其中 t_i 称为分点,ξ_i 称为 $[t_{i-1}, t_i]$ 的关联点).

模糊数空间 $E^d = \{v: \mathbf{R}^d \to [0,1]\}$,$v$ 是上半连续的正规凸模糊集,且 $[v]^0 = \{x \in \mathbf{R}^d \mid v(x) > 0\}$ 是紧集.

对于任意的 $v \in E^d$,称 $[v]^\alpha = \{x \in \mathbf{R}^d \mid v(x) \geqslant \alpha\}$ 为 v 的 α 水平截集.

设 $\forall u, v \in E^d$,在 E^d 上定义距离 $D(u,v) = \sup\limits_{\alpha \in [0,1]} d([u]^\alpha, [v]^\alpha)$,其中 $d(\cdot, \cdot)$ 是 Hausdorff 距离. (E^d, D) 是一个完备距离空间[10].

特别地,$\forall u \in E^d$,定义距离 $\|u\| = D(u, \hat{0}) = \|[u]^0\| = \sup\limits_{a \in [u]^0} |a|$.

本章约定(Ω, A, P)是一个完备的概率空间,Borel可测函数$X:(\Omega, A) \to (E^d, D)$称为模糊随机变量. 设$L^2 = \{X \mid X$是一个模糊随机变量且$E \parallel X \parallel^2 < \infty\}$, 称$L^2$为二阶模糊随机变量的全体. 对$\forall X, Y \in L^2$, 定义$L^2$上的距离为$\rho(X, Y) = [ED^2(X, X)]^{\frac{1}{2}}$.

设T是一个实数集, 称$X: T \to L^2$为二阶模糊随机过程. 若在点$t \in T$处, X关于ρ连续, 称X在点t均方连续; 若在T上的所有点都均方连续, 则称X在T上均方连续[6-7].

定义 2[9] 设$X(t)$是定义在$[a, b]$上的二阶模糊随机过程, $g(t)$是$[a, b]$上的实值函数, 若对$\forall \varepsilon > 0$, 存在尺度函数$\delta(t) > 0$, 使得对$[a, b]$上的任意δ精细划分$T = \{[t_{i-1}, t_i]; \xi_i, i = 1, 2, \cdots, n\}$, 有$\rho\left(S_T, \int_a^b X(t) \mathrm{d}g(t)\right) < \varepsilon$, 其中$S_T = \sum_{i=1}^n X(\xi_i)[g(t_i) - g(t_{i-1})]$, 则称$X(t)$在$[a, b]$上关于$g(t)$均方Henstock-Stieltjes可积.

定理 1 设二阶模糊随机过程$X(t), Y(t)$关于增实函数$g(t)$在$[a, b]$上均方Henstock-Stieltjes可积. 若$\rho(X(t), Y(t))$关于增实函数$g(t)$在$[a, b]$上Henstock-Stieltjes可积, 则

$$\rho\left(\int_a^b X(t) \mathrm{d}g(t), \int_a^b Y(t) \mathrm{d}g(t)\right) \leqslant \int_a^b \rho(X(t), Y(t)) \mathrm{d}g(t)$$

证明 由$X(t), Y(t)$在$[a, b]$上关于$g(t)$均方Henstock-Stieltjes可积, 则对$\forall \varepsilon > 0$, 存在尺度函数$\delta_1(t), \delta_2(t) > 0$, 使得对$[a, b]$上的任意$\delta_1, \delta_2$精细划分$T_1 = \{[t'_i, t'_{i-1}]; \xi'_i, i = 1, 2, \cdots, k\}$和$T_2 = \{[t''_i, t''_{i-1}]; \xi''_i, i = 1, 2, \cdots, l\}$, 有$\rho\left(S_{T_1}, \int_a^b X(t) \mathrm{d}g(t)\right) < \varepsilon$, $\rho\left(S_{T_2}, \int_a^b Y(t) \mathrm{d}g(t)\right) < \varepsilon$, 其中$S_{T_1} = \sum_{i=1}^k X(\xi'_i) \cdot [g(t'_i) - g(t'_{i-1})]$, $S_{T_2} = \sum_{i=1}^l X(\xi''_i)[g(t''_i) - g(t''_{i-1})]$.

由$\rho(X(t), Y(t))$在$[a, b]$上关于实函数$g(t)$ Henstock-Stieltjes可积知对$\varepsilon > 0$, 存在尺度函数$\delta_3(t) > 0$, 使得当$T_3 = \{[t'''_i, t'''_{i-1}]; \xi'''_i, i = 1, 2, \cdots, m\}$是$[a, b]$上的任意$\delta_3$精细划分时, 有$\left| S_{T_3} - \int_a^b \rho(X(t), Y(t)) \mathrm{d}g(t) \right| < \varepsilon$, 其中$S_{T_3} = \sum_{i=1}^m \rho(X(\xi'''_i), Y(\xi'''_i))[g(t'''_i) - g(t'''_{i-1})]$.

现令$\delta(t) = \min(\delta_1(t), \delta_2(t), \delta_3(t))$, 可知对$[a, b]$的任意$\delta$精细划分$T = \{[t_i, t_{i-1}]; \xi_i, i = 1, 2, \cdots, n\}$, 当然$\delta$精细划分也是$\delta_1, \delta_2, \delta_3$的精细划分.

由三角不等式和Cauchy-Schwartz不等式, 可得

$$\rho\Big(\int_a^b X(t)\mathrm{d}g(t),\int_a^b Y(t)\mathrm{d}g(t)\Big)$$

$$\leqslant \Big\{\rho\Big(\int_a^b X(t)\mathrm{d}g(t),\sum_{i=1}^n X(\xi_i)[g(t_i)-g(t_{i-1})]\Big)+$$

$$\rho\Big(\sum_{i=1}^n X(\xi_i)[g(t_i)-g(t_{i-1})],\sum_{i=1}^n Y(\xi_i)[g(t_i)-g(t_{i-1})]\Big)+$$

$$\rho\Big(\int_a^b Y(t)\mathrm{d}g(t),\sum_{i=1}^n Y(\xi_i)[g(t_i)-g(t_{i-1})]\Big)\Big\}$$

$$\leqslant 2\varepsilon+\rho\Big(\sum_{i=1}^n X(\xi_i)[g(t_i)-g(t_{i-1})],\sum_{i=1}^n Y(\xi_i)[g(t)-g(t_{i-1})]\Big)$$

$$=2\varepsilon+\Big\{ED^2\Big(\sum_{i=1}^n X(\xi_i)[g(t_i)-g(t_{i-1})],\sum_{i=1}^n Y(\xi_i)[g(t)-g(t_{i-1})]\Big)\Big\}^{\frac{1}{2}}$$

$$\leqslant 2\varepsilon+\Big\{E\Big(\sum_{i=1}^n D(X(\xi_i),Y(\xi_i))[g(t_i)-g(t_{i-1})]\Big)^2\Big\}^{\frac{1}{2}}\leqslant$$

$$2\varepsilon+\sum_{i=1}^n [ED^2(X(\xi_i),Y(\xi_i))]^{\frac{1}{2}}\cdot[g(t_i)-g(t_{i-1})]$$

$$=2\varepsilon+\sum_{i=1}^n \rho(X(\xi_i),Y(\xi_i))[g(t_i)-g(t_{i-1})]$$

$$\leqslant 2\varepsilon+\int_a^b \rho(X(t),Y(t))\mathrm{d}g(t)$$

因此结论成立.

定理 2 设 $g(t)$ 是 $[a,b]$ 上的增实函数,二阶模糊随机过程序列 $\{X_n(t)\}$ 关于 $g(t)$ 在 $[a,b]$ 上均方 Henstock-Stieltjes 可积,且 $X_n(t)$ 一致收敛于二阶模糊随机过程 $X(t)$,则 $X(t)$ 在 $[a,b]$ 上关于 $g(t)$ 是均方 Henstock-Stieltjes 可积的,并且

$$(\rho)\lim_{n\to\infty}\int_a^b X_n(t)\mathrm{d}g(t)=\int_a^b X(t)\mathrm{d}g(t)$$

证明 $X_n(t)$ 一致收敛于 $X(t)$,对任意 $\varepsilon>0$,$\exists N\in \mathbf{N}$,当 $n>N$ 时,有

$$\sup_{t\in[a,b]}\rho(X_n(t),X(t))<\frac{\varepsilon}{[g(b)-g(a)]+1}$$

由于 $X_n(t)$ 关于 $g(t)$ 在 $[a,b]$ 上均方 Henstock-Stieltjes 可积,则对 ε 存在尺度函数 $\delta_n(t)>0$,使得当 T'_n 和 T''_n 是 $[a,b]$ 的任意 δ_n 精细划分时,有 $\rho(S_{T'_n},S_{T''_n})<\varepsilon$,其中 $S_{T'_n}=\sum_{i=1}^k X_n(\xi'_i)[g(t'_i)-g(t'_{i-1})]$. 现令 $\delta(t)=\delta_n(t)$,使得对区间 $[a,b]$ 上的任意 δ 精细划分 T_1 和 T_2,有和式 $S_{T_1}=\sum_{i=1}^k X(\xi'_i)[g(t'_i)-$

$$g(t'_{i-1})], S_{T_2} = \sum_{i=1}^{l} X(\xi''_i)[g(t''_i) - g(t''_{i-1})], 则$$

$$\rho(S_{T_1}, S_{T_2}) = \rho(\sum_{i=1}^{k} X(\xi'_i)[g(t'_i) - g(t'_{i-1})], \sum_{i=1}^{l} X(\xi''_i)[g(t''_i) - g(t''_{i-1})])$$

$$\leqslant \rho(\sum_{i=1}^{k} X(\xi'_i)[g(t'_i) - g(t'_{i-1})], \sum_{i=1}^{k} X_n(\xi'_i)[g(t'_i) - g(t'_{i-1})]) +$$

$$\rho(\sum_{i=1}^{l} X(\xi''_i)[g(t''_i) - g(t''_{i-1})], \sum_{i=1}^{l} X_n(\xi''_i)[g(t''_i) - g(t''_{i-1})]) +$$

$$\rho(\sum_{i=1}^{k} X(\xi'_i)[g(t'_i) - g(t'_{i-1})], \sum_{i=1}^{l} X_n(\xi''_i)g(t''_i) - g(t''_{i-1})])$$

$$< 2 \sup_{t \in [a,b]} \rho(X_n(t), X(t)) \cdot [g(b) - g(a)] + \varepsilon$$

$$< \frac{2\varepsilon}{[g(b) - g(a)] + 1} \cdot [g(b) - g(a)] + \varepsilon < 3\varepsilon$$

因此 $X(t)$ 在 $[a,b]$ 上关于 $g(t)$ 是均方 Henstock-Stieltjes 可积的.

由定理 1, 可得

$$\rho\left(\int_a^b X_n(t) \mathrm{d}g(t), \int_a^b X(t) \mathrm{d}g(t)\right)$$

$$\leqslant \int_a^b \rho(X_n(t), X(t)) \mathrm{d}g(t)$$

$$\leqslant \int_a^b \sup_{t \in [a,b]} \rho(X_n(t), X(t)) \mathrm{d}g(t)$$

$$< \frac{\varepsilon}{[g(b) - g(a)] + 1} \cdot [g(b) - g(a)]$$

$$< \varepsilon$$

即

$$(\rho) \lim_{n \to \infty} \int_a^b X_n(t) \mathrm{d}g(t) = \int_a^b X(t) \mathrm{d}g(t)$$

定理 3 若二阶模糊随机过程 $X(t)$ 在 $[a,b]$ 上均方连续, $g(t)$ 是在 $[a,b]$ 上的实值单调非减函数, 则 $X(t)$ 在 $[a,b]$ 上关于 $g(t)$ 是均方 Henstock-Stieltjes 可积的.

证明 由于二阶模糊随机过程 $X(t)$ 在 $[a,b]$ 上均方连续, 则对任意的 $\varepsilon > 0$, 存在 $\delta > 0$, 当 $|t - s| < \delta(t, s \in [a,b])$ 时, 有 $\rho(X(t), X(s)) < \varepsilon$.

对 $\forall \varepsilon > 0$, 存在尺度函数 $\delta_0(t) > 0$, 对 $[a,b]$ 上的任意 δ_0 精细划分 T_1 和 T_2, 作和式

$$S_{T_1} = \sum_{i=1}^{m} X(\xi'_i)[g(t'_i) - g(t'_{i-1})], S_{T_2} = \sum_{j=1}^{n} X(\xi''_j)[g(t''_j) - g(t''_{j-1})]$$

由于

$$[a,b] = \sum_{i=1}^{m}[t'_{i-1},t'_i] = \sum_{i=1}^{m}\sum_{j=1}^{n}[t'_{i-1},t'_i] \cap [t''_{j-1},t''_j] = \sum_{j=1}^{n}[t''_{j-1},t''_j]$$

令 $[t_{i-1,j-1},t_{i,j}] = [t'_{i-1},t'_i] \cap [t''_{j-1},t''_j]$，则

$$S_{T_1} = \sum_{i=1}^{m} X(\xi'_i)[g(t'_i)-g(t'_{i-1})] = \sum_{i=1}^{m} X(\xi'_i)\sum_{j=1}^{n}[g(t_{i,j})-g(t_{i-1,j-1})]$$

$$S_{T_2} = \sum_{i=1}^{n} X(\xi''_i)[g(t''_i)-g(t''_{i-1})] = \sum_{j=1}^{n} X(\xi''_j)\sum_{i=1}^{m}[g(t_{i,j})-g(t_{i-1,j-1})]$$

因此

$$\rho\big(\sum_{i=1}^{m} X(\xi'_i)[g(t'_i)-g(t'_{i-1})], \sum_{j=1}^{n} X(\xi''_j)[g(t''_j)-g(t''_{j-1})]\big)$$

$$= \rho\big(\sum_{i=1}^{m}\sum_{j=1}^{n} X(\xi'_i)[g(t_{i,j})-g(t_{i-1,j-1})], \sum_{i=1}^{m}\sum_{j=1}^{n} X(\xi''_j)[g(t_{i,j})-g(t_{i-1,j-1})]\big)$$

$$\leqslant \sum_{i=1}^{m}\sum_{j=1}^{n} \rho(X(\xi'_i),X(\xi''_j))[g(t_{i,j})-g(t_{i-1,j-1})] < \varepsilon[g(b)-g(a)]$$

则 $X(t)$ 在 $[a,b]$ 上关于 $g(t)$ 是均方 Henstock-Stieltjes 可积的.

定理 4 若二阶模糊随机过程 $X(t)$ 在 $[a,b]$ 上均方连续，$[a,b]$ 上的实值单调非减函数列 $\{g_n(t)\}$ 收敛于有界函数 $g(t)$，则

$$(\rho)\lim_{n\to\infty}\int_a^b X(t)\mathrm{d}g_n(t) = \int_a^b X(t)\mathrm{d}g(t)$$

证明 $X(t)$ 在 $[a,b]$ 上均方连续，则 $X(t)$ 在 $[a,b]$ 上一致连续. 即对任意 $\varepsilon > 0$, $\exists \delta > 0$, 当 $|t-s| < \delta(t,s\in[a,b])$ 时，有 $\sup\limits_{t,s\in[t_{i-1},t_i]}\rho(X(t),X(s)) < \dfrac{\varepsilon}{3K}$.

因函数列 $\{g_n(t)\}$ 收敛于函数 $g(t)$，故数列 $\{g_n(b)-g_n(a)\}$ 收敛于 $\{g(b)-g(a)\}$，且数列 $\{g_n(b)-g_n(a)\}$ 是有界数列，则存在 $K > 0$，使得

$$g_n(b)-g_n(a) \leqslant K, g(b)-g(a) \leqslant K \quad (n=1,2,\cdots)$$

由 $[a,b]$ 上的实值单调非减函数列 $\{g_n(t)\}$ 收敛于函数 $g(t)$ 知，$g(t)$ 是 $[a,b]$ 上的实值单调非减函数，则由定理 3 知二阶模糊随机过程 $X(t)$ 在 $[a,b]$ 上关于 $g(t)$ 与 $g_n(t)(n=1,2,\cdots)$ 均方 Henstock-Stieltjes 可积. 再由二阶模糊随机过程 Henstock-Stieltjes 积分的依积分区间可加性知

$$\rho\Big(\int_a^b X(t)\mathrm{d}g(t), \sum_{i=1}^{m}\int_{t_{i-1}}^{t_i} X(t_i)\mathrm{d}g(t)\Big)$$

$$= \rho\Big(\sum_{i=1}^{m}\int_{t_{i-1}}^{t_i} X(t)\mathrm{d}g(t), \sum_{i=1}^{m}\int_{t_{i-1}}^{t_i} X(t_i)\mathrm{d}g(t)\Big)$$

$$\leqslant \sum_{i=1}^{m}\rho\Big(\int_{t_{i-1}}^{t_i} X(t)\mathrm{d}g(t), \int_{t_{i-1}}^{t_i} X(t_i)\mathrm{d}g(t)\Big)$$

$$\leqslant \sum_{i=1}^{m}\int_{t_{i-1}}^{t_i}\rho(X(t),X(t_i))\mathrm{d}g(t)$$

$$\leqslant \sum_{i=1}^{m}[g(t_i)-g(t_{i-1})] \cdot \sup_{x\in[t_{i-1},t_i]}\rho(X(t),X(t_i))$$

$$\leqslant \max_{1\leqslant i\leqslant m}\sup_{x\in[t_{i-1},t_i]}\rho(X(t),X(t_i))[g(b)-g(a)]\leqslant\frac{\varepsilon}{3}$$

同理可得 $\rho\Big(\int_a^b X(t)\mathrm{d}g_n(t),\sum_{i=1}^{m}\int_{t_{i-1}}^{t_i}X(t_i)\mathrm{d}g_n(t)\Big)\leqslant\frac{\varepsilon}{3}$.

由 $\lim\limits_{n\to\infty}g_n(t)=g(t)$,对 $\forall x\in[a,b]$,存在 $n_0\in N$,对 $\forall n>n_0$,有

$$\mid g_n(t_i)-g(t_i)\mid<\frac{\varepsilon}{6m \cdot \sup\limits_{t\in[a,b]}\rho(X(t),\overline{0})} \quad (i=1,2,\cdots,m)$$

于是

$$\rho\Big(\sum_{i=1}^{m}\int_{t_{i-1}}^{t_i}X(t_i)\mathrm{d}g(t),\sum_{i=1}^{m}\int_{t_{i-1}}^{t_i}X(t_i)\mathrm{d}g_n(t)\Big)$$

$$=\rho\Big(\sum_{i=1}^{m}X(t_i)[g(t_i)-g(t_{i-1})],\sum_{i=1}^{m}X(t_i)[g_n(t_i)-g_n(t_{i-1})]\Big)$$

$$\leqslant\sum_{i=1}^{m}\rho(X(t_i)[g(t_i)-g(t_{i-1})],X(t_i)[g_n(t_i)-g_n(t_{i-1})])$$

$$\leqslant\sum_{i=1}^{m}\mid[g(t_i)-g(t_{i-1})]-[g_n(t_i)-g_n(t_{i-1})]\mid \cdot \sup_{t\in[a,b]}\rho(X(t),\overline{0})$$

$$\leqslant\frac{\varepsilon}{3}$$

综上所述,立刻得

$$\rho\Big(\int_a^b X(t)\mathrm{d}g_n(t),\int_a^b X(t)\mathrm{d}g(t)\Big)$$

$$\leqslant\rho\Big(\int_a^b X(t)\mathrm{d}g(t),\sum_{i=1}^{m}\int_{t_{i-1}}^{t_i}X(t_i)\mathrm{d}g(t)\Big)+$$

$$\rho\Big(\int_a^b X(t)\mathrm{d}g_n(t),\sum_{i=1}^{m}\int_{t_{i-1}}^{t_i}X(t_i)\mathrm{d}g_n(t)\Big)+$$

$$\rho\Big(\sum_{i=1}^{m}\int_{t_{i-1}}^{t_i}X(t_i)\mathrm{d}g(t),\sum_{i=1}^{m}\int_{t_{i-1}}^{t_i}X(t_i)\mathrm{d}g_n(t)\Big)$$

$$\leqslant\varepsilon$$

则

$$(\rho)\lim_{n\to\infty}\int_a^b X(t)\mathrm{d}g_n(t)=\int_a^b X(t)\mathrm{d}g(t)$$

参考文献

[1] LEE P Y. Lanzhou Lectures on Henstock Integration[M]. Singapore：World Scientific，1989.

[2] FREMLIN D H. The Henstock and McShane Integration of Vector-Valued Functions[J]. Illinois Journal of Mathematics，1994，38(3)：471-479.

[3] FREMLIN D H. The Generalized McShane Integral[J]. Illinois Journal of Mathematics，1995，39(1)：39-67.

[4] WU Congxin，GONG Zengtai. On Henstock Integrals of Interval-Valued Functions and Fuzzy-valued Functions[J]. Fuzzy Sets and Systems，2000，115(2)：377-391.

[5] WU Congxin，GONG Zengtai. On Henstock Integrals of Fuzzy-Number-Valued Functions(I)[J]. Fuzzy Sets and Systems，2001，120(3)：523-532.

[6] FENG Yuhu. Mean-Square Integral and Differential of Fuzzy Stochastic Process[J]. Fuzzy Sets and Systems，1999，102(2)：271-280.

[7] FENG Yuhu. Mean-Squares Riemann-Stieltjes Integrals of Fuzzy Stochastic Processes and Their Applications[J]. Fuzzy Sets and Systems，2000，110(3)：27-41.

[8] 李静，冯玉湖. 模糊随机过程的均方 Henstock 积分[J]. 东华大学学报（自然科学版），2007，33(5)：590-594.

[9] 李静. 模糊随机过程的均方 Henstock 积分[D]. 上海：东华大学，2007.

[10] 吴从炘，马明. 模糊分析基础[M]. 北京：国防工业出版社，1991.

二阶模糊随机过程均方 Henstock-Stieltjes 积分

第 6 章

Henstock 积分又称 Kurzwarl 积分或广义 Riemann 积分,Henstock 积分不仅包含 Newton 积分、Riemann 积分和 Lebesgue 积分,而且不需要测度理论支持,便于科学工作者和工程研究人员很快掌握并应用到他们的实际研究中. Stieltjes 积分作为 Riemann 积分、Lebesgue 积分的补充和推广,很受学者的关注,Henstock-Stieltjes 积分的很多结果已经推广到 Banach 空间、模糊数空间[1-6]. 近年来,FengYuhu[7,8] 对模糊随机过程的均方微积分做了很多工作,宝鸡文理学院数学系的任爱红教授 2012 年利用文献[9,10]中的二阶模糊随机过程均方 Henstock-Stieltjes 积分的定义和性质讨论了均方 Henstock-Stieltjes 积分的可积函数类,研究了模糊随机过程均方 Henstock-Stieltjes 积分原函数的连续性、可导性.

§1 预备知识

模糊数空间 $E^d = \{v : \mathbf{R}^d \to [0,1]\}$. v 满足如下 (1) ~ (4): (1) v 是正规模糊集; (2) v 是凸模糊集; (3) v 是上半连续的; (4) $[v]^0 = \{x \in \mathbf{R}^d : v(x) > 0\}$ 是紧集.

对于任意的 $v \in E^d$,称 $[v]^\alpha = \{x \in \mathbf{R}^d : v(x) \geqslant \alpha\}$ 为 v 的 α 水平截集.

设 $\forall u, v \in E^d$,在 E^d 上定义距离 $D(u,v) = \sup\limits_{\alpha \in [0,1]} d([u]^\alpha, [v]^\alpha)$,其中 $d(\cdot, \cdot)$ 是 Hausdorff 距离. (E^d, D) 是一个完备距离空间(更多结论可参阅文献[11]).

特别地，$\forall u \in E^d$，定义距离 $\|u\| = D(u, \hat{0}) = \|[u]^0\| = \sup\limits_{a \in [u]^0} |a|$.

设 (Ω, A, P) 是一个完备的概率空间，Borel 可测函数 $X: (\Omega, A) \to (E^d, D)$ 称为模糊随机变量. 设 $L^2 = \{X \mid X$ 是一个模糊随机变量且 $E\|X\|^2 < \infty\}$. 称 L^2 为二阶模糊随机变量的全体，对任意 $X, Y \in L^2$，定义 L^2 上的距离为 $\rho(X, Y) = [ED^2(X, Y)]^{\frac{1}{2}}$.

设 T 是一实数集，称 $X: T \to L^2$ 为二阶模糊随机过程. 若在点 $t \in T$，X 关于 ρ 连续，称 X 在点 t 均方连续. 若在 T 上的所有点都均方连续，则称 X 在 T 上均方连续（更多结论可参阅文献[7-10,12]）.

假定对任意的 $t \in [a, b]$，H 差 $X(t) - X(s)(s < t)$ 总是存在的.

定义 1 称二阶模糊随机过程 $X(t)$ 关于实值增函数 $\alpha(t)$ 在点 $t_0 \in T$ 是均方 α 可微，如果存在 $X'_\alpha(t_0) \in L^2$ 使得 $\lim\limits_{h \to 0^+} \dfrac{X(t_0 + h) - X(t_0)}{\alpha(t_0 + h) - \alpha(t_0)}$，$\lim\limits_{h \to 0^+} \dfrac{X(t_0) - X(t_0 - h)}{\alpha(t_0) - \alpha(t_0 - h)}$ 在距离 ρ 意义下存在且等于 $X'(t_0)$.

注 1 二阶模糊随机过程 $X(t)$ 关于实值增函数 $\alpha(t)$ 在点 $t_0 \in T$ 是均方 α 可微，且导数为 $X'_\alpha(t_0) \in L^2$ 当且仅当对任意的 $\varepsilon > 0$，存在 $\delta(t) > 0$，使得对任何区间 $[r, s]$ 满足 $t_0 \in [r, s] \subset (\xi - \delta(\xi), \xi + \delta(\xi))$，有
$$\rho\left(\dfrac{X(s) - X(r)}{\alpha(s) - \alpha(r)}, X'_\alpha(t_0)\right) < \varepsilon$$

定义 2 设 $\delta(x)$ 是定义在 $[a, b]$ 上的正值函数（称为尺度函数），即 $\delta(x): [a, b] \to (0, +\infty)$. $[a, b]$ 的一个划分 $T = \{[t_{i-1}, t_i]; \xi_i, i = 1, 2, \cdots, n\}$ 称为 $\delta(x)$ 的精细划分，如果满足下列两个条件：

(1) $a = t_0 < t_1 < \cdots < t_n = b$.

(2) $\xi_i \in [t_{i-1}, t_i] \subset (\xi_i - \delta(\xi_i), \xi_i + \delta(\xi_i)), i = 1, 2, \cdots, n$.

其中 t_i 称为分点，ξ_i 称为 $[t_{i-1}, t_i]$ 的关联点.

以下给出二阶模糊随机过程均方 Henstock-Stieltjes 积分的定义.

定义 3 设 $X(t)$ 是定义在 $[a, b]$ 上的二阶模糊随机过程，$g(t)$ 是 $[a, b]$ 上的实值函数，若对 $\forall \varepsilon > 0$，$\exists$ 尺度函数 $\delta(t) > 0$，使得对 $[a, b]$ 上的任意 δ 精细划分 $T = \{[t_{i-1}, t_i]; \xi_i, i = 1, 2, \cdots, n\}$，有
$$\rho\left(S_T, \int_a^b X(t) \mathrm{d}g(t)\right) < \varepsilon$$

其中 $S_T = \sum\limits_{i=1}^n X(\xi_i)[g(t_i) - g(t_{i-1})]$，则称 $X(t)$ 在 $[a, b]$ 上关于 $g(t)$ 均方 Henstock-Stieltjes 可积[10].

§2 主要结果及证明

定理 1 设 $\alpha(t)$ 是 $[a,b]$ 上的实值增函数,二阶模糊随机过程 $X(t) = \hat{0}$ a.e. 于 $[a,b]$,若 $\alpha(t)$ 在 $[a,b]$ 上满足 Lipschitz 条件:对任意的 $s,t \in [a,b]$,$|\alpha(t) - \alpha(s)| \leqslant k|t-s|$,其中 k 为正常数,则 $X(t)$ 在 $[a,b]$ 上关于 $\alpha(t)$ 均方 HS 可积,且积分值为零模糊随机过程.

证明 令
$$A_j = \{t \mid j-1 < \rho(X(t), \hat{0}) \leqslant j\} \quad (j=1,2,3,\cdots, t \in [a,b], A = \bigcup_{j=1}^{\infty} A_j)$$

则 A 为零测集,且存在 A_j 的一列开区间覆盖 $\{I_{jk}\}$,使 $A_j \subset \bigcup_{k=1}^{\infty} I_{jk} \triangleq M_j$,且满足

$$\sum_{k=1}^{\infty} |I_{jk}| < \frac{\varepsilon}{j \cdot 2^j \cdot k} \quad (|I_{jk}| \text{ 表示区间长度})$$

取 $\delta(t)$ 如下:当 $t \in A$ 时,$t \in$ 某一个 A_i,使 $(t-\delta(t), t+\delta(t)) \subset M_i$;当 $t \in [a,b] \setminus A$ 时,取 $\delta(t) = 1$,这样对 $\delta(t)$ 的精细划分 $T = \{[t_{i-1}, t_i]; \xi_i\}$ 可得

$$\rho\Big(\int_a^b X(t) d\alpha(t), \hat{0}\Big)$$

$$= \rho\Big(\sum_{\xi_i \in A} X(\xi_i)[\alpha(t_i) - \alpha(t_{i-1})] + \sum_{\xi_i \in [a,b] \setminus A} X(\xi_i)[\alpha(t_i) - \alpha(t_{i-1})], \hat{0}\Big)$$

$$= \rho\Big(\sum_{\xi_j \in A} X(\xi_i)[\alpha(t_i) - \alpha(t_{i-1})], \hat{0}\Big) \leqslant \sum_{j=1}^{\infty} \Big(\sum_{\xi_i \in A_j} \rho(X(\xi_i), \hat{0})[\alpha(t_i) - \alpha(t_{i-1})]\Big)$$

$$\leqslant k \sum_{j=1}^{\infty} \Big(\sum_{\xi_i \in A_j} \rho(X(\xi_i), \hat{0})(t_i - t_{i-1})\Big) \leqslant k \sum_{j=1}^{\infty} \sum_{\xi_i \in A_i} j(t_i - t_{i-1})$$

$$\leqslant k \sum_{j=1}^{\infty} j\Big(\sum_{k=1}^{\infty} |I_{jk}|\Big) \leqslant k \sum_{j=1}^{\infty} j \cdot \frac{\varepsilon}{j \cdot 2^j \cdot k} < \varepsilon$$

即 $X(t)$ 在 $[a,b]$ 上关于 $\alpha(t)$ 均方 HS 可积,且积分值为零模糊随机过程.

注 2 由定理 1 的证明,若 $\alpha(x) \in C^1[a,b]$,定理 1 的结论仍然成立.

定理 2 设 $X(t)$ 是定义在 $[a,b]$ 上的二阶模糊随机过程,$\alpha(t)$ 是 $[a,b]$ 上的实值函数,则当 $X(t)$ 在 $[a,b]$ 上关于 $\alpha(t)$ 均方 RS 可积时,有 $X(t)$ 在 $[a,b]$ 上关于 $\alpha(t)$ 均方 HS 可积,且

$$(RS)\int_a^b X(t) d\alpha(t) = (HS)\int_a^b X(t) d\alpha(t)$$

证明 由 $X(t)$ 在 $[a,b]$ 上关于 $\alpha(t)$ 均方 RS 可积,对 $\forall \varepsilon > 0$,存在 $\delta > 0$,使得对任何分法 $T: a = t_0 < t_1 < \cdots < t_n = b, \max_{1 \leqslant i \leqslant n} |t_i - t_{i-1}| < \delta$ 时,对任何

$\xi_i \in [t_{i-1} - t_i]$,有
$$\rho\Big(\sum_{i=1}^{n} X(\xi_i)[\alpha(t_i) - \alpha(t_{i-1})], \int_a^b X(t)d\alpha(t)\Big) < \varepsilon$$

现令 $\delta(t) = \dfrac{\delta}{2}$,则对任意 $\delta(t)$ 精细划分
$$T : a = t_0 < t_1 < \cdots < t_n = b, \xi_i \in [t_{i-1}, t_i] \subset$$
$$\Big(\xi_i - \frac{\delta}{2}, \xi_i + \frac{\delta}{2}\Big) \quad (i = 1, 2, \cdots, n)$$

自然有 $\max\limits_{1 \leqslant i \leqslant n} |t_i - t_{i-1}| < \delta$,从而有上式成立,即有 $X(t)$ 在 $[a,b]$ 上关于 $\alpha(t)$ 均方 HS 可积,且
$$(RS)\int_a^b X(t)d\alpha(t) = (HS)\int_a^b X(t)d\alpha(t)$$

由定理 2 可知,二阶模糊随机过程均方 Henstock-Stieltjes 积分是二阶模糊随机过程均方 Riemann-Stieltjes 积分的推广.

定理 3 设二阶模糊随机过程 $X(t)$ 在 $[a,b]$ 上 H 差存在且均方 α 可导,则 X'_α 关于 $\alpha(t)$ 均方 HS 可积,且 $X(b) - X(a) = \int_a^b X'_\alpha(t)d\alpha(t)$.

证明 由 $X(t)$ 在 $[a,b]$ 上均方 α 可导,则对任意的 $\xi \in [a,b]$,对每个 $\varepsilon > 0$,存在 $\delta(t) > 0$,使得对任何区间 $[r,s]$ 满足 $\xi \in [r,s] \subset (\xi - \delta(\xi), \xi + \delta(\xi))$,有
$$\rho\Big(\frac{X(s) - X(r)}{\alpha(s) - \alpha(r)}, X'_\alpha(\xi)\Big) < \varepsilon$$
即
$$\rho(X(s) - X(r), X'_\alpha(\xi)[\alpha(s) - \alpha(r)]) < \varepsilon[\alpha(s) - \alpha(r)]$$

从而对 $[a,b]$ 的任意 $\delta(t)$ 精细划分 $T = \{[t_{i-1}, t_i]; \xi_i, i = 1, 2, \cdots, n\}$,有
$$\rho(X(b) - X(a), \sum X'_\alpha(\xi)[\alpha(t_i) - \alpha(t_{i-1})])$$
$$= \rho(\sum (X(t_i) - X(t_{i-1})), \sum X'_\alpha(\xi_i)[\alpha(t_i) - \alpha(t_{i-1})])$$
$$= \sum \rho(X(t_i) - X(t_{i-1}), X'_\alpha(\xi_i)[\alpha(t_i) - \alpha(t_{i-1})]) < \varepsilon[\alpha(b) - \alpha(a)]$$

则 X'_α 关于 $\alpha(t)$ 均方 HS 可积,且 $X(b) - X(a) = \int_a^b X'_\alpha(x)d\alpha$.

定理 4 设二阶模糊随机过程 $X(t)$ 在 $[a,b]$ 上连续,$\alpha(t)$ 是 $[a,b]$ 上的实值增函数,$G(x) = \int_a^x X(t)d\alpha(t)$ 为 $X(t)$ 在 $[a,b]$ 上均方 HS 积分的原函数. 则 $G(t)$ 在 $[a,b]$ 上均方 α 可导,且对任意的 $t \in [a,b]$,有 $G'_\alpha(t) = X(t)$.

证明 由二阶模糊随机过程 $X(t)$ 在 $[a,b]$ 上连续,则 $X(t)$ 在 $[a,b]$ 上关于 $\alpha(t)$ 均方 HS 可积,对任意给定的 $t_0 \in [a,b]$,有 $\rho(X(t), X(t_0))$ 关于 $\alpha(t)$ 均

方 RS 可积,对任何区间 $[r,s]$ 满足 $t_0 \in [r,s] \subset (t_0 - \delta(t_0), t_0 + \delta(t_0))$,有

$$\rho\left(\frac{G(s)-G(r)}{\alpha(s)-\alpha(r)}, X(t_0)\right)$$

$$= \frac{1}{\alpha(s)-\alpha(r)}\rho(G(s)-G(r), X(t_0)[\alpha(s)-\alpha(r)])$$

$$= \frac{1}{\alpha(s)-\alpha(r)}\rho\left(\int_r^s X(t)\mathrm{d}\alpha(t), \int_r^s X(t_0)\mathrm{d}\alpha(t)\right)$$

$$\leqslant \frac{1}{\alpha(s)-\alpha(r)}(\mathrm{RS})\int_r^s \rho(X(t), X(t_0))\mathrm{d}\alpha(t)$$

由二阶模糊随机过程 $X(t)$ 在 $[a,b]$ 上连续,$\rho\left(\frac{G(s)-G(r)}{\alpha(s)-\alpha(r)}, X(t_0)\right) < \varepsilon$,则 $G(t)$ 在 $x_0 \in [a,b]$ 上均方 α 可导,由 x_0 的任意性可得,$G(t)$ 在 $[a,b]$ 上均方 α 可导.

由二阶模糊随机过程均方 HS 可积和实值连续函数的定义,易得以下定理.

定理 5 设二阶模糊随机过程 $X(t)$ 在 $[a,b]$ 上关于实值增函数 $\alpha(t)$ 均方 HS 可积,则当 $\alpha(t)$ 在 $[a,b]$ 上连续时,$G(x) = \int_a^x X(t)\mathrm{d}\alpha(t)$ 在 $[a,b]$ 上均方连续.

参考文献

[1] FREMLIN D H. The Henstock and McShane Integration of Vector-valued Functions[J]. Illinois Journal of Mathematics, 1994, 38(3): 471-479.

[2] FREMLIN D H. The Generalized McShane Integral[J]. Illinois Journal of Mathematics, 1995, 39(1): 39-67.

[3] WU Congxin, GONG Zengtai. On Henstock Integral of Interval-valued Functions and Fuzzy-number-valued Function[J]. Fuzzy Sets and Systems, 2000, 115: 377-391.

[4] WU Congxin, GONG Zengtai. On Henstock Integral of Fuzzy-number-valued Functions(I)[J]. Fuzzy Sets and Systems, 2001, 120: 523-532.

[5] GONG Zengtai. On the Problem of Characterizing Derivatives for the Fuzzy-valued Functions(II): Almost Everywhere Differentiability and Strong Henstock Integral[J]. Fuzzy Sets and Systems, 2004, 145: 381-393.

[6] 巩增泰, 王亮亮. 模糊数值函数的 Henstock-Stieltjes 积分[J]. 兰州大学学报, 2010, 46(4): 89-96.

[7] FENG Yuhu. Mean-squares Integral and Differential of Fuzzy Stochastic Process[J]. Fuzzy Sets and Systems, 1999, 102: 271-280.

[8] FENG Yuhu. Mean-squares Riemann-Stieltjes Integrals of Fuzzy Stochastic Process and Theirs Applications[J]. Fuzzy Sets and Systems, 2000, 110: 27-41.

斯蒂尔杰斯积分 —— 从一道国际大学生数学竞赛试题的解法谈起

[9] 李静,冯玉湖.模糊随机过程的均方 Henstock 积分[J].东华大学学报,2007,33(5):590-594.

[10] 李静.模糊随机过程的均方 Henstock 积分[D].上海:东华大学,2007.

[11] 吴从炘,马明.模糊分析基础[M].北京:国防工业出版社,1991.

[12] 任爱红.二阶模糊随机过程均方 Henstock-Stieltjes 积分的收敛定理[J].甘肃科学学报,2010,22(4):36-39.

Lebesgue 积分的应用及其注记

第7章

现行的有关实变函数的文献[1-8]关于 Riemann 积分定理与问题的处理往往都很困难.特别是有些较难的 Riemann 积分问题,从 Riemann 积分自身去看,很难理解,形如诗句"不识庐山真面目,只缘身在此山中".而现行的实变函数的文献,基本上只给出 Lebesgue 积分和 Riemann 积分一个关系的命题,并没有给出其在 Riemann 积分中系统的、系列的应用.事实上,可以借助实变函数的 Lebesgue 积分的理论与方法对数学分析中有关问题的处理是有效的.阜阳师范学院数学与统计学院的崔方达、杨婷、严萍、姚云飞、吴士林5位老师2016年研究实变函数的思想方法在数学分析中的若干应用,给出 Lebesgue 积分在 Riemann 积分中等系统问题的应用,从而获得一系列 Riemann 积分及其困难的问题简洁的处理和新的证明.为了简单,本章仅考虑有限维欧氏空间.

§1 预备知识

1.1 记 号

$\mathbf{R}^K$:表示 K 维欧式空间.
R 积分:Riemann 积分.
L 积分:Lebesgue 积分.
$E_f:\{x \mid x$ 为 f 在 $[a,b]$ 的间断点$\}$.
$C(E)$:集合 $E(E \subset \mathbf{R}^K)$ 的全体连续函数.
$B(E)$:定义在集合 E 上的有界函数全体.
$L(E)$:定义在可测集 E 上的 Lebesgue 可积的全体函数.

R[a,b]：在[a,b]上的全体正常的 R 可积函数.

m(E)：Lebesgue 可测集 E 的测度.

M(E)：定义在 Lebesgue 可测集 E 上的可测函数的全体.

$M^+(E)$：定义在 Lebesgue 可测集 E 上的非负的可测函数的全体.

Card(E)：集合 E 之基数.

$\aleph_0$：可列集 E 之基数.

Lip[a,b]：在[a,b]上满足 Lipschitz 条件的函数的全体.

BV[a,b]：[a,b]的有界变差函数全体.

$f = g$ a.e 于 E：在 E 的 $f(x)$ 和 $g(x)$ 几乎处处相等的两个函数.

1.2 引　理

引理 1[1]　设 $f \in B[a,b]$，则 $f \in R[a,b] \Leftrightarrow m(E_f) = 0$.

注 1　由引理 1 知当 $f \in R[a,b]$ 时，则：

（ⅰ）$[a,b] - E_f$ 有 $\aleph$ 个点（不可列），$f \in C([a,b] - E_f)$，其中 $m([a,b] - E_f) = m([a,b]) - m(E_f) = b - a > 0$.

（ⅱ）在[a,b]的任一邻域都有 f 之连续点[9-13].

（ⅲ）f 在[a,b]必有无穷多个点连续存在[9,12].

（ⅳ）f 在[a,b]必有无限多个处处稠密的连续点[9].

（ⅴ）$f \in R[a,b] \Rightarrow f$ 在[a,b]几乎处处连续[7]，即 f 在[a,b]不连续点可用长度任意小的开区间集覆盖[12].

注 2　注 1 中的命题（ⅰ），（ⅱ），（ⅲ），（ⅳ），（ⅴ）在文献[9]，[11]，[12]，[13]中处理得都较难，此处有了引理 1，这类问题的处理就成了推论，简洁易懂.

注 3　（ⅰ）设 $f \in B[a,b]$，若 $Card(E_f) = \aleph_0$，则 $f \in R[a,b]$.

（ⅱ）设 $f \in B[a,b]$，E'_f 只有有限个聚点，则 $f \in R[a,b]$.

此处（ⅰ），（ⅱ）是文献[12]P173-174 的问题，在本章成为引理 1 的特例.

引理 2[1-3]　设 $f \in B[a,b]$，若 $f \in R[a,b]$，则：

（ⅰ）$f \in M[a,b]$.

（ⅱ）$f \in L[a,b]$，且 $(R)\int_a^b f(x)\mathrm{d}x = (L)\int_a^b f(x)\mathrm{d}x$.

§2 L 积分在 R 可积性中的应用及其注记

例 1[9,13,14] $f \in C[a,b] \Rightarrow f \in R[a,b]$.

证明 由 $f \in C[a,b]$ 知 $E_f = \varnothing$,据文献[9]P78 的引理组知 $f \in B[a,b]$,于是由引理 1 得 $f \in R[a,b]$.

注 4 该例 1 是文献[9]P211 的定理 9.4,文献[13]P80 的可积函数类 I 的命题,文献[14]的定理 7.1.2 的推论 1.但这些文献中的证明都较本章例 1 引用引理 1 之法繁,没有此处简单.

例 2[9,13,14]
$$f \in B[a,b], \text{Card}(E_f) = n_0 \in N \Rightarrow f \in R[a,b]$$

证明 由 $\text{Card}(E_f) = n_0 \in N \Rightarrow m(E_f) = 0$,又已知 $f \in B[a,b]$,于是由引理 1 知 $f \in R[a,b]$.

注 5 该例 2 是文献[9]的定理 9.5,文献[13]的 P80 的可积函数类 II 的命题,文章[14]的定理 7.1.3 的推论 3.但这些文献中的证明都较本章例 2 引用引理 1 之法难,没有此处简易.

注 6 在 Reimann 积分系统中获得了例 3 的结果,但是若从本章的引理 1 的思想出发,在 $f \in B[a,b]$ 的条件下,$E_f = \{x \mid x\text{ 为 }f\text{ 在}[a,b]\text{ 的间断点}\}$ 的基数可以是 $\aleph_0$,甚至可以是 $\aleph$,但只要其 $m(E_f) = 0$,就有 $f \in R[a,b]$.

例 3[9] 设 $f \in B[a,b], \{a_n\} \subset [a,b], \lim\limits_{n \to \infty} a_n = c$. 若 $f \in [a,b]$ 上只有 a_n 为其间断点,则 $f \in R[a,b]$.

证明 由题设知 $E_f \subset \{a_n \mid n \in \mathbf{N}_+\} \cup \{c\}, m(E_f) = 0$,又已知 $f \in B[a,b]$,于是由引理 1 知 $f \in R[a,b]$.

注 7 该例即文献[9]P15 的问题 4,一般文献中在处理这个问题时都较此处难.

例 4[10] 若 $f(x) = \begin{cases} \text{sgn}\left(\sin\dfrac{\pi}{x}\right) & x \neq 0 \\ 0 & x = 0 \end{cases}$,则 $f \in R[0,1]$.

证明 由 $f(x)$ 知 $-1 \leqslant f(x) \leqslant 1, 0 \leqslant x \leqslant 1$,即 $f \in B[0,1], E_f = \left\{\dfrac{1}{n} \mid n \in \mathbf{N}_+\right\} \cup \{0\}$,其中 $\lim\limits_{n \to \infty} = 0$. 而 $\text{Card}(E_f) = \aleph_0, m(E_f) = 0$,于是由例 3 或据引理 1 知 $f \in R[0,1]$.

注 8 例 4 是文献[10]问题 2194,是文献[14]问题 5(4),此处较文献[11]的证明简单.

例 5[9,10] 设 $f(x) = \begin{cases} 0 & x = 0 \\ \dfrac{1}{x} - \left[\dfrac{1}{x}\right] & x \in (0,1] \end{cases}$,则:

(ⅰ) $f \in R[0,1]$.

(ⅱ) $(R)\displaystyle\int_0^1 \dfrac{1}{x} - \left[\dfrac{1}{x}\right] dx = 1 - c$,$c$ 为欧拉常数 $0.5771\cdots$.

证明 (ⅰ) 由 $f(x)$ 知 $0 \leqslant f(x) < 1, 0 \leqslant x \leqslant 1$,即 $f \in B[0,1]$,$E_f = \left\{\dfrac{1}{n} \mid n \geqslant 2, n \in \mathbf{N}_+\right\} \bigcup \{0\}$,其中 $\lim\limits_{n\to\infty} \dfrac{1}{n} = 0$. 而 $\mathrm{Card}(E_f) = \aleph_0, m(E_f) = 0$,于是由例 3 或据引理 1 知 $f \in R[0,1]$.

(ⅱ) 由(ⅰ)与引理 2 和文献[2]P114 定理 4 知

$$(R)\int_0^1 \dfrac{1}{x} - \left[\dfrac{1}{x}\right] dx = (L)\int_0^1 \dfrac{1}{x} - \left[\dfrac{1}{x}\right] dx$$

$$= (L)\int_{\bigcup_{n=1}^\infty (\frac{1}{n+1}, \frac{1}{n}]} \left(\dfrac{1}{x} - \left[\dfrac{1}{x}\right]\right) dx = \sum_{n=1}^\infty \int_{(\frac{1}{n+1}, \frac{1}{n}]} \left(\dfrac{1}{x} - \left[\dfrac{1}{x}\right]\right) dx$$

$$= \sum_{n=1}^\infty \int_{(\frac{1}{n+1}, \frac{1}{n}]} \left(\dfrac{1}{x} - n\right) dx = \sum_{n=1}^\infty \left(\ln \dfrac{n+1}{n} - \dfrac{1}{n+1}\right) = 1 - c$$

注 9 (ⅰ) 是文献[9]P219 问题 6,文献[10]问题 2196,较文献[11]的证明简洁. (ⅱ) 是文献[15]问题 110,此处较文献[15]说得更清楚了,事实上,(ⅱ) 在 Riemann 积分中很难解决.

例 6[9] 设 $f, g \in B[a,b]$,若仅在 $[a,b]$ 中有限个点 $\{x_1, x_2, \cdots, x_k\}$ 处 $f(x) \neq g(x), f \in R[a,b]$,则 (ⅰ) $g \in R[a,b]$, (ⅱ) $(R)\displaystyle\int_a^b f(x)dx = (R)\displaystyle\int_a^b g(x)dx$.

证明 (ⅰ) 由题设知 $E_g \subseteq E_f \bigcup \{x_1, x_2, \cdots, x_k\}$,据 $f \in R[a,b]$ 与引理 1 及其有限点集的测度为零的性质知

$$m(E_g) \leqslant m(E_f \bigcup \{x_1, x_2, \cdots, x_k\}) \leqslant m(E_f) + m(\{x_1, x_2, \cdots, x_k\}) = 0$$

所以 $m(E_g) = 0$. 已知 $g \in B[a,b]$,故 $g \in R[a,b]$.

(ⅱ) 因为 $m(\{x_1, x_2, \cdots, x_k\}) = 0$,所以 $f(x) = g(x)$ a.e 于 $[a,b]$,于是由引理 1、引理 2 与文献[2]定理 1(ⅳ) 得

$$(R)\int_a^b dx = (L)\int_a^b f(x)dx = (L)\int_a^b g(x)dx = (R)\int_a^b g(x)dx$$

注 10 此例是文献[9]P215 问题 3.

例 7[9] 设 f 在 $[a,b]$ 上有定义,且 $\forall \varepsilon > 0, \exists g \in R[a,b]$ 使得

$$|f(x) - g(x)| < \varepsilon \quad (x \in [a,b]) \qquad (*)$$

则 $f \in R[a,b]$.

证明 因为 $||f(x)|-|g(x)|| \leqslant ||f(x)|-|g(x)|| \leqslant |f(x)-g(x)|, x \in [a,b]$. 由已知条件知,当 $\varepsilon=1$ 时,有

$$||f(x)|-|g(x)|| \leqslant |f(x)-g(x)| < 1 \quad (x \in [a,b])$$
$$\Rightarrow |f(x)| \leqslant |g(x)|+1$$

于是由 $g \in B[a,b]$ 知 $f \in B[a,b]$.

今证,凡 g 之连续点,一定是 f 的连续点.

设 x_0 为 $g(x)$ 在 $[a,b]$ 的连续点,于是由连续性之定义知:$\forall \varepsilon > 0, \exists \delta > 0$,当 $x \in [a,b]$ 且 $|x-x_0| < \delta$ 时,恒有 $|g(x)-g(x_0)| < \frac{\varepsilon}{3}$,从而据式(*)知

$$|f(x)-f(x_0)| = |f(x)-g(x)+g(x)-g(x_0)-(f(x_0)-g(x_0))|$$
$$\leqslant |f(x)-g(x)|+|g(x)-g(x_0)|+|f(x_0)-g(x_0)|$$
$$< \frac{\varepsilon}{3}+\frac{\varepsilon}{3}+\frac{\varepsilon}{3} = \varepsilon$$

故 x_0 为 f 在 $[a,b]$ 上的连续点.

由此可知,$E_f \subset E_g$,由于 $g \in R[a,b]$,故由引理 1 知,$m(E_g)=0$,所以 $0 \leqslant m^*(E_f) \leqslant m(E_g)=0$.

故 $m(E_f)=0$. 由引理 1 知 $f \in R[a,b]$.

注 11 此例是文献[9]的 P215 的问题 7.

例 8[9] Dirichlet 函数 $f(x) = \begin{cases} 1 & x \text{ 为有理数} \\ 0 & x \text{ 为无理数} \end{cases}$,证明 $f \notin R[0,1]$.

证明 因为 $f \in B[0,1]$ 且 $E_f=[0,1]$,而 $m(E_f)=1-0=1>0$,所以由引理 1 知 $f \notin R[0,1]$.

注 12 此例 8 为[9]P210 例 1,在此简洁证之.

例 9[9] 设 $f(x) = \begin{cases} 1 & x \in Q \\ -1 & x \in Q^C \end{cases}$,则 $f \notin R[0,1]$.

证明 因为 $f \in B[0,1]$,而 $E_f \in [0,1], m(E_f)=1>0$,所以由引理 1 知 $f \notin R[0,1]$.

注 13 此例 9 为文献[9]P219 的例题在此简洁之证明.

例 10 设 $f(x) = \begin{cases} x & x \in Q \\ 0 & x \in Q^C \end{cases}$,则 $f \notin R[0,1]$.

证明 由 $f(x)$ 之形式得 $f(x)=xD(x)$,其中 $D(x)$ 为定义在 $[0,1]$ 上的 Dirichlet 函数,于是由文献[9]P72 的例 1 知 $E_f=(0,1]$,而 $m(E_f)=m(0,1]=1 \neq 0$,故由引理 1 知 $f \notin R[0,1]$.

注 14 此例 10 是文献[9]P240 问题 3,在此获得简单的证明.

例 11[9] $f, g \in R[a,b]$,则 $f+g \in R[a,b], f-g \in R[a,b]$.

证明 由 $f, g \in R[a,b]$ 知 $f, g \in B[a,b]$,据此知 $f+g, f-g \in B[a,b]$,由 $f, g \in R[a,b]$ 与连续函数的运算性质知 $E_{f+g} \subseteq E_f \bigcup E_g, E_{f-g} \subseteq E_f \bigcup E_g, m(E_f)=0, m(E_g)=0$.于是据文献[2]P67 的定理 1 的零测度集的性质知 $m(E_{f+g})=0, m(E_{f-g})=0$,故由引理 1 知 $f+g \in R[a,b], f-g \in R[a,b]$.

注 15 文献[9]P216 性质 2 在此给出了新的证明.

例 12[9] 若 $f \in R[\alpha,\beta], a \leqslant f(t) \leqslant b, t \in [\alpha,\beta]$,且 $\phi \in C[a,b]$,则 $\phi \circ f \in R[\alpha,\beta]$,即 $\phi(f(t)) \in R[\alpha,\beta]$.

证明 因为 $a \leqslant f(t) \leqslant b, \phi \in C[a,b]$,所以 $\phi \in B[a,b], \phi \circ f \in B[\alpha,\beta]$.

由 $f \in R[\alpha,\beta]$ 与引理 1 知 $m(E_f)=0$,由复合函数的连续性知,当 t_0 为 f 之连续点时,由 $\phi \in C[a,b]$ 知其也一定为 $\phi(f(t))$ 在 $[\alpha,\beta]$ 的连续点.故知 $E_{\phi \circ f} \subseteq E_f$,由 $m(E_f)=0$,据文献[2]P67 定理 1 知 $m(E_{\phi \circ f})=0$,由引理 1 知 $\phi \circ f \in R[\alpha,\beta]$.

注 16 较文献[9]P239 例 2,文献[11]P370—371 的问题 2202,文献[13]P174 例 4.1.3 等文献的解法简洁.

注 17 本例为文献[9]的第 9 章的最后一个例子,特别有用,但可惜很多文献只述证而很少在理论上用于定理的证明.

参考文献

[1] 程其襄,张奠宙,魏国强,等.实变函数与泛函分析基础[M].2 版.北京:高等教育出版社,2004:111-112.
[2] 程其襄,张奠宙,魏国强,等.实变函数与泛函分析基础[M].3 版.北京:高等教育出版社,2010:67,156-160.
[3] 刘培德.实变函数教程[M].北京:科学出版社,2006:101.
[4] 周性伟.实变函数[M].2 版.北京:科学出版社,2004:78-88.
[5] 那汤松.实变函数论(上册)(修订本)[M].徐瑞云,译.北京:高等教育出版社,1958.
[6] 周民强.实变函数论[M].2 版.北京:北京大学出版社,2008.
[7] 胡适耕.实变函数[M].北京:高等教育出版社,1999:93-97.
[8] 徐森林.实变函数论[M].合肥:中国科学技术大学出版社,2002:284-290.
[9] 华东师范大学数学系.数学分析(上)[M].4 版.北京:高等教育出版社,2010:74,76,125-126,206,208-209,211-224,227-230,233-234,239-240,242.
[10] 吉米多维奇.数学分析习题集[M].北京:人民教育出版社,1978:166-167.
[11] 费定晖,周学圣.吉米多维奇数学分析习题集题解(三)[M].济南:山东科技出版社,1979.
[12] 裴兆泰,王承国,章仰文.数学分析学习指导[M].北京:科学出版社,2004.
[13] 菲赫金哥尔茨.微积分学教程[M].8 版.徐献瑜,冷生明,梁文骐,译.北京:高等教育出版社,2014.
[14] 陈纪修,施崇华,金路.数学分析(上)[M].2 版.北京:高等教育出版社,2011:26,281.
[15] 孙本旺,汪浩.数学分析中的典型例题和解题方法[M].长沙:湖南科学技术出版社,1983:155-156.

带 Stieltjes 积分边值条件奇异简支梁方程正解的全局分歧

§1 引 言

近年来,四阶边值问题的研究引起了许多学者的关注.例如,利用锥上不动点理论,文献[1-7]研究了简支梁方程正解的存在性问题,文献[8-10]研究了带多点边值条件的简支梁方程正解的存在性问题,文献[11-12]研究了带积分边值条件的简支梁方程正解的存在性问题.其中,2009年,Webb等人[11]研究了下列四阶非局部边值问题

$$u''''(t)=g(t)\hat{f}(t,u(t))\text{a.e. } t\in(0,1)$$

分别在满足条件 $u(0)=0, u(1)=\int_0^1 u(s)\mathrm{d}A(s), u''(0)=u''(1)=0$, $u(0)=u(1)=0, u''(0)=0$ 和 $u''(1)+\int_0^1 u(s)\mathrm{d}A(s)=0$ 时多个正解的存在性问题,其中 $g, \hat{f}$ 是连续非负函数,A, B, Λ 是有界变差函数.他们所用的主要研究工具是锥上不动点指数定理.

另外,利用全局分歧技巧,文献[13-22]分别研究了四阶边值问题结点解的存在性问题.同时,文献[23-25]应用分歧法研究了奇异积分边值问题正解的存在性.

受上述文献的启发,兰州工业学院基础学科部的沈文国教授2016年研究了下列奇异四阶积分边值问题

$$\begin{cases} x''''=ra(t)f(x), 0<t<1 \\ x(0)=x(1)=0, x''(0)=0, x''(1)+\alpha[x]=0 \end{cases} \quad (8.1)$$

正解的全局分歧结构,其中 $a(t)$ 在 $t=0$ 和 $t=1$ 处具有奇异性,$r\in(0,\infty)$ 是一个参数,$\alpha[x]=\int_0^1 x(s)\mathrm{d}A(s)$.

本章假设：

(H1) $A:[0,1] \to \mathbf{R}$ 是非减函数且 $A(t)$ 在 $[0,1]$ 上不是常数；对于 $s \in [0,1]$，满足 $\int_0^1 g(t,s)\mathrm{d}A(t) \geqslant 0$，且 $0 \leqslant \Gamma < 1$，其中 $\Gamma := \int_0^1 \varphi_0(t)\mathrm{d}A(t)$，$\varphi_0(t) = \frac{1}{6}t(1-t^2)$.

(H2) $a \in C([0,1],[0,\infty))$，且在 $[0,1]$ 的任何子集上都有 $a(t) \not\equiv 0$. 且 $0 < \int_0^1 \Phi(s)a(s)\mathrm{d}s < \infty$，$\Phi(s)$ 由引理 2.2 给出.

(H3) $f \in C([0,\infty),[0,\infty))$ 对所有 $s > 0$ 满足 $f(s) > 0$.

§2 问题 (8.1) Green 函数的性质及推论

首先考虑问题：
$$\begin{cases} x''''(t) = y(t), 0 < t < 1 \\ x(0) = x(1) = 0, x''(0) = 0, x''(1) + \alpha[x] = 0 \end{cases} \tag{8.2}$$

引理 1 对任何 $y \in C[0,1]$，问题 (8.2) 存在如下唯一解
$$x(t) = \int_0^1 G(t,s)y(s)\mathrm{d}s \tag{8.3}$$

其中
$$G(t,s) = \frac{\varphi_0(t)}{1-\Gamma}\int_0^1 g(t,s)\mathrm{d}A(t) + g(t,s) \tag{8.4}$$

$$g(t,s) = \frac{1}{6}\begin{cases} s(1-t)(2t-s^2-t^2) & 0 \leqslant s \leqslant t \leqslant 1 \\ t(1-s)(2s-t^2-s^2) & 0 \leqslant t \leqslant s \leqslant 1 \end{cases} \tag{8.5}$$

$$\Gamma = \int_0^1 \varphi_0(t)\mathrm{d}A(t), \varphi_0(t) = \frac{1}{6}t(1-t^2)$$

证明 由文献 [11]，易得定理，故证明略.

引理 2[11] 由 (8.5) 定义的 Green 函数 $g(t,s)$ 满足：

（ⅰ）对所有 $t, s \in [0,1]$，$g(t,s) \geqslant 0$ 连续.

（ⅱ）对所有 $t, s \in [0,1]$，$c(t)\Phi(s) \leqslant g(t,s) \leqslant \Phi(s)$.

其中
$$\Phi(s) = \begin{cases} \dfrac{\sqrt{3}}{27}s(1-s^2)^{3/2} & 0 \leqslant s \leqslant \dfrac{1}{2} \\ \dfrac{\sqrt{3}}{27}(1-s)s^{3/2}(2-s)^{3/2} & \dfrac{1}{2} < s \leqslant 1 \end{cases}$$

$$c(t)=\begin{cases}\dfrac{\sqrt{3\sqrt{3}}}{2}t(1-t^2) & t\in\left[0,\dfrac{1}{2}\right] \\ \dfrac{\sqrt{3\sqrt{3}}}{2}t(1-t)(2-t) & t\in\left[\dfrac{1}{2},1\right]\end{cases}$$

引理 3 由(8.4)定义的 Green 函数 $G(t,s)$ 满足：

（ⅰ）对所有 $t,s\in[0,1]$，$G(t,s)\geqslant 0$ 是连续的．

（ⅱ）对所有 $t,s\in[0,1]$，$G(t,s)\leqslant G(s)$，对任何 $\delta\in\left(0,\dfrac{1}{2}\right)$，存在一个常数 $\gamma_\delta>0$，对任何 $t\in[\delta,1-\delta]$，下式成立

$$G(t,s)\geqslant \gamma_\delta G(s) \quad (\forall s\in[0,1]) \tag{8.6}$$

其中 $g(t,s)$ 由(8.5)给出

$$G(s)=\left[\frac{27(1-\Gamma)+\sqrt{3}(A(1)-A(0))}{27(1-\Gamma)}\right]\Phi(s),\ \min_{t\in[\delta,1-\delta]}\varphi_0(t)=d_\delta$$

$$\gamma_\delta=27c_\delta\left[\frac{1-\Gamma+d_\delta(A(1)-A(0))}{27(1-\Gamma)+\sqrt{3}(A(1)-A(0))}\right]$$

其中 $c_\delta=\min\limits_{t\in[\delta,1-\delta]}c(t)$．

证明 类似于文献[25]引理 7 的证明，可得定理，故证明略．

推论 4 对 $y\in C[0,1]$ 和 $y\geqslant 0$，(2.1)的唯一解满足：

（ⅰ）对任何 $t\in[0,1]$，$x(t)\geqslant 0$．

（ⅱ）$\min\limits_{t\in[\delta,1-\delta]}x(t)\geqslant \gamma_\delta\|x\|_\infty$，其中 γ_δ 由引理 3(ⅱ)给出，$\|x\|_\infty=\max\limits_{t\in[0,1]}|x|$．

证明 类似于文献[25]引理 8 的证明，可得定理，故证明略．

§3 预备知识

记 $Y=C[0,1]$，其上范数为 $\|x\|_\infty=\max\limits_{t\in[0,1]}|x(t)|$．

记 $E=\{x\in C^3[0,1]\mid x(0)=x(1)=0,x''(0)=0,x''(1)+\alpha[x]=0\}$，其上范数为

$$\|x\|_E=\max\{\|x\|_\infty,\|x'\|_\infty,\|x''\|_\infty,\|x'''\|_\infty\}$$

记

$$P=\{x\in C[0,1]\mid x(t)\geqslant 0,t\in[0,1],\min_{t\in[\delta,1-\delta]}x(t)\geqslant \gamma_\delta\|x\|_\infty\}$$

$$\tag{8.7}$$

其中，γ_δ 由引理 3(ⅱ)给出，且对 $r>0$，令 $\Omega_r=\{u\in P\mid \|u\|_E<r\}$．

定义算子 $L:D(L) \subset E \to E, Lx = x'''', x \in D(L)$，其中
$D(L) = \{x \in C[0,1] \mid x(0) = x(1) = 0, x''(0) = 0, x''(1) + \alpha[x] = 0\}$
容易验证 L 为闭算子且 $L^{-1}:Y \to D(L)$ 是全连续算子.

为了用分歧定理研究问题(8.1)，首先考虑线性特征值问题
$$x'''' = \lambda a(t) x(t) \quad (0 < t < 1)$$
$$x(0) = x(1) = 0, x''(0) = 0, x''(1) + \alpha[x] = 0 \tag{8.8}$$

令
$$K_\lambda x(t) = \lambda \int_0^1 G(t,s) a(s) x(s) \mathrm{d}s \quad (t \in [0,1]) \tag{8.9}$$

$$T_\lambda x(t) = \lambda \int_0^1 G(t,s) a(s) f(x(s)) \mathrm{d}s \quad (t \in [0,1]) \tag{8.10}$$

由 Krein-Rutmann 定理[26]，可得下列引理.

引理 5 设(H1)(H2)成立，$r(L_\lambda)$ 是 L_λ 的谱半径，则 $r(L_\lambda) \neq 0$ 且 L_λ 有一个对应于第一特征值 $\lambda_1 = \dfrac{1}{r(L_\lambda)}$ 的正特征函数 $\phi_1 \in \mathrm{int}\, P$，它是简单的并且再没有别的特征值对应正的特征函数.

引理 6 令(H1)—(H3)成立. 问题(8.1)的解满足
$$\|x\|_\infty \leqslant \|x'\|_\infty \leqslant \|x''\|_\infty \leqslant \|x'''\|_\infty$$

证明 由 $x(0) = x(1) = 0$，存在 ξ，使得 $x'(\xi) = 0$，易得
$$|x(t)| = \left|x(0) + \int_0^t x'(s) \mathrm{d}s\right| \leqslant \left|\int_0^1 x'(s) \mathrm{d}s\right| \leqslant \int_0^1 |x'(s)| \mathrm{d}s$$
$$|x'(t)| = \left|x'(\xi) + \int_\xi^t x''(s) \mathrm{d}s\right| \leqslant \left|\int_0^1 x''(s) \mathrm{d}s\right| \leqslant \int_0^1 |x''(s)| \mathrm{d}s$$
$$|x''(t)| = \left|x''(0) + \int_0^t x'''(s) \mathrm{d}s\right| \leqslant \left|\int_0^1 x'''(s) \mathrm{d}s\right| \leqslant \int_0^1 |x'''(s)| \mathrm{d}s$$

进而，可得
$$\|x\|_\infty \leqslant \|x'\|_\infty \leqslant \|x''\|_\infty \leqslant \|x'''\|_\infty$$

引理 7 令(H1)—(H3)成立. 假设 $\{(\mu_k, x_k)\} \subset (0, \infty) \times P$ 是问题(8.1)的一个正解序列. 又假设对一些常数 $c_0 > 0, \|\mu_k\| \leqslant c_0$，并且
$$\lim_{k \to \infty} \|x_k\|_E = \infty \tag{8.11}$$
则
$$\lim_{k \to \infty} \|x_k\|_\infty = \infty$$

证明 反设 $\|x_k\|_\infty \leqslant M_0$，对一些 $M_0 > 0$ 成立.

由于 (μ_k, x_k) 是问题(8.1)的一个解，则
$$x_k(t) = \mu_k \int_0^1 G(t,s) a(s) f(x_k(s)) \mathrm{d}s \quad (t \in [0,1])$$
因此

$$x'''_k(t) = \mu_k \int_0^1 \frac{\partial^3}{\partial t^3} G(t,s) \cdot a(s) f(x_k(s)) \mathrm{d}s \tag{8.12}$$

且

$$\left|\frac{\partial^3}{\partial t^3} G(t,s)\right| = \left|\frac{-1}{1-\Gamma}\int_0^1 g(t,s) \mathrm{d}A(t) + \frac{\partial^3}{\partial t^3} g(t,s)\right|$$

$$\leqslant \left|\frac{A(1)-A(0)}{1-\Gamma}\Phi(s) + \frac{\partial^3}{\partial t^3} g(t,s)\right| \tag{8.13}$$

$$\leqslant \frac{A(1)-A(0)}{1-\Gamma}\Phi(s) + \Psi_3(s)$$

其中

$$\frac{\partial^3}{\partial t^3} g(t,s) = \Psi_3(s) = \begin{cases} s & 0 \leqslant s \leqslant t \leqslant 1 \\ s-1 & 0 \leqslant t \leqslant s \leqslant 1 \end{cases} \tag{8.14}$$

进而,可得

$$\|x'''_k(t)\|_\infty \leqslant \frac{A(1)-A(0)}{1-\Gamma}\int_0^1 a(s)\Phi(s)f(x_k(s))\mathrm{d}s +$$
$$\int_0^1 |\Psi_3(s)| a(s) f(x_k(s)) \mathrm{d}s \tag{8.15}$$

由 $\|x_k(t)\|_\infty$ 有界,可得 $\|x'''_k(t)\|_\infty$ 有界.

结合引理 6,可得 $\|x_k(t)\|_E \leqslant M_2$,对一些 $M_2 > 0$ 成立.产生矛盾.

为了处理 $f_0 = \infty$,引进如下引理.

引理 8[23] 设 X 是一个 Banach 空间且令 $\{C_n \mid n=1,2,\cdots\}$ 是 X 中的闭连通分支序列.假设:

(i) 存在 $z_n \in C_n, n=1,2,\cdots$ 和 $z^* \in X$,使得 $z_n \to z^*$.

(ii) $r_n = \sup\{\|x\| \mid x \in C_n\} = \infty$.

(iii) 对所有 $R > 0, (\bigcup_{n=1}^{\infty} C_n) \cap B_R$ 是 X 中的相对紧子集,其中 $B_R = \{x \in X \mid \|x\| \leqslant R\}$.则在 D 中存在一个无界连通分支 C 使得 $z^* \in C$,其中 $D:= \limsup_{n\to\infty} C_n = \{x \in X \mid \exists \{n_i\} \subset \mathbf{N}$ 和 $x_{n_i} \in C_{n_i}$,使得 $x_{n_i} \to x\}$[27].

§4 主 要 结 果

本章给出如下假设:

(H4) $f_0, f_\infty \in (0, +\infty)$.
(H5) $f_0 = \infty$ 且 $f_\infty \in (0, +\infty)$.
(H6) $f_0 = \infty$ 且 $f_\infty = 0$.
(H7) $f_0 = \infty$ 且 $f_\infty = \infty$.

其中 $f_0 = \lim\limits_{s \to 0^+} \dfrac{f(s)}{s}, f_\infty = \lim\limits_{s \to +\infty} \dfrac{f(s)}{s}$.

首先考虑下列特征值问题

$$\begin{cases} x''''(t) = \lambda a(t) f(x), 0 < t < 1 \\ x(0) = x(1) = 0, x''(0) = 0, x''(1) + \alpha[x] = 0 \end{cases} \quad (8.16)$$

其中, $\lambda > 0$ 是一个参数.

设 $\zeta \in C(\mathbf{R})$, 使得 $f(x) = f_0 x + \zeta(x)$ 且满足 $\lim\limits_{|s| \to 0} \dfrac{\zeta(s)}{s} = 0$.

考虑

$$\begin{cases} x''''(t) = \lambda a(t) f_0 x + \lambda a(t) \zeta(x), t \in (0,1) \\ x(0) = x(1) = 0, x''(0) = 0, x''(1) + \alpha[x] = 0 \end{cases} \quad (8.17)$$

作为从平凡解 $x = 0$ 发出的一个分歧问题.

方程(8.17) 等价于

$$x(t) = \int_0^1 G(t,s)[\lambda a(s) f_0 x(s) + \lambda a(s) \zeta(x(s))] \mathrm{d}s$$
$$:= \lambda L^{-1}[ra(\cdot) f_0 x(\cdot)](t) + \lambda L^{-1}[ra(\cdot) \zeta(x(\cdot))](t)$$

进而, 可以证明

$$\| L^{-1}[a(\cdot) \zeta(x(\cdot))] \|_E = o(\| x \|_E) \quad (\| x \|_E \to 0) \quad (8.18)$$

事实上, 对所有 $(t,s) \in [0,1] \times [0,1], i = 0,1,2,3$ (下同), 由引理 3 可得

$$\begin{aligned} \left| \dfrac{\partial^i}{\partial t^i} G(t,s) \right| &\leqslant \left| \dfrac{\varphi_i(t)}{1-\Gamma} \int_0^1 g(t,s) \mathrm{d}A(t) \right| + \left| \dfrac{\partial^i}{\partial t^i} g(t,s) \right| \\ &\leqslant \dfrac{\varphi_i(t)(A(1) - A(0))}{1-\Gamma} \Phi(s) + \Psi_i(s) \end{aligned} \quad (8.19)$$

其中, $\dfrac{\mathrm{d}^i}{\mathrm{d}t^i} \varphi(t) = \varphi_i(t), M_i = \min\limits_{t \in [0,1]} \varphi_i(t)$.

相似于(8.13), 易计算 $\Psi_i(s)$, 进而易推得

$$0 < \int_0^1 |\Psi_i(s)| a(s) \mathrm{d}s < \infty \quad (8.20)$$

由(8.19) 可得

$$\begin{aligned} \left| \dfrac{\partial^i}{\partial t^i} L^{-1}[a(\cdot) \zeta(x(\cdot))](t) \right| &= \left| \int_0^1 \dfrac{\partial^i}{\partial t^i} G(t,s) a(s) \zeta(x(s)) \mathrm{d}s \right| \\ &= \int_0^1 \left(\dfrac{M_i(A(1) - A(0))}{1-\Gamma} \Phi(s) a(s) + \Psi_i(s) a(s) \right) \cdot \\ &\quad |\zeta(x(s))| \mathrm{d}s \end{aligned}$$

由 L^{-1} 的紧性, (H4) 和(8.20), 可得

$$\left| \dfrac{\partial^i}{\partial t^i} L^{-1}[a(\cdot) \zeta(x(\cdot))](t) \right| = o(\| x \|_\infty)$$

进而

$$\left|\frac{\partial^i}{\partial t^i}L^{-1}[a(\cdot)\zeta(x(\cdot))](t)\right|=o(\|x\|_E)$$

即(8.19)得证.

由引理 5 和全局分歧定理[28], 对于问题(8.17), 可得如下结论:

引理 9 令(H1)—(H4)成立, $\left(\frac{\lambda_1}{rf_0},0\right)$ 是问题(8.17)的一个分歧点. 进而, 存在(8.17)正解的一个连通分支 $\mathscr{C}$, 满足 $\mathscr{C}\subset([0,\infty)\times E)$, 并且 $\mathscr{C}$ 在 $[0,\infty)\times P$ 中连接 $\left(\frac{\lambda_1}{rf_0},0\right)$ 和 $\left(\frac{\lambda_1}{rf_\infty},\infty\right)$.

注 1 问题(8.16)的形如 $(1,x)$ 的任何解将产生问题(8.1)的一个解 x. 为了获得结论, 仅仅证明 $\mathscr{C}$ 在 $[0,\infty)\times P$ 中穿过超平面 $\{1\}\times E$ 即可.

下面是本章的主要结果.

定理 1 令(H1)—(H3)和(H4)成立. 要么 $\lambda_1/f_\infty<r<\lambda_1/f_0$ 成立, 要么 $\lambda_1/f_0<r<\lambda_1/f_\infty$ 成立. 则问题(8.1)至少有一个正解.

证明 由引理 9 易得结论, 故证明略.

定理 2 设(H1)—(H3)和(H5)成立. 假设 $r\in(0,+\infty)$, 则问题(8.1)只有一个正解.

证明 定义

$$f^{[n]}(s):=\begin{cases}f(s) & s\in\left(-\infty,-\frac{1}{n}\right)\cup\left(\frac{1}{n},\infty\right)\\ nf\left(\frac{1}{n}\right) & s\in\left[-\frac{1}{n},\frac{1}{n}\right]\end{cases} \quad(8.21)$$

考虑

$$x''''(t)=\lambda ra(t)f^{[n]}(x) \quad (0<t<1)$$
$$x(0)=x(1)=0, x''(0)=0, x''(1)+\alpha[x]=0 \quad(8.22)$$

易得 $\lim_{n\to+\infty}f^{[n]}(s)=f(s), (f^{[n]})_0=nf\left(\frac{1}{n}\right), (f^{[n]})_\infty=f_\infty\in(0,\infty)$.

由引理 9, 问题(8.22)存在一个从 $\left(\frac{\lambda_1}{rnf\left(\frac{1}{n}\right)},0\right)$ 发出的无界连通分支 $\mathscr{C}^{[n]}$, 使得 $\mathscr{C}^{[n]}\subset([0,\infty)\times E)$, 且在 $[0,\infty)\times P$ 中, $\mathscr{C}^{[n]}$ 连接 $\left(\frac{\lambda_1}{rnf\left(\frac{1}{n}\right)},0\right)$ 和 $\left(\frac{\lambda_1}{rf_\infty},\infty\right)$.

令 $z_n=\left(\frac{\lambda_1}{rnf\left(\frac{1}{n}\right)},0\right)$ 和 $z^*=(0,0)$, 则 $z_n\to z^*$.

因此,对于 $z^* = (0,0)$,引理 8(ⅰ) 成立. 显然
$$r_n = \sup\{\lambda + \|x\|_E \mid (\lambda,x) \in \mathscr{C}^{[n]}\} = \infty$$
相应地,引理 8(ⅱ) 成立. 由 Arezela-Ascoli 定理和 $f^{[n]}$ 直接可得引理 8(ⅲ).

因此,由引理 8 可知,$\limsup\limits_{n\to\infty} \mathscr{C}^{[n]}$ 包括一个无界连通分支 $\mathscr{C}$ 满足 $(0,0) \in \mathscr{C}$ 并且 $\left(\dfrac{\lambda_1}{rf_\infty}, \infty\right) \in \mathscr{C}$.

定理 3 假设 (H1)—(H3) 和 (H6) 成立. 假设存在 $\lambda_1^+ > 0$,满足 $r \in (\lambda_1^+, +\infty)$,则问题 (8.1) 至少存在一个正解.

证明 与定理 2 的证明过程相似,可构造隔断函数 $f^{[n]}(s)$,考虑方程 (8.22). 进而,由引理 8 可知,$\limsup\limits_{n\to\infty} \mathscr{C}^{[n]}$ 包括一个无界连通分支 $\mathscr{C}$ 满足 $(0,0) \in \mathscr{C}$ 并且 $(0,\infty) \in \mathscr{C}$.

定理 4 令 (H1)—(H3) 和 (H7) 成立. 假设存在一个 $\lambda^+ > 0$ 使得 $r \in (0, \lambda^+)$ 成立,则问题 (8.1) 至少存在一个正解.

证明 与定理 2 的证明过程相似,可构造隔断函数 $f^{[n]}(s)$,考虑方程 (8.22). 进而,由引理 8 可知,$\limsup\limits_{n\to\infty} \mathscr{C}^{[n]}$ 包括一个无界连通分支 $\mathscr{C}$ 满足 $(0,0) \in \mathscr{C}$ 并且 $(0,\infty) \in \mathscr{C}$.

§5 其他边值条件的 Green 函数的性质

本小节研究问题 (8.1) 中边值条件分别满足
$$x(0) = 0, x(1) = \alpha[x], x''(0) = x''(1) = 0 \tag{8.23}$$
和
$$x(0) = 0, x(1) = \alpha[x], x''(0) = 0, x''(1) + \beta[x] = 0 \tag{8.24}$$
时的情形,其中 $\alpha[x] = \int_0^1 x(s)\mathrm{d}A(s), \beta[x] = \int_0^1 x(s)\mathrm{d}B(s)$.

引理 10 对任何 $y \in C[0,1]$,问题 (8.2) 中边值条件换成 (8.23) 时,存在如下唯一解
$$x(t) = \int_0^1 G_1(t,s)y(s)\mathrm{d}s \tag{8.25}$$
其中
$$G_1(t,s) = \frac{\phi(t)}{1-\Gamma_1}\int_0^1 g(t,s)\mathrm{d}A(t) + g(t,s) \tag{8.26}$$
$g(t,s)$ 由式 (8.5) 给出,$\Gamma_1 = \int_0^1 \phi(t)\mathrm{d}A(t), \phi(t) = t$.

证明 由文献 [11] 中式 (4.6),易证定理,故证明略.

引理 11　由(8.26)定义的 Green 函数 $G_1(t,s)$ 满足：

（ⅰ）对所有 $t,s \in [0,1]$，$G_1(t,s) \geqslant 0$ 是连续的.

（ⅱ）对所有 $t,s \in [0,1]$，$G_1(t,s) \leqslant G_1(s)$，对任何 $\delta \in \left(0,\dfrac{1}{2}\right)$，存在一个常数 $\gamma_{1,\delta} > 0$，对任何 $t \in [\delta,1-\delta]$，下式成立

$$G_1(t,s) \geqslant \gamma_{1,\delta} G_1(s) \quad (\forall s \in [0,1]) \tag{8.27}$$

其中 $g(t,s)$ 由(8.5)给出

$$G_1(s) = \left[1 + \frac{A(1) - A(0)}{1 - \Gamma_1}\right] \Phi(s), \min_{t \in [\delta, 1-\delta]} \phi(t) = \delta$$

$$\gamma_{1,\delta} = c_\delta \frac{1 - \Gamma_1 + \delta(A(1) - A(0))}{1 - \Gamma_1 + A(1) - A(0)}$$

证明　相似于文献[25]引理 7 的证明，可得定理，故证明略.

引理 12　对任何 $y \in C[0,1]$，问题(8.2)中边值条件换成(8.24)时

$$x(t) = \int_0^1 G_2(t,s) y(s) \mathrm{d}s \tag{8.28}$$

其中

$$G_2(t,s) = \frac{\phi(t)}{1 - \Gamma_1} \int_0^1 g(t,s) \mathrm{d}A(t) + \frac{\varphi_0(t)}{1 - \Gamma} \int_0^1 g(t,s) \mathrm{d}B(t) + g(t,s)$$

$$\tag{8.29}$$

$g(t,s)$ 由式(2.4)给出，$\Gamma_1 = \int_0^1 \phi(t) \mathrm{d}A(t), \phi(t) = t, \varphi_0(t) = \dfrac{1}{6} t(1 - t^2)$，

$\Gamma = \int_0^1 \varphi_0(t) \mathrm{d}B(t)$.

证明　由文献[11]中式(4.8)，易证定理，故证明略.

引理 13　由(8.29)定义的 Green 函数 $G_2(t,s)$ 满足：

（ⅰ）对所有 $t,s \in [0,1]$，$G_2(t,s) \geqslant 0$ 是连续的.

（ⅱ）对所有 $t,s \in [0,1]$，$G_2(t,s) \leqslant G_2(s)$，对任何 $\delta \in \left(0,\dfrac{1}{2}\right)$，存在一个常数 $\gamma_{2,\delta} > 0$，对任何 $t \in [\delta,1-\delta]$，下式成立

$$G_2(t,s) \geqslant \gamma_{2,\delta} G_2(s) \quad (\forall s \in [0,1]) \tag{8.30}$$

其中 $g(t,s)$ 由(8.5)给出

$$G_2(s) = \frac{27(1-\Gamma)(A(1)-A(0)) + \sqrt{3}(1-\Gamma_1)(B(1)-B(0)) + \sqrt{3}(1-\Gamma)(1-\Gamma_1)}{27(1-\Gamma)(1-\Gamma_1)} \Phi(s)$$

$$\gamma_{2,\delta} = 27 c_\delta \cdot \frac{\delta(A(1)-A(0)) + d_\delta(B(1)-B(0)) + (1-\Gamma)(1-\Gamma_1)}{27(1-\Gamma)(A(1)-A(0)) + \sqrt{3}(1-\Gamma_1)(B(1)-B(0)) + \sqrt{3}(1-\Gamma)(1-\Gamma_1)}$$

其中 $\min\limits_{t \in [\delta,1-\delta]} \varphi_0(t) = c_\delta$，$\min\limits_{t \in [\delta,1-\delta]} \varphi_0(t) = \mathrm{d}\delta$.

注 1　对于问题(8.1)中边值条件分别满足(8.23)和(8.24)时，我们易得

对应于问题(8.1)的推论1,引理1—3,故省略.

注2 对于问题(8.1)中边值条件分别满足(8.23)和(8.24)时,我们易得对应于问题(8.1)的引理9,定理1—4,故省略.

注3 对于问题(8.1)中边值条件分别满足

$$x(0)=\alpha[x], x(1)=x''(0)=0=x''(1)=0 \quad (8.31)$$

$$x(0)=x(1), x''(0)+\alpha[x]=0, x''(1)=0 \quad (8.32)$$

$$x(0)=\alpha[x], x(1)=0, x''(0)+\beta[x]=0, x''(1)=0 \quad (8.33)$$

时,我们易做简单变化,将 t 变为 $\tau=1-t$,则可将三类问题转变为上述三类问题,进而,可以如上面研究三类问题,故省略.

参考文献

[1] GUPTA C P. Existence and uniqueness theorems for the bending of an elastic beam equation[J]. Appl. Anal. ,1988,26(4):89-304.

[2] GUPTA C P. Existence and uniqueness results for the bending of an elastic beam equation at resonance[J]. J. Math. Anal. Appl. ,1988,135(1):208-225.

[3] MA R Y. Existence of positive solutions of a fourth-order boundary value problem[J]. Appl. Math. Comput. ,2005,168(2):1219-1231.

[4] LI Y X. Positive solutions of fourth-order boundary value problems with two parameters[J]. J. Math. Anal Appl. ,2003,281(2):477-484.

[5] MA R Y,WANG H J. On the existence of positive solutions of fourth-order ordinary differential equations[J]. Appl. Anal. ,1995,59(1-4):225-231.

[6] BAI Z B,WANG H. On positive solutions of some nonlinear fourth-order beam equations[J]. J. Math. Anal. Appl. ,2002,270(2):357-368.

[7] CHU J F,O'REGAN D. Positive solutions for regular and singular fourth-order boundary value problems[J]. Commun. Appl. Anal. ,2006,10:185-199.

[8] GRAEF J R,QIAN C,YANG B. A three point boundary-value problem for nonlinear fourth-order differential equations[J]. J. Math. Anal. Appl. ,2003,287,217-233.

[9] MA H. Positive solution for m-point boundary-value problems of fourth-order[J]. J. Math. Anal. Appl. ,2006,321:37-49.

[10] WEI Z L,PANG C C. The method of lower and upper solutions for fourth-order singular m-point boundary-value problems[J]. J. Math. Anal. Appl. ,2006,322:675-692.

[11] WEBB J R L,INFANTE G,FRANCO D. Positive solutions of nonlinear fourth-order boundary value problems with local and non-local boundary conditions[J]. Proc. Roy. Soc. Edinburgh Sect. ,2008,138A(2):427-446.

[12] ZHANG X M,GE W G. Positive solutions for a class of boundary-value problems with integral boundary conditions[J]. Comput. Math. Appl. ,2009,58(2):203-215.

[13] GUPTA C P,MAWHIN J. Weighted eigenvalue,eigenfunctions and boundary value problems for

fourth order ordinary differential equations[J]. WSSIAA 1,1992:253-267.
[14] LAZER A C,MCKENNA P J. Global bifurcation and a theorem of Tarantello[J]. J. Math. Anal. Appl. ,1994,181:648-655.
[15] RYNNE B P. Infinitely many solutions of superlinear fourth order boundary value problems[J]. Topol. Methods Nonlinear Anal. ,2002,19(2):303-312.
[16] LIU Y,O'REGAN D. Bifurcation techniques for fourth order m-point boundary value problems[J]. Dyn. Contin. Discrete Impuls. Syst. Ser. A Math. Anal. ,2011,18:215-234.
[17] MA R J,XU J. Bifurcation from interval and positive solutions of a nonlinear fourth-order boundary value problem[J]. Nonlinear Anal. :Theory,Methods Applications,2010,72(1): 113-122.
[18] MA R J. Nodal solutions for a fourth-order two-point boundary value problem[J]. J. Math. Anal. Appl. ,2006,314(1):254-265.
[19] MA R J,GAO C, HAN X. On linear and nonlinear fourth-order eigenvalue problems with indefinite weight[J]. Nonlinear Anal. ,2011,74:6965-6969.
[20] SHEN W G. Existence of nodal solutions of a nonlinear fourth-order two-point boundary value problem[J/OL]. Bound. Value Probl. (2012). doi:10. 1186/1687-2770-2012-31.
[21] SHEN W G. Global structure of nodal solutions for a fourth-order two-point boundary value problem[J]. Appl. Math. Comput. ,2012,219(1):88-98.
[22] DAI G W,HAN X L. Global bifurcation and nodal solutions for fourth-order problems with signchanging weight[J]. Appl. Math. Comput. ,2013,219:9399-9407.
[23] MA R Y,AN Y L. Global structure of positive solutions for nonlocal boundary value problems involving integral conditions[J]. Nonlinear Anal. ,2009,71:4364-4376.
[24] MA R Y,CHEN T L. Existence of positive solutions of fourth-order problems with integral boundary conditions[J/OL]. Bound. Value Probl. Volume 2011,Article ID 297578,17 pages doi: 10. 1155/2011/297578.
[25] SHEN W G,HE T L. Global structure of positive solutions for a singular fourth-order integral boundary value problem[J]. Discrete Dynamics in Nature and Society. Volume 2014,Article ID 614376,7 pages.
[26] KRASNOSEL S M A. Positive Solutions of Operator Equations[M]. Groningen,The Netherlands: P. Noordhoff Ltd. ,1964.
[27] WHYBURN G T. Topological Analysis[M]. Princeton:Princeton University Press,1958.
[28] DANCER E. Global solutions branches for positive maps[J]. Arch. Rat. Mech. Anal. ,1974,55: 207-213.

弱收敛在 Lebesgue 积分中存在性证明及其具体应用

Lebesgue 控制收敛定理的证明及其应用是经典实变函数论中的重要课题，得到了相当广泛深刻的研究。Lebesgue L^p 可积函数空间中的收敛性以 Lebesgue 积分中的各种收敛性质为工具，深入到测度收敛、集中紧致、补偿紧致等[1]。虽然 Lebesgue 积分已经应用于少数领域之中[2]，但目前有关空间 Lebesgue 积分中的许多收敛性是分散在各文献中，大部分没有系统全面的总结[3]。遵义师范学院继续教育学院的吴志勇教授 2017 年通过阐述 Riemann 积分及 Lebesgue 积分理论，研究弱收敛在 Lebesgue 积分中的存在性证明及其具体应用。

§1 Riemann 积分定义

设 $f(x)$ 是 $[a,b]$ 上的有界函数，任意分点满足以下关系[4]，即

$$a = x_0 < x_1 < \cdots < x_n = b \tag{9.1}$$

如果将区间 $[a,b]$ 分成 n 部分，对小区域 $[x_{i-1}, x_i]$ 内的任意一点 $\xi_i (i=1,2,3,\cdots)$ 求和，有

$$S = \sum_{i=1}^{n} f(\xi_i)(x_i, x_{i-1}) \tag{9.2}$$

假设 $r = \max\limits_{i=1}^{n}(x_i, x_{i-1})$，则当 $r \to 0$ 时，S 为有限的极限，此时，S 是 $f(x)$ 在区域 $[a,b]$ 内的 Riemann 积分，表示为

$$I = R\int_a^b f(x) \mathrm{d}x \tag{9.3}$$

§2 Lebesgue 积分定义

2.1 分 划

设 $E \subset \mathbf{R}^q$ 是一非空可测集,若 $E = \bigcup_{i=1}^{n} E_i$,其中,各个 E_i 为互不相交的非空可测集,则称有限集合族 $D = \{E_i\}$ 是 E 的一个可测分划,简称分划[5].

设 $D' = \{E'_j\}$ 是 E 的另一分划,如果对于任一 $E'_j \in D'$,存在 $E_i \in D$,使 $E'_j \in E_i$,那么称 D' 比 D 细.

引理 1 给定 E 任意两个分划 D', D,必存在比其细的第 3 分划,即
$$D'' = \{E_i \cap E'_j \mid E_i \in D, E'_j \in D', E_i \cap E'_j \neq \varnothing\} \tag{9.4}$$

2.2 大和与小和

设 $f(x)$ 为定义在 $\mathbf{R}^q$ 中测度有限的集 E 上的有界函数,对于 E 的任一分划 $D = \{E_i\}$,则可令 $B_i = \sup_{x \in E_i} f(x), b_i = \inf_{x \in E_i} f(x)$,则 $\sum_i B_i m E_i, \sum_i b_i m E_i$ 分别称为 $f(x)$ 关于分划 D 的大和及小和(由 D 完全确定),并分别记为 $S(D, f)$ 及 $s(D, f)$[6].

引理 2 (1) 设 $B = \sup_{x \in E} f(x), b = \inf_{x \in E} f(x)$,则有
$$bmE \leqslant s(D, f) \leqslant S(D, f) \leqslant BmE \tag{9.5}$$

(2) 设分划 D' 比 D 细,则 $s(D, f) \leqslant s(D', f), S(D, f) \leqslant S(D', f)$.

(3) 对于任两个分划 D', D,有 $s(D, f) \leqslant S(D', f)$.

(4) $\sup_D s(D, f) \leqslant \inf_D S(D, f)$,这里上、下确界是对 E 的所有可能的分划取的.

设 $f(x)$ 是 $E \subset \mathbf{R}^q (mE < \infty)$ 的有界函数
$$\overline{\int_E} f(x) \mathrm{d}x = \inf S(D, f), \underline{\int_E} f(x) \mathrm{d}x = \sup s(D, f) \tag{9.6}$$

分别称为 $f(x)$ 在 E 上的 L 上、下积分,当 $f(x)$ 满足
$$\overline{\int_E} f(x) \mathrm{d}x = \underline{\int_E} f(x) \mathrm{d}x \tag{9.7}$$

则称 $f(x)$ 在 E 上 L 可积,并称此共同值为 $f(x)$ 在 E 上的 L 积分,记为 $\int_E f(x) \mathrm{d}x$.

以上是 $\mathbf{R}^q$ 中测度有限可测集上有界函数的 L 积分定义,形式上同 R 积分

完全类似. 除了积分区域更一般之外, 主要不同之处在于采用的测度和分划的不同[4].

2.3 有界函数的 Lebesgue 积分

设 $f(x)$ 是定义在 $E \subseteq \mathbf{R}^q$ 测度有限集 E 上的有界函数[7]

$$\overline{\int_E} f(x)\mathrm{d}x = \inf_D S(D, f), \underline{\int_E} f(x)\mathrm{d}x = \sup_D s(D, f) \tag{9.8}$$

分别称为 $f(x)$ 在 E 上的 L 上、下积分.

若 $\overline{\int_E} f(x)\mathrm{d}x = \underline{\int_E} f(x)\mathrm{d}x$, 则 $f(x)$ 在 E 上是可积的, 且 $f(x)$ 在 E 上 L 积分, 记为 $\int_E f(x)\mathrm{d}x$.

2.4 Lebesgue 积分的充要条件

设 $f(x)$ 是定义在 $E \subseteq \mathbf{R}^q$ 测度有限集 E 上的有界函数[8], 则 $f(x)$ 在 E 上 L 可积的充要条件为: 对任何 $\varepsilon < 0$, 存在 E 的分划 D, 使

$$S(D, f) - \sup_D(D, f) = \sum_i \omega_i m E_i < \varepsilon, w_i = B_i - b_i \tag{9.9}$$

也即 $\inf[S(D, f) - s(D, f)] = \inf_D \sum_i \omega_i m E_i = 0.$

定理 1 设 $f(x)$ 是定义在 $E \subset \mathbf{R}^q$ 测度有限集 E 上的有界数, 则 $f(x)$ 在 E 上 L 可积的充要条件是 $f(x)$ 在 E 上可测.

定理 2 设 $f(x)$ 在 E 上 L 可积, 且 $f(x) = g(x)$ a.e. 于 E, 则 $g(x)$ 在 E 上 L 可积, 且 $\int_E f(x)\mathrm{d}x = \int_E g(x)\mathrm{d}x.$

根据上面阐述的 Riemann 积分与 Lebesgue 积分定义可知, Riemann 积分在实际应用过程中存在一定的局限性, 而 Lebesgue 积分的可积范围更加广泛, 有效地克服 Riemann 积分的局限性.

§3 Lebesgue 积分弱收敛存在的充要条件

3.1 强收敛与弱收敛定义

(1) 设 X 是赋范线性空间, X 为 X' 的共扼空间, $\{x_n\} \subset X'$, 若存在 $f \in X'$, 有

$$\lim \|f_n - f\| = 0 \tag{9.10}$$

则称 $\{x_n\}$ 强收敛于 x.

(2) 设 X 是赋范线性空间，$\{x_n\} \subset X$，若存在 $f \in X$，使得 $\forall f \in X^*$，有

$$\lim f(x_n) = f(x) \tag{9.11}$$

则称 $\{x_n\}$ 弱收敛于 x，记为 $x \xrightarrow{W} x$，x 称为 $\{x_n\}$ 的弱极限. 把序列 $\{x_n\}$ 按范数收敛称为强收敛，相应的极限称为序列的强极限，记为 $x_n \xrightarrow{S} x$.

根据强收敛与弱收敛定义，强收敛必定弱收敛，但弱收敛不一定强收敛.

3.2 Lebesgue 积分弱收敛存在的充要条件

设 Ω 为 $\mathbf{R}^n$ 中可测集，测度 $\mathrm{mes}\,\Omega > 0$，$\{f_k\}$ 在 $L^p(\Omega)(1 \leqslant p \leqslant \infty)$ 弱收敛于 $f \in L^p(\Omega)$.

证明 若 $\{f_k\}$ 弱收敛于 f，则根据 Lebesgue 积分及弱收敛定义，$\lim\limits_{k\to\infty}\int_E f_k \mathrm{d}x = \int_E f \mathrm{d}x$ 对每一个可测度集有 $E \in \Omega$. 由于 $\{f_k\}$ 弱收敛于 f，则任意的 $x \in L^p(\Omega)$ 有 $\{f_k\}$ 收敛，根据共鸣定理[5]可知，$\{f_k\}$ 在 $L^p(\Omega)$ 中有界.

设 $\|f_n\| \leqslant M(n=1,2,\cdots)$，$f \in L^p(\Omega)$，令 $\varphi \in L^{p'}(\Omega)(1 - p' < \infty)$，根据函数集在 $L^p(\Omega)$ 上的稠密性，当 m 无限大时，则有任意的 $\delta > 0$，满足

$$\int_{\Omega - \Omega_m} |\varphi|^{p'} \mathrm{d}x < \delta, \quad \Omega_m = \Omega \cap \{|x| < m\}$$

$$\left|\int_\Omega (f_k - \varphi)\varphi \mathrm{d}x\right|$$

$$= \left|\left[\int_{\Omega - \Omega_m} + \int_{\Omega - \Omega_m}\right](f_k - f)\varphi \mathrm{d}x\right|$$

$$\leqslant \|f_k - f\|_p \|\varphi\|_{L^p(\Omega - \Omega_m)} + \left|\left(\int_{\Omega_m \cap E_k} + \int_{\Omega_m - E_m}\right)(f_k - f)\varphi \mathrm{d}x\right|$$

$$\leqslant 2C\|\varphi\|_{L^p(\Omega - \Omega_m)} + \|f_k f\|_p \|\varphi\|_{L^p(E \cap \Omega_m)} + \varepsilon|\Omega_m|^{1/p}\|\varphi\|_{p'}$$

$$\leqslant 2C\delta + 2C\|\varphi\|_{L^{p'}(E_k \cap \Omega_m)} + \varepsilon|\Omega_m|^{1/p}\|\varphi\|_{p'}$$

$$\tag{9.12}$$

令 $k \to \infty$，$\varepsilon \to 0$，$\delta \to 0$，则有

$$\lim_{k\to\infty}\int_\Omega f_k \varphi \mathrm{d}x = \int_\Omega f\varphi \mathrm{d}x \tag{9.13}$$

因此，$\{f_k\}$ 弱收敛于 f 的充要条件为：

(1) $\{f_k\}$ 在 $L^p(\Omega)$ 中有界.

(2) $\lim\limits_{k\to\infty}\int_E f_k \mathrm{d}x = \int_E f_k \mathrm{d}x$ 对每一个可测度集 $E \in \Omega$.

若 $f \in L^p(\Omega)$，$1 < p' < \infty$，$\{f_k\}(k=1,2\cdots)$ 在 $L^p(\Omega)$ 有界，则 $\{f_k\}$ 中存

在 $\{f_j\}$ 及函数,使任一 $\varphi \in L^{p'}(\Omega)$,满足

$$\lim_{k\to\infty}\int_\Omega f_{k_j}\varphi\,\mathrm{d}x = \int_\Omega f\varphi\,\mathrm{d}x \tag{9.14}$$

当 $p=1$ 时,则式(9.11)的关系式不成立.根据式(9.11),(9.12)中的 $\|f_k\|_1 = 1$,且任意 $t \in (0,1)$,则 $\lim\limits_{k\to\infty}\int f_k(x)\mathrm{d}x$ 有界.若 $f \in L^{-1}[0,1]$,对任意的 $\varphi \in L^{p'}(\Omega)$ 不存在,则

$$\lim_{k\to\infty}\int_0^1 f_k\varphi\,\mathrm{d}x = \int_0^1 f\varphi\,\mathrm{d}x \tag{9.15}$$

由此可知,当 $p=1$ 时,式(9.13)关系不成立.

定理 3 根据以上定理,当 $1 < p < \infty$,$\{f_k\}, f \in L^p(\Omega)$,$f_k \to f, x \in \Omega$ 时,满足 $\lim\limits_{k\to 0}\|f_k - f\|^p = 0$ 的充要条件为 $\lim\limits_{k\to 0}\|f_k - f\|^p = \|f\|^p$.

证明 充分性.由于 $f \in L^p(\Omega)$,因此对于任意的 $\varepsilon > 0$,均存在无限大的 m,满足

$$\int_{\Omega_m}|f|^p\mathrm{d}x \leqslant \varepsilon/4,\ \Omega_m = \Omega \cap \{|x| < m\} \tag{9.16}$$

根据相关定理,$\lim\limits_{k\to 0}\int_{\Omega-\Omega_m}|f_k|^p\mathrm{d}x = \int_{\Omega-\Omega_m}|f|^p\mathrm{d}x$,则有

$$\begin{aligned}
\lim_{k\to 0}\int_{\Omega-\Omega_m}|f_k|^p\mathrm{d}x &\leqslant \int_{\Omega-\Omega_m}|f_k - f|^p\mathrm{d}x \\
&\leqslant 2^{p-1}\left(\int_{\Omega-\Omega_m}|f_k|^p\mathrm{d}x + \int_{\Omega-\Omega_m}|f|^p\mathrm{d}x\right) \\
&\leqslant 2^{p-1}\varepsilon
\end{aligned} \tag{9.17}$$

由于积分具有绝对连续性,因此,对任意 $e \subset \Omega$,有 $\mathrm{mes}\,e < \delta$,满足

$$\int_e|f|^p\mathrm{d}x \leqslant \varepsilon/4,\ \int_e|f_k|^p\mathrm{d}x \leqslant \varepsilon/2 \tag{9.18}$$

根据 EropoB 定理,$f_k \to f, x \in \Omega_m$,对于以上的 $\delta > 0$,存在 $F \subset \Omega_m$,使 $\mathrm{mes}(\Omega_m - F) < \delta$,$f_k \to f$ 在 F 内是一致收敛的,则有

$$\begin{aligned}
\int_{\Omega_m}|f_k - f|^p\mathrm{d}x &= \int_F|f_k - f|^p\mathrm{d}x + \int_{\Omega_m - F}|f_k - f|^p\mathrm{d}x \\
&\leqslant \sup|f_k - f|^p\mathrm{mes}\,F + 2^{p-1}\varepsilon
\end{aligned} \tag{9.19}$$

根据上述充分证明,有

$$\lim_{k\to 0}\int_\Omega|f_k - f|^p\mathrm{d}x \leqslant 2^p\varepsilon \tag{9.20}$$

由于式(9.20)中的 $\varepsilon > 0$ 具有任意性,则存在 ε,有

$$\lim_{k\to 0}\int_\Omega|f_k - f|^p\mathrm{d}x = 0 \tag{9.21}$$

根据定理3,必要性显然是成立的.

§4 Lebesgue 积分在概率中的应用

4.1 Lebesgue-Stieltjes 积分理论

若 μ 是 $f(x)$ 的 Lebesgue-Stieltjes 测度(简称 L-S 测度),则 f 是 $(\mathbf{R}^n, B^n)$ 或 $(\mathbf{R}^n, B^n_\mu)$ 上的可测函数,B^n_μ 是 B 对测度的完全化,则称 $(\mathbf{R}^n, B^n_\mu, \mu)$ 为 L-S 空间. 若 F 是 μ 对应的分布函数,则 f 是关于 μ 的 L-S 积分,其在 $\mathbf{R}^n$ 上的积分为 $\int_{-\infty}^{+\infty} \cdots \int_{-\infty}^{+\infty} f(x_1, \cdots, x_n) \mathrm{d}F(x_1, \cdots, x_n)$ 或 $\int_{\mathbf{R}^n} f(x_1, \cdots, x_n) \mathrm{d}\mu^{[9]}$.

4.2 L-S 积分表示的随机变量函数

设 $\xi = (\xi_1, \cdots, \xi_n)$ 为 (Ω, A, P) 的 n 维随机变量,其中,分布函数为 $F(x_1, \cdots, x_n)$,$g_k k = 1, \cdots, m$ 是 n 维实空间的有限 Borel 函数. 若 $\eta_k = g_k(\xi_1, \cdots, \xi_n) (k = 1, \cdots, m)$,则有

$$\begin{aligned}
& \{\eta_1 < y_1, \cdots, \eta_m < y_m\} \\
&= \{\varepsilon : g_1(\xi_1(\omega), \cdots, \xi_n(\omega)) < y_1, \cdots, g_k(\xi_1(\omega), \cdots, \xi_n(\omega)) < y_m\} \\
&= \{\varepsilon : (\xi_1(\omega), \cdots, \xi_n(\omega)) \in G\} \\
&= \{(\xi_1, \cdots, \xi_n) \in G\}
\end{aligned} \tag{9.22}$$

根据 L-S 积分定义[10],有

$$\begin{aligned}
F_{\eta_1, \cdots, \eta_m}(y_1, \cdots, y_m) &= P(\eta_1 < y_1, \cdots, \eta_m < y_m) \\
&= P((\xi_1, \cdots, \xi_n) \in G) \\
&= \int_G \cdots \int \mathrm{d}F(x_1, \cdots, x_n)
\end{aligned} \tag{9.23}$$

4.3 L-S 积分表示的数学期望

若 $\xi = (\xi_1, \cdots, \xi_n)$ 为 (Ω, A, P) 的 n 维随机变量,其中,分布函数为 $F(x_1, \cdots, x_n)$ 是 n 维实空间的有限 Borel 函数,则 $\eta = g(\xi_1, \cdots, \xi_n)$ 存在数学期望,则需满足如下 2 个条件:

(1) 分布函数 $F(x_1, \cdots, x_n)$ 存在积分.

(2) $E_\eta = E_g(\xi_1, \cdots, \xi_n) = \int \cdots \int g(x_1, \cdots, x_n) \mathrm{d}F(x_1, \cdots, x_n)$.

证明 根据积分变换定理,有

$$\int_{\xi^{-1}(\mathbf{R}^n)} g_\xi \mathrm{d}P = \int_{\mathbf{R}^n}\cdots\int \mathrm{d}g(x_1,\cdots,x_n)\mathrm{d}P_\xi \tag{9.24}$$

式(9.24)中:左、右两端分别等于

$$\begin{cases} \int_{\xi^{-1}(\mathbf{R}^n)} g(\xi)\mathrm{d}P = \int_\Omega g(\xi(\omega))\mathrm{d}P = \int g(\xi_1,\cdots,\xi_n)\mathrm{d}P = E\eta \\ \int_{\mathbf{R}^n}\cdots\int g(\xi_1,\cdots,\xi_n)\mathrm{d}P_\xi = \int_{-\infty}^{+\infty}\cdots\int_{-\infty}^{+\infty} g(\xi_1,\cdots,\xi_n)\mathrm{d}F(x_1,\cdots,x_n) \end{cases} \tag{9.25}$$

4.4 实例应用

设随机变量 ξ 的分布函数为 $F(x)$,随机变量的分布函数为 $\eta = a\xi + b$(a, b 均为实数), $\eta = \cos \xi$.

证明 令 F_η 为 η 的分布函数,有

$$F_\eta(y) = F(\eta < y) = F(ax + b < y) = \int_G \cdots \int \mathrm{d}F(x) \tag{9.26}$$

式(9.26)中: $G = \{x, ax + b < y\}$. 同理,令 $F_\eta(y)$ 为 η 的分布函数,有

$$F_\eta(y) = F(\eta < y) = F(\cos x < y) = \int_G \cdots \int \mathrm{d}F(x) \tag{9.27}$$

式(9.27)中: $G = \{x, \cos x < y\}$. 故例题得证.

§5 结 束 语

Lebesgue 积分的创立是弥补了 Riemann 积分的不足. 本章在介绍 Lebesgue 积分概念的同时,证明了 Lebesgue 积分弱收敛存在的充要条件. 同时,将 Lebesgue 积分应用在概率统计上,并采用 Lebesgue-Stieltjes 积分分别表示随机变量及数学期望.

参考文献

[1] 赵建英,李海英.函数空间类 Vitali 覆盖证明及其应用[J].华侨大学学报(自然科学版),2016,6(2):88-91.

[2] 杨洁.关于可测函数数列各种收敛性的几点注记[J].工科数学,1998,14(2):120-123.

[3] 程其襄,张奠宙,魏国强,等.实变函数论与泛函分析基础[M].北京:高等教育出版社,2003:121-122.

[4] 姚建武.极限与三种收敛之间的关系[J].陕西教育学院学报,2003,19(1):70-73.

[5] 苏目,赵玉华.关于弱收敛的一些结果[J].安徽教育学院学报,2007,5(3):9-10.

[6] 黄永峰.也谈黎曼积分与勒贝格积分的区别及联系[J].时代教育(教育教学),2011,31(9):212-214.

[7] 刘皓春晓.勒贝格控制收敛定理及其应用[J].品牌:下半月,2015,13(3):67-68.
[8] 柴平分.关于可测函数列积分的收敛性[J].青海师范大学学报(自然科学版),1996,21(2):33-35.
[9] 侯英.勒贝格控制收敛定理的应用[J].中国新技术新产品,2010,22(23):12-15.
[10] 何婷妹.浅析黎曼积分与勒贝格积分[J].科技经济导刊,2016,36(14):321-323.

Wiener 积分过程的小波性质

随机过程的小波分析是国际上十分活跃的研究分支,许多学者在此领域做了出色的工作,Cambaris 研究了随机信号的小波近似,Flandrin 研究了 Brown 运动的小波展开,Krim 研究了一类非平稳过程的多尺度分析(见文献[1-8]). 湖南工程学院的夏学文教授 2004 年研究了一类重要随机过程——Wiener 积分过程通过小波变换后的统计性质.

§1 基本概念

定义 1 设 $\{y_t, t \in R_1\}$ 为 Wiener 过程,即满足下列条件的随机过程:

$y_{t_2} - y_{t_1}, \cdots, y_{t_n} - y_{t_{n-1}} (t_1 < t_2 < \cdots < t_n)$ 相互独立,且 $y_t - y_s$ 服从正态分布,使

$$E(y_t - y_s) = 0, E(y_t - y_s)^2 = \sigma^2 |t-s| \quad (\sigma > 0)$$

令
$$x_t = \int_{R_1} f(t-s) y(\mathrm{d}s) \tag{10.1}$$

我们称之为 Wiener 积分过程,其中 f 为 L 均方可积函数,L 为 Lebesgue 测度. 可知 $\{x_t, t \in R_1\}$ 为正态过程,且

$$Ex_{t+\tau} x_t = E \int_{R_1} f(t+\tau-s) y(\mathrm{d}s) \cdot \int_{R_1} f(t-s) y(\mathrm{d}s)$$
$$= \sigma^2 \int_{R_1} f(t+\tau-s) f(t-s) \mathrm{d}s$$
$$= \sigma^2 \int_{R_1} f(\tau+s) f(s) \mathrm{d}s \tag{10.2}$$

$B(\tau) = E x_{t+\tau} x_t$ 不依赖于 t, $\{x_t, t \in R_1\}$ 为平稳过程.

下设 $f(s)$ 为

$$f(s) = \begin{cases} c e^{-as} \sin \omega s & s \geqslant 0 (c > 0, \omega \neq 0) \\ 0 & s < 0 \end{cases} \tag{10.3}$$

不妨设 $\sigma = 1$, 则有[9]

$$B(\tau) = c_1 e^{-\alpha |\tau|} \left(\cos \omega |\tau| + \frac{\alpha}{\omega} \sin \omega |\tau| \right) \quad (\omega \neq 0) \tag{10.4}$$

其中 $c_1 = \dfrac{c^2 \omega^2}{4\alpha(\alpha^2 + \omega)}$.

定义 2 设 $(x_t, t \in R_1)$ 为定义在概率空间 (Ω, P) 上的随机过程, 称变换

$$W(s, x_t) = \frac{1}{s} \int_R x(t) \psi \left(\frac{x-t}{s} \right) dt \tag{10.5}$$

为 x_t 的小波变换, 其中 ψ 为母小波.

定义 3 设母小波 $\psi(x)$ 为分段函数

$$\psi(x) = \begin{cases} 1 & 0 \leqslant x < \dfrac{1}{2} \\ -1 & \dfrac{1}{2} \leqslant x < 1 \\ 0 & \text{其他} \end{cases} \tag{10.6}$$

我们称 $\psi(x)$ 为 Haar 小波.

§2 性 质

由式 (10.4) 知, 当 $\omega \neq 0, \tau > 0$ 时, 有[9]

$$B(\tau) = c_1 e^{-\alpha \tau} (\cos \omega \tau + \frac{\alpha}{\omega} \sin \omega \tau) \tag{10.7}$$

由式 (10.5) 知

$$W(s, x_{t_1}) W(s, x_{t_2}) = \frac{1}{s} \int_R x(t_1) \psi \left(\frac{x - t_1}{x} \right) dt_1 \circ \frac{1}{s} \int_R x(t_2) \psi \left(\frac{x - t_2}{s} \right) dt_2$$

$$= \frac{1}{s^2} \iint_{R^2} x(t_1) x(t_2) \psi \left(\frac{x - t_1}{s} \right) \psi \left(\frac{x - t_2}{s} \right) dt_1 dt_2$$

从而

斯蒂尔杰斯积分——从一道国际大学生数学竞赛试题的解法谈起

$$EW(x,x_{t_1})W(s,x_{t_2}) = \frac{1}{s^2}\iint_{R^2} E[x(t_1)x(t_2)]\psi\left(\frac{x-t_1}{s}\right)\psi\left(\frac{x-t_2}{s}\right)dt_1dt_2$$

$$= \frac{1}{s^2}\iint_{R^2} B(t_2-t_1)\psi\left(\frac{x-t_1}{s}\right)\psi\left(\frac{x-t_2}{s}\right)dt_1dt_2$$

$$= \frac{1}{s^2}\iint_{R^2} c_1 e^{-\alpha(t_2-t_1)}\left(\cos\omega(t_2-t_1)+\frac{\alpha}{\omega}\sin\omega(t_2-t_1)\right)\cdot$$

$$\psi\left(\frac{x-t_1}{s}\right)\psi\left(\frac{x-t_2}{s}\right)dt_1dt_2$$

$$\equiv I_1 + I_2 \tag{10.8}$$

由式(10.6)知

$$\psi\left(\frac{x-t_1}{s}\right) = \begin{cases} 1 & x-\dfrac{s}{2} < t_1 \leqslant x \\ -1 & x-s < t_1 \leqslant x-\dfrac{s}{2} \\ 0 & \text{其他} \end{cases} \tag{10.9}$$

从而有

$$I_1 = \frac{1}{s^2}\iint_{R^2} c_1 e^{-\alpha(t_2-t_1)}\cos\omega(t_2-t_1)\psi\left(\frac{x-t_1}{s}\right)\psi\left(\frac{x-t_2}{s}\right)dt_1dt_2$$

$$= \frac{1}{s^2}\int_{x-\frac{s}{2}}^{x}dt_1\int_{x-\frac{s}{2}}^{x} c_1 e^{-\alpha(t_2-t_1)}\cos\omega(t_2-t_1)dt_2 +$$

$$\frac{1}{s^2}\int_{x-s}^{x-\frac{s}{2}}dt_1\int_{x-s}^{x-\frac{s}{2}} c_1 e^{-\alpha(t_2-t_1)}\cos\omega(t_2-t_1)dt_2 -$$

$$\frac{1}{s^2}\int_{x-\frac{s}{2}}^{x}dt_1\int_{x-s}^{x-\frac{s}{2}} c_1 e^{-\alpha(t_2-t_1)}\cdot\cos\omega(t_2-t_1)dt_2 -$$

$$\frac{1}{s^2}\int_{x-s}^{x-\frac{s}{2}}dt_1\int_{x-\frac{s}{2}}^{x} c_1 e^{-\alpha(t_2-t_1)}\cos\omega(t_2-t_1)dt_2$$

同理可计算 I_2

$$I_2 = \frac{1}{s^2}\iint_{R^2} c_1 \frac{\alpha}{\omega} e^{-\alpha(t_2-t_1)}\sin\omega(t_2-t_1)\psi\left(\frac{x-t_1}{s}\right)\psi\left(\frac{x-t_2}{s}\right)dt_1dt_2$$

$$= \frac{1}{s^2}\int_{x-\frac{s}{2}}^{x}dt_1\int_{x-\frac{s}{2}}^{x} c_1 e^{-\alpha(t_2-t_1)}\cos\omega(t_2-t_1)\cdot\frac{\alpha}{\omega}dt_2 +$$

$$\int_{x-s}^{x-\frac{s}{2}}dt_1\int_{x-s}^{x-\frac{s}{2}} c_1 e^{-\alpha(t_2-t_1)}\frac{\alpha}{\omega}\cos\omega(t_2-t_1)dt_2 +$$

$$\left(-\int_{x-\frac{s}{2}}^{x}dt_1\int_{x-s}^{x-\frac{s}{2}} c_1 e^{-\alpha(t_2-t_1)}\frac{\alpha}{\omega}\cos\omega(t_2-t_1)dt_2\right) -$$

$$\int_{x-s}^{x-\frac{s}{2}}dt_1\int_{x-\frac{s}{2}}^{x} c_1 e^{-\alpha(t_2-t_1)}\frac{\alpha}{\omega}\cos\omega(t_2-t_1)dt_2$$

以上各个积分用分部积分法均可求出.

下面考虑式(10.3)的特例

$$f(s) = \begin{cases} ce^{-at} & t \geqslant 0 (c>0, a>0) \\ 0 & t < 0 \end{cases} \tag{10.10}$$

则

$$B(\tau) = \int_0^\infty c^2 e^{-as} e^{-a(s+\tau)} ds = c^2 e^{-a\tau} \int_0^\infty e^{-2as} ds = \frac{c^2}{2\alpha} e^{-a\tau}$$

从而有

$$EW(s, x_{t_1})W(s, x_{t_2}) = \frac{c^2}{2\alpha} \frac{1}{s^2} \Big(\int_{x-\frac{s}{2}}^{x} dt_1 \int_{x-\frac{s}{2}}^{x} e^{-a(t_2-t_1)} dt_2 +$$

$$\int_{x-s}^{x-\frac{s}{2}} dt_1 \int_{x-s}^{x-\frac{s}{2}} e^{-a(t_2-t_1)} dt_2 - \int_{x-\frac{s}{2}}^{x} dt_1 \int_{x-s}^{x-\frac{s}{2}} e^{-a(t_2-t_1)} dt_2 -$$

$$\int_{x-s}^{x-\frac{s}{2}} dt_1 \int_{x-\frac{s}{2}}^{x} e^{-a(t_2-t_1)} dt_2 \Big)$$

$$= \frac{c^2}{2\alpha s^2} \Big[-\frac{1}{\alpha^2}(2 - e^{\frac{a}{2}s} - e^{-\frac{a}{2}s}) - \frac{1}{\alpha^2}(2 - e^{-\frac{a}{2}s} - e^{\frac{a}{2}s}) -$$

$$\frac{1}{\alpha^2}(2e^{-\frac{a}{2}s} - e^{-as} - 1) - \frac{1}{\alpha^2}(2e^{\frac{a}{2}s} - e^{as} - 1) \Big]$$

$$= -\frac{c^2}{2\alpha^3 s^2} \times 2$$

$$= -\frac{c^2}{\alpha^3 s^2}$$

即 $W(s, x_t)$ 的相关函数为

$$EW(s, x_t)W(s, x_{t+\tau}) \triangleq B(\tau) = -\frac{c^2}{\alpha^3 s^2}$$

即知 $W(S, x_t)$ 为平稳过程.

下面分析对 x 的相关性

$$E[W(s, x)W(s, x+\tau)] \triangleq B(\tau)$$

$$= E\Big[\frac{1}{s} \int_R x(t) \psi\Big(\frac{x-t}{s}\Big) dt \circ \frac{1}{s} \int_R x(t_1) \psi\Big(\frac{x+\tau-t_1}{s}\Big) dt_1 \Big]$$

$$= \frac{1}{s^2} E\Big[\Big[\int_{x-\frac{s}{2}}^{x} x(t) dt - \int_{x-s}^{x-\frac{s}{2}} x(t) dt \Big] \Big[\int_{x-\frac{s}{2}+\tau}^{x+\tau} x(t_1) dt_1 - \int_{x-s+\tau}^{x-\frac{s}{2}+\tau} x(t_1) dt_1 \Big] \Big]$$

$$= \frac{1}{s^2} \Big\{ \int_{x-\frac{s}{2}}^{x} \int_{x-\frac{s}{2}+\tau}^{x+\tau} E[x(t)x(t_1)] dt dt_1 - \int_{x-\frac{s}{2}}^{x} \int_{x-s+\tau}^{x-\frac{s}{2}+\tau} E[x(t)x(t_1)] dt dt_1 -$$

$$\int_{x-s}^{x-\frac{s}{2}} \int_{x-\frac{s}{2}+\tau}^{x+\tau} E[x(t)x(t_1)] dt dt_1 \int_{x-s}^{x-\frac{s}{2}} \int_{x-s+\tau}^{x-\frac{s}{2}+\tau} E[x(t)x(t_1)] dt dt_1 \Big\}$$

$$= \frac{1}{s^2} \Big[\frac{c^2}{2\alpha^2}(-2e^{-a\tau} + e^{\frac{s}{2}a-a\tau} + e^{-\frac{s}{2}a-a\tau}) +$$

$$\frac{-c^2}{2\alpha^2}(e^{\alpha s-\alpha\tau}+e^{-\alpha\tau}-2e^{-\alpha\tau+\frac{\alpha}{2}s})+\frac{-c^2}{2\alpha^2}(2e^{-\frac{\alpha}{2}s-\alpha\tau}-e^{-\alpha\tau}-e^{-\alpha s-\alpha\tau})+$$

$$\frac{c^2}{2\alpha^2}(2e^{-\alpha\tau}-e^{\frac{\alpha}{2}s-\alpha\tau}-e^{-\frac{\alpha}{2}s-\alpha\tau})\bigg]$$

$$=\frac{c^2}{2\alpha^2 s^2}(2e^{\frac{\alpha}{2}s-\alpha\tau}-e^{-\frac{\alpha}{2}s-\alpha\tau})$$

从而有下面定理.

定理 1 随机过程 $W(s,x)$ 为平稳过程.

由 (10.11) 有

$$\underline{B'}(\tau)=\frac{c^2}{2\alpha s^2}(-2e^{\frac{\alpha}{2}s-\alpha\tau}+e^{-\frac{\alpha}{2}s-\alpha\tau})$$

$$\underline{B''}(\tau)=\frac{c^2}{2s^2}(2e^{\frac{\alpha}{2}s-\alpha\tau}-e^{-\frac{\alpha}{2}s-\alpha\tau})$$

$$\underline{B'''}(\tau)=\frac{\alpha c^2}{2s^2}(-2e^{\frac{\alpha}{2}s-\alpha\tau}+e^{-\frac{\alpha}{2}s-\alpha\tau})$$

$$\underline{B^{(4)}}(\tau)=\frac{\alpha^2 c^2}{2s^2}(-2e^{\frac{\alpha}{2}s-\alpha\tau}-e^{-\frac{\alpha}{2}s-\alpha\tau})$$

从而有

$$\underline{B}(0)=\frac{c^2}{2\alpha^2 s^2}(2e^{\frac{\alpha}{2}s}-e^{-\frac{\alpha}{2}s})$$

$$\underline{B''}(0)=\frac{c^2}{2s^2}(2e^{\frac{\alpha}{2}s}-e^{-\frac{\alpha}{2}s})$$

所以[10]

$$\sqrt{\left|\frac{R''(0)}{\pi^2 R(0)}\right|}=\sqrt{\left|\frac{B''(0)}{\pi^2 B(0)}\right|}=\frac{|\alpha|}{\pi}=\alpha/\pi \quad (\alpha>0)$$

即有:

定理 2 $W(s,x)$ 的过零稠度为 $\frac{\alpha}{\pi}$,又 $B^{(4)}(0)=\frac{\alpha^2 c^2}{2s^2}(2e^{\frac{\alpha}{2}s}-e^{-\frac{\alpha}{2}s})$,从而有[10]

$$\sqrt{\left|\frac{R^{(4)}(0)}{\pi^2 R^{(2)}(0)}\right|}=\sqrt{\left|\frac{B^{(4)}(0)}{\pi^2 B^{(2)}(0)}\right|}=\frac{\alpha}{\pi}$$

即有:

定理 3 随机过程 $W(s,x)$ 的平均稠度为 $\frac{\alpha}{\pi}$,与其过零稠度相等.

参考文献

[1] CAMBANCS. Wavelet Approximation of Deterministic and Random Signals[J]. IEEE Tran on

Information Theory,1994,40(4):1013-1029.

[2] FLANDRIN. Wavelet Analysis and Synthesis of Fractional Brownian Motion[J]. IEEE Tran. on Information Theory,1992,38(2):910-916.

[3] KRIM. Multire solution Analysis of a class of Nonstationary Processes[J]. IEEE Tran. on Information Theory,1995,41(4):1010-1019.

[4] HAO Boren,YAN Mengzhao,YUAN Li,等.Wavelet Estimation for Jumps in a Heterosedastic Regression Model[J]. Acta Mathematica Scientia,2002,22(2):269-277.

[5] 夏学文.常系数线性随机系统的小波特征[J].数学物理学报,1998,(4):144-149.

[6] 夏学文.随机过程的一个小波表示定理[J].纺织高校基础科学学报,2002,15(1):61-65.

[7] 夏学文.线性随机系统的小波性质[J].生物数学学报,1998,13(2):249-253.

[8] 王梓坤.随机过程通论(上册)[M].北京:科学出版社,1994.

[10] 秦前清,杨宗凯.等实用小波分析[M].西安:西安电子科技大学出版社,1994.

刘培杰数学工作室
已出版(即将出版)图书目录——初等数学

书　名	出版时间	定　价	编号
新编中学数学解题方法全书(高中版)上卷(第2版)	2018—08	58.00	951
新编中学数学解题方法全书(高中版)中卷(第2版)	2018—08	68.00	952
新编中学数学解题方法全书(高中版)下卷(一)(第2版)	2018—08	58.00	953
新编中学数学解题方法全书(高中版)下卷(二)(第2版)	2018—08	58.00	954
新编中学数学解题方法全书(高中版)下卷(三)(第2版)	2018—08	68.00	955
新编中学数学解题方法全书(初中版)上卷	2008—01	28.00	29
新编中学数学解题方法全书(初中版)中卷	2010—07	38.00	75
新编中学数学解题方法全书(高考复习卷)	2010—01	48.00	67
新编中学数学解题方法全书(高考真题卷)	2010—01	38.00	62
新编中学数学解题方法全书(高考精华卷)	2011—03	68.00	118
新编平面解析几何解题方法全书(专题讲座卷)	2010—01	18.00	61
新编中学数学解题方法全书(自主招生卷)	2013—08	88.00	261
数学奥林匹克与数学文化(第一辑)	2006—05	48.00	4
数学奥林匹克与数学文化(第二辑)(竞赛卷)	2008—01	48.00	19
数学奥林匹克与数学文化(第二辑)(文化卷)	2008—07	58.00	36'
数学奥林匹克与数学文化(第三辑)(竞赛卷)	2010—01	48.00	59
数学奥林匹克与数学文化(第四辑)(竞赛卷)	2011—08	58.00	87
数学奥林匹克与数学文化(第五辑)	2015—06	98.00	370
世界著名平面几何经典著作钩沉——几何作图专题卷(共3卷)	2022—01	198.00	1460
世界著名平面几何经典著作钩沉——民国平面几何老课本	2011—03	38.00	113
世界著名平面几何经典著作钩沉——建国初期平面三角老课本	2015—08	38.00	507
世界著名解析几何经典著作钩沉——平面解析几何卷	2014—01	38.00	264
世界著名数论经典著作钩沉——算术卷	2012—01	28.00	125
世界著名数学经典著作钩沉——立体几何卷	2011—02	28.00	88
世界著名三角学经典著作钩沉——平面三角卷Ⅰ	2010—06	28.00	69
世界著名三角学经典著作钩沉——平面三角卷Ⅱ	2011—01	38.00	78
世界著名初等数论经典著作钩沉——理论和实用算术卷	2011—07	38.00	126
世界著名几何经典著作钩沉——解析几何卷	2022—10	68.00	1564
发展你的空间想象力(第3版)	2021—01	98.00	1464
空间想象力进阶	2019—05	68.00	1062
走向国际数学奥林匹克的平面几何试题诠释.第1卷	2019—07	88.00	1043
走向国际数学奥林匹克的平面几何试题诠释.第2卷	2019—09	78.00	1044
走向国际数学奥林匹克的平面几何试题诠释.第3卷	2019—03	78.00	1045
走向国际数学奥林匹克的平面几何试题诠释.第4卷	2019—09	98.00	1046
平面几何证明方法全书	2007—08	48.00	1
平面几何证明方法全书习题解答(第2版)	2006—12	18.00	10
平面几何天天练上卷·基础篇(直线型)	2013—01	58.00	208
平面几何天天练中卷·基础篇(涉及圆)	2013—01	28.00	234
平面几何天天练下卷·提高篇	2013—01	58.00	237
平面几何专题研究	2013—07	98.00	258
平面几何解题之道.第1卷	2022—05	38.00	1494
几何学习题集	2020—10	48.00	1217
通过解题学习代数几何	2021—04	88.00	1301
最新世界各国数学奥林匹克中的平面几何试题	2007—09	38.00	14

— 1 —

刘培杰数学工作室
已出版(即将出版)图书目录——初等数学

书　名	出版时间	定　价	编号
数学竞赛平面几何典型题及新颖解	2010—07	48.00	74
初等数学复习及研究(平面几何)	2008—09	68.00	38
初等数学复习及研究(立体几何)	2010—06	38.00	71
初等数学复习及研究(平面几何)习题解答	2009—01	58.00	42
几何学教程(平面几何卷)	2011—03	68.00	90
几何学教程(立体几何卷)	2011—07	68.00	130
几何变换与几何证题	2010—06	88.00	70
计算方法与几何证题	2011—06	28.00	129
立体几何技巧与方法(第2版)	2022—10	168.00	1572
几何瑰宝——平面几何500名题暨1500条定理(上、下)	2021—07	168.00	1358
三角形的解法与应用	2012—07	18.00	183
近代的三角形几何学	2012—07	48.00	184
一般折线几何学	2015—08	48.00	503
三角形的五心	2009—06	28.00	51
三角形的六心及其应用	2015—10	68.00	542
三角形趣谈	2012—08	28.00	212
解三角形	2014—01	28.00	265
三角函数	2024—10	38.00	1744
探秘三角形:一次数学旅行	2021—10	68.00	1387
三角学专门教程	2014—09	28.00	387
图天下几何新题试卷.初中(第2版)	2017—11	58.00	855
圆锥曲线习题集(上册)	2013—06	68.00	255
圆锥曲线习题集(中册)	2015—01	78.00	434
圆锥曲线习题集(下册·第1卷)	2016—10	78.00	683
圆锥曲线习题集(下册·第2卷)	2018—01	98.00	853
圆锥曲线习题集(下册·第3卷)	2019—10	128.00	1113
圆锥曲线的思想方法	2021—08	48.00	1379
圆锥曲线的八个主要问题	2021—10	48.00	1415
圆锥曲线的奥秘	2022—06	88.00	1541
论九点圆	2015—05	88.00	645
论圆的几何学	2024—06	48.00	1736
近代欧氏几何学	2012—03	48.00	162
罗巴切夫斯基几何学及几何基础概要	2012—07	28.00	188
罗巴切夫斯基几何学初步	2015—06	28.00	474
用三角、解析几何、复数、向量计算解数学竞赛几何题	2015—03	48.00	455
用解析法研究圆锥曲线的几何理论	2022—05	48.00	1495
美国中学几何教程	2015—04	88.00	458
三线坐标与三角形特征点	2015—04	98.00	460
坐标几何学基础.第1卷,笛卡儿坐标	2021—08	48.00	1398
坐标几何学基础.第2卷,三线坐标	2021—09	28.00	1399
平面解析几何方法与研究(第1卷)	2015—05	28.00	471
平面解析几何方法与研究(第2卷)	2015—06	38.00	472
平面解析几何方法与研究(第3卷)	2015—07	28.00	473
解析几何研究	2015—01	38.00	425
解析几何学教程.上	2016—01	38.00	574
解析几何学教程.下	2016—01	38.00	575
几何学基础	2016—01	58.00	581
初等几何研究	2015—02	58.00	444
十九和二十世纪欧氏几何学中的片段	2017—01	58.00	696
平面几何中考.高考.奥数一本通	2017—07	28.00	820
几何学简史	2017—08	28.00	833
四面体	2018—01	48.00	880
平面几何证明方法思路	2018—12	68.00	913
折纸中的几何练习	2022—09	48.00	1559
中学新几何学(英文)	2022—10	98.00	1562
线性代数与几何	2023—04	68.00	1633
四面体几何学引论	2023—06	68.00	1648

刘培杰数学工作室
已出版(即将出版)图书目录——初等数学

书 名	出版时间	定 价	编号
平面几何图形特性新析.上篇	2019—01	68.00	911
平面几何图形特性新析.下篇	2018—06	88.00	912
平面几何范例多解探究.上篇	2018—04	48.00	910
平面几何范例多解探究.下篇	2018—12	68.00	914
从分析解题过程学解题:竞赛中的几何问题研究	2018—07	68.00	946
从分析解题过程学解题:竞赛中的向量几何与不等式研究(全2册)	2019—06	138.00	1090
从分析解题过程学解题:竞赛中的不等式问题	2021—01	48.00	1249
二维、三维欧氏几何的对偶原理	2018—12	38.00	990
星形大观及闭折线论	2019—03	68.00	1020
立体几何的问题和方法	2019—11	58.00	1127
三角代换论	2021—05	58.00	1313
俄罗斯平面几何问题集	2009—08	88.00	55
俄罗斯立体几何问题集	2014—03	58.00	283
俄罗斯几何大师——沙雷金论数学及其他	2014—01	48.00	271
来自俄罗斯的5000道几何习题及解答	2011—03	58.00	89
俄罗斯初等数学问题集	2012—05	38.00	177
俄罗斯函数问题集	2011—03	38.00	103
俄罗斯组合分析问题集	2011—01	48.00	79
俄罗斯初等数学万题选——三角卷	2012—11	38.00	222
俄罗斯初等数学万题选——代数卷	2013—08	68.00	225
俄罗斯初等数学万题选——几何卷	2014—01	68.00	226
俄罗斯《量子》杂志数学征解问题100题选	2018—08	48.00	969
俄罗斯《量子》杂志数学征解问题又100题选	2018—08	48.00	970
俄罗斯《量子》杂志数学征解问题	2020—05	48.00	1138
463个俄罗斯几何老问题	2012—01	28.00	152
《量子》数学短文精粹	2018—09	38.00	972
用三角、解析几何等计算解来自俄罗斯的几何题	2019—11	88.00	1119
基谢廖夫平面几何	2022—01	48.00	1461
基谢廖夫立体几何	2023—04	48.00	1599
数学:代数、数学分析和几何(10—11年级)	2021—01	48.00	1250
直观几何学:5—6年级	2022—04	58.00	1508
几何学:第2版.7—9年级	2023—08	68.00	1684
平面几何:9—11年级	2022—10	48.00	1571
立体几何.10—11年级	2022—01	58.00	1472
几何快递	2024—05	48.00	1697
谈谈素数	2011—03	18.00	91
平方和	2011—03	18.00	92
整数论	2011—05	38.00	120
从整数谈起	2015—10	28.00	538
数与多项式	2016—01	38.00	558
谈谈不定方程	2011—05	28.00	119
质数漫谈	2022—07	68.00	1529
解析不等式新论	2009—06	68.00	48
建立不等式的方法	2011—03	98.00	104
数学奥林匹克不等式研究(第2版)	2020—07	68.00	1181
不等式研究(第三辑)	2023—08	198.00	1673
不等式的秘密(第一卷)(第2版)	2014—02	38.00	286
不等式的秘密(第二卷)	2014—01	38.00	268
初等不等式的证明方法	2010—06	38.00	123
初等不等式的证明方法(第二版)	2014—11	38.00	407
不等式·理论·方法(基础卷)	2015—07	38.00	496
不等式·理论·方法(经典不等式卷)	2015—07	38.00	497
不等式·理论·方法(特殊类型不等式卷)	2015—07	48.00	498
不等式探究	2016—03	38.00	582
不等式探秘	2017—01	88.00	689

刘培杰数学工作室
已出版(即将出版)图书目录——初等数学

书　名	出版时间	定　价	编号
四面体不等式	2017—01	68.00	715
数学奥林匹克中常见重要不等式	2017—09	38.00	845
三正弦不等式	2018—09	98.00	974
函数方程与不等式:解法与稳定性结果	2019—04	68.00	1058
数学不等式.第1卷,对称多项式不等式	2022—05	78.00	1455
数学不等式.第2卷,对称有理不等式与对称无理不等式	2022—05	88.00	1456
数学不等式.第3卷,循环不等式与非循环不等式	2022—05	88.00	1457
数学不等式.第4卷,Jensen不等式的扩展与加细	2022—05	88.00	1458
数学不等式.第5卷,创建不等式与解不等式的其他方法	2022—05	88.00	1459
不定方程及其应用.上	2018—12	58.00	992
不定方程及其应用.中	2019—01	78.00	993
不定方程及其应用.下	2019—02	98.00	994
Nesbitt不等式加强式的研究	2022—06	128.00	1527
最值定理与分析不等式	2023—02	78.00	1567
一类积分不等式	2023—02	88.00	1579
邦费罗尼不等式及概率应用	2023—05	58.00	1637
同余理论	2012—05	38.00	163
[x]与{x}	2015—04	48.00	476
极值与最值.上卷	2015—06	28.00	486
极值与最值.中卷	2015—06	38.00	487
极值与最值.下卷	2015—06	28.00	488
整数的性质	2012—11	38.00	192
完全平方数及其应用	2015—08	78.00	506
多项式理论	2015—10	88.00	541
奇数、偶数、奇偶分析法	2018—01	98.00	876
历届美国中学生数学竞赛试题及解答(第1卷)1950~1954	2014—07	18.00	277
历届美国中学生数学竞赛试题及解答(第2卷)1955~1959	2014—04	18.00	278
历届美国中学生数学竞赛试题及解答(第3卷)1960~1964	2014—06	18.00	279
历届美国中学生数学竞赛试题及解答(第4卷)1965~1969	2014—04	28.00	280
历届美国中学生数学竞赛试题及解答(第5卷)1970~1972	2014—06	18.00	281
历届美国中学生数学竞赛试题及解答(第6卷)1973~1980	2017—07	18.00	768
历届美国中学生数学竞赛试题及解答(第7卷)1981~1986	2015—01	18.00	424
历届美国中学生数学竞赛试题及解答(第8卷)1987~1990	2017—05	18.00	769
历届国际数学奥林匹克试题集	2023—09	158.00	1701
历届中国数学奥林匹克试题集(第3版)	2021—10	58.00	1440
历届加拿大数学奥林匹克试题集	2012—08	38.00	215
历届美国数学奥林匹克试题集	2023—08	98.00	1681
历届波兰数学竞赛试题集.第1卷,1949~1963	2015—03	18.00	453
历届波兰数学竞赛试题集.第2卷,1964~1976	2015—03	18.00	454
历届巴尔干数学奥林匹克试题集	2015—05	38.00	466
历届CGMO试题及解答	2024—03	48.00	1717
保加利亚数学奥林匹克	2014—10	38.00	393
圣彼得堡数学奥林匹克试题集	2015—01	38.00	429
匈牙利奥林匹克数学竞赛题解.第1卷	2016—05	28.00	593
匈牙利奥林匹克数学竞赛题解.第2卷	2016—05	28.00	594
历届美国数学邀请赛试题集(第2版)	2017—10	78.00	851
全美高中数学竞赛:纽约州数学竞赛(1989—1994)	2024—08	48.00	1740
普林斯顿大学数学竞赛	2016—06	38.00	669
亚太地区数学奥林匹克竞赛题	2015—07	18.00	492
日本历届(初级)广中杯数学竞赛试题及解答.第1卷(2000~2007)	2016—05	28.00	641
日本历届(初级)广中杯数学竞赛试题及解答.第2卷(2008~2015)	2016—05	38.00	642
越南数学奥林匹克题选:1962—2009	2021—07	48.00	1370
罗马尼亚大师杯数学竞赛试题及解答	2024—09	48.00	1746
欧洲女子数学奥林匹克	2024—04	48.00	1723
360个数学竞赛问题	2016—08	58.00	677

— 4 —

刘培杰数学工作室
已出版(即将出版)图书目录——初等数学

书 名	出版时间	定 价	编号
奥数最佳实战题.上卷	2017—06	38.00	760
奥数最佳实战题.下卷	2017—05	58.00	761
解决问题的策略	2024—08	48.00	1742
哈尔滨市早期中学数学竞赛试题汇编	2016—07	28.00	672
全国高中数学联赛试题及解答:1981—2019(第4版)	2020—07	138.00	1176
2024年全国高中数学联合竞赛模拟题集	2024—01	38.00	1702
20世纪50年代全国部分城市数学竞赛试题汇编	2017—07	28.00	797
国内外数学竞赛题及精解:2018—2019	2020—08	45.00	1192
国内外数学竞赛题及精解:2019—2020	2021—11	58.00	1439
许康华竞赛优学精选集.第一辑	2018—08	68.00	949
天问叶班数学问题征解100题.Ⅰ,2016—2018	2019—05	88.00	1075
天问叶班数学问题征解100题.Ⅱ,2017—2019	2020—07	98.00	1177
美国初中数学竞赛:AMC8准备(共6卷)	2019—07	138.00	1089
美国高中数学竞赛:AMC10准备(共6卷)	2019—08	158.00	1105
王连笑教你怎样学数学:高考选择题解题策略与客观题实用训练	2014—01	48.00	262
王连笑教你怎样学数学:高考数学高层次讲座	2015—02	48.00	432
高考数学的理论与实践	2009—08	38.00	53
高考数学核心题型解题方法与技巧	2010—01	28.00	86
高考思维新平台	2014—03	38.00	259
高考数学压轴题解题诀窍(上)(第2版)	2018—01	58.00	874
高考数学压轴题解题诀窍(下)(第2版)	2018—01	48.00	875
突破高考数学新定义创新压轴题	2024—08	88.00	1741
北京市五区文科数学三年高考模拟题详解:2013～2015	2015—08	48.00	500
北京市五区理科数学三年高考模拟题详解:2013～2015	2015—09	68.00	505
向量法巧解数学高考题	2009—08	28.00	54
高中数学课堂教学的实践与反思	2021—11	48.00	791
数学高考参考	2016—01	78.00	589
新课程标准高考数学解答题各种题型解法指导	2020—08	78.00	1196
全国及各省市高考数学试题审题要津与解法研究	2015—02	48.00	450
高中数学章节起始课的教学研究与案例设计	2019—05	28.00	1064
新课标高考数学——五年试题分章详解(2007～2011)(上、下)	2011—10	78.00	140,141
全国中考数学压轴题审题要津与解法研究	2013—04	78.00	248
新编全国及各省市中考数学压轴题审题要津与解法研究	2014—05	58.00	342
全国及各省市5年中考数学压轴题审题要津与解法研究(2015版)	2015—04	58.00	462
中考数学专题总复习	2007—04	28.00	6
中考数学较难题常考题型解题方法与技巧	2016—09	48.00	681
中考数学难题常考题型解题方法与技巧	2016—09	48.00	682
中考数学中档题常考题型解题方法与技巧	2017—08	68.00	835
中考数学选择填空压轴好题妙解365	2024—01	80.00	1698
中考数学:三类重点考题的解法例析与习题	2020—04	48.00	1140
中小学数学的历史文化	2019—11	48.00	1124
小升初衔接数学	2024—06	68.00	1734
赢在小升初——数学	2024—08	78.00	1739
初中平面几何百题多思创新解	2020—01	58.00	1125
初中数学中考备考	2020—01	58.00	1126
高考数学之九章演义	2019—08	68.00	1044
高考数学之难题谈笑间	2022—06	68.00	1519
化学可以这样学:高中化学知识方法智慧感悟疑难辨析	2019—07	58.00	1103
如何成为学习高手	2019—09	58.00	1107
高考数学:经典真题分类解析	2020—04	78.00	1134
高考数学解答题破解策略	2020—11	58.00	1221
从分析解题过程学解题:高考压轴题与竞赛题之关系探究	2020—08	88.00	1179
从分析解题过程学解题:数学高考与竞赛的互联互通探究	2024—06	88.00	1735
教学新思考:单元整体视角下的初中数学教学设计	2021—03	58.00	1278
思维再拓展:2020年经典几何题的多解探究与思考	即将出版		1279
中考数学小压轴汇编初讲	2017—07	48.00	788
中考数学大压轴专题微言	2017—09	48.00	846

刘培杰数学工作室
已出版（即将出版）图书目录——初等数学

书　名	出版时间	定　价	编号
怎么解中考平面几何探索题	2019-06	48.00	1093
北京中考数学压轴题解题方法突破(第9版)	2024-01	78.00	1645
助你高考成功的数学解题智慧:知识是智慧的基础	2016-01	58.00	596
助你高考成功的数学解题智慧:错误是智慧的试金石	2016-04	58.00	643
助你高考成功的数学解题智慧:方法是智慧的推手	2016-04	68.00	657
高考数学奇思妙解	2016-04	38.00	610
高考数学解题策略	2016-05	48.00	670
数学解题泄天机(第2版)	2017-10	48.00	850
高中物理教学讲义	2018-01	48.00	871
高中物理教学讲义:全模块	2022-03	98.00	1492
高中物理答疑解惑65篇	2021-11	48.00	1462
中学物理基础问题解析	2020-08	48.00	1183
初中数学、高中数学脱节知识补缺教材	2017-06	48.00	766
高考数学客观题解题方法和技巧	2017-10	38.00	847
十年高考数学精品试题审题要津与解法研究	2021-10	98.00	1427
中国历届高考数学试题及解答.1949—1979	2018-01	38.00	877
历届中国高考数学试题及解答.第二卷,1980—1989	2018-10	28.00	975
历届中国高考数学试题及解答.第三卷,1990—1999	2018-10	48.00	976
跟我学解高中数学题	2018-07	58.00	926
中学数学研究的方法及案例	2018-05	58.00	869
高考数学抢分技能	2018-07	68.00	934
高一新生常用数学方法和重要数学思想提升教材	2018-06	38.00	921
高考数学全国卷六道解答题常考题型解题诀窍:理科(全2册)	2019-07	78.00	1101
高考数学全国卷16道选择、填空题常考题型解题诀窍.理科	2018-09	88.00	971
高考数学全国卷16道选择、填空题常考题型解题诀窍.文科	2020-01	88.00	1123
高中数学一题多解	2019-06	58.00	1087
历届中国高考数学试题及解答:1917—1999	2021-08	118.00	1371
2000~2003年全国及各省市高考数学试题及解答	2022-05	88.00	1499
2004年全国及各省市高考数学试题及解答	2023-08	78.00	1500
2005年全国及各省市高考数学试题及解答	2023-08	78.00	1501
2006年全国及各省市高考数学试题及解答	2023-08	88.00	1502
2007年全国及各省市高考数学试题及解答	2023-08	98.00	1503
2008年全国及各省市高考数学试题及解答	2023-08	88.00	1504
2009年全国及各省市高考数学试题及解答	2023-08	88.00	1505
2010年全国及各省市高考数学试题及解答	2023-08	98.00	1506
2011~2017年全国及各省市高考数学试题及解答	2024-01	78.00	1507
2018~2023年全国及各省市高考数学试题及解答	2024-03	78.00	1709
突破高原:高中数学解题思维探究	2021-08	48.00	1375
高考数学中的"取值范围"	2021-10	48.00	1429
新课程标准高中数学各种题型解法大全.必修一分册	2021-06	58.00	1315
新课程标准高中数学各种题型解法大全.必修二分册	2022-01	68.00	1471
高中数学各种题型解法大全.选择性必修一分册	2022-06	68.00	1525
高中数学各种题型解法大全.选择性必修二分册	2023-01	58.00	1600
高中数学各种题型解法大全.选择性必修三分册	2023-04	48.00	1643
高中数学专题研究	2024-05	88.00	1722
历届全国初中数学竞赛经典试题详解	2023-04	88.00	1624
孟祥礼高考数学精刷精解	2023-06	98.00	1663
新编640个世界著名数学智力趣题	2014-01	88.00	242
500个最新世界著名数学智力趣题	2008-06	48.00	3
400个最新世界著名数学最值问题	2008-09	48.00	36
500个世界著名数学征解问题	2009-06	48.00	52
400个中国最佳初等数学征解老问题	2010-01	48.00	60
500个俄罗斯数学经典老题	2011-01	28.00	81
1000个国外中学物理好题	2012-04	48.00	174
300个日本高考数学题	2012-05	38.00	142
700个早期日本高考数学试题	2017-02	88.00	752

刘培杰数学工作室
已出版（即将出版）图书目录——初等数学

书　名	出版时间	定　价	编号
500个前苏联早期高考数学试题及解答	2012—05	28.00	185
546个早期俄罗斯大学生数学竞赛题	2014—03	38.00	285
548个来自美苏的数学好问题	2014—11	28.00	396
20所苏联著名大学早期入学试题	2015—02	18.00	452
161道德国工科大学生必做的微分方程习题	2015—05	28.00	469
500个德国工科大学生必做的高数习题	2015—06	28.00	478
360个数学竞赛问题	2016—08	58.00	677
200个趣味数学故事	2018—02	48.00	857
470个数学奥林匹克中的最值问题	2018—10	88.00	985
德国讲义日本考题.微积分卷	2015—04	48.00	456
德国讲义日本考题.微分方程卷	2015—04	38.00	457
二十世纪中叶中、英、美、日、法、俄高考数学试题精选	2017—06	38.00	783
中国初等数学研究　2009卷(第1辑)	2009—05	20.00	45
中国初等数学研究　2010卷(第2辑)	2010—05	30.00	68
中国初等数学研究　2011卷(第3辑)	2011—07	60.00	127
中国初等数学研究　2012卷(第4辑)	2012—07	48.00	190
中国初等数学研究　2014卷(第5辑)	2014—02	48.00	288
中国初等数学研究　2015卷(第6辑)	2015—06	68.00	493
中国初等数学研究　2016卷(第7辑)	2016—04	68.00	609
中国初等数学研究　2017卷(第8辑)	2017—01	98.00	712
初等数学研究在中国.第1辑	2019—03	158.00	1024
初等数学研究在中国.第2辑	2019—10	158.00	1116
初等数学研究在中国.第3辑	2021—05	158.00	1306
初等数学研究在中国.第4辑	2022—06	158.00	1520
初等数学研究在中国.第5辑	2023—07	158.00	1635
几何变换(Ⅰ)	2014—07	28.00	353
几何变换(Ⅱ)	2015—06	28.00	354
几何变换(Ⅲ)	2015—01	38.00	355
几何变换(Ⅳ)	2015—12	38.00	356
初等数论难题集(第一卷)	2009—05	68.00	44
初等数论难题集(第二卷)(上、下)	2011—02	128.00	82,83
数论概貌	2011—03	18.00	93
代数数论(第二版)	2013—08	58.00	94
代数多项式	2014—06	38.00	289
初等数论的知识与问题	2011—02	28.00	95
超越数论基础	2011—03	28.00	96
数论初等教程	2011—03	28.00	97
数论基础	2011—03	18.00	98
数论基础与维诺格拉多夫	2014—03	18.00	292
解析数论基础	2012—08	28.00	216
解析数论基础(第二版)	2014—01	48.00	287
解析数论问题集(第二版)(原版引进)	2014—05	88.00	343
解析数论问题集(第二版)(中译本)	2016—04	88.00	607
解析数论基础(潘承洞,潘承彪著)	2016—07	98.00	673
解析数论导引	2016—07	58.00	674
数论入门	2011—03	38.00	99
代数数论入门	2015—03	38.00	448

刘培杰数学工作室
已出版(即将出版)图书目录——初等数学

书　　名	出版时间	定　价	编号
数论开篇	2012—07	28.00	194
解析数论引论	2011—03	48.00	100
Barban Davenport Halberstam 均值和	2009—01	40.00	33
基础数论	2011—03	28.00	101
初等数论 100 例	2011—05	18.00	122
初等数论经典例题	2012—07	18.00	204
最新世界各国数学奥林匹克中的初等数论试题(上、下)	2012—01	138.00	144,145
初等数论(Ⅰ)	2012—01	18.00	156
初等数论(Ⅱ)	2012—01	18.00	157
初等数论(Ⅲ)	2012—01	28.00	158
平面几何与数论中未解决的新老问题	2013—01	68.00	229
代数数论简史	2014—11	28.00	408
代数数论	2015—09	88.00	532
代数、数论及分析习题集	2016—11	98.00	695
数论导引提要及习题解答	2016—01	48.00	559
素数定理的初等证明. 第 2 版	2016—09	48.00	686
数论中的模函数与狄利克雷级数(第二版)	2017—11	78.00	837
数论:数学导引	2018—01	68.00	849
范氏大代数	2019—02	98.00	1016
解析数学讲义.第一卷,导来式及微分、积分、级数	2019—04	88.00	1021
解析数学讲义.第二卷,关于几何的应用	2019—04	68.00	1022
解析数学讲义.第三卷,解析函数论	2019—04	78.00	1023
分析·组合·数论纵横谈	2019—04	58.00	1039
Hall 代数:民国时期的中学数学课本:英文	2019—08	88.00	1106
基谢廖夫初等代数	2022—07	38.00	1531
基谢廖夫算术	2024—05	48.00	1725
数学精神巡礼	2019—01	58.00	731
数学眼光透视(第2版)	2017—06	78.00	732
数学思想领悟(第2版)	2018—01	68.00	733
数学方法溯源(第2版)	2018—08	68.00	734
数学解题引论	2017—05	58.00	735
数学史话览胜(第2版)	2017—01	48.00	736
数学应用展观(第2版)	2017—08	68.00	737
数学建模尝试	2018—04	48.00	738
数学竞赛采风	2018—01	68.00	739
数学测评探营	2019—05	58.00	740
数学技能操握	2018—03	48.00	741
数学欣赏拾趣	2018—02	48.00	742
从毕达哥拉斯到怀尔斯	2007—10	48.00	9
从迪利克雷到维斯卡尔迪	2008—01	48.00	21
从哥德巴赫到陈景润	2008—05	98.00	35
从庞加莱到佩雷尔曼	2011—08	138.00	136
博弈论精粹	2008—03	58.00	30
博弈论精粹.第二版(精装)	2015—01	88.00	461
数学 我爱你	2008—01	28.00	20
精神的圣徒　别样的人生——60位中国数学家成长的历程	2008—09	48.00	39
数学史概论	2009—06	78.00	50

刘培杰数学工作室
已出版(即将出版)图书目录——初等数学

书 名	出版时间	定 价	编号
数学史概论(精装)	2013—03	158.00	272
数学史选讲	2016—01	48.00	544
斐波那契数列	2010—02	28.00	65
数学拼盘和斐波那契魔方	2010—07	38.00	72
斐波那契数列欣赏(第2版)	2018—08	58.00	948
Fibonacci 数列中的明珠	2018—06	58.00	928
数学的创造	2011—02	48.00	85
数学美与创造力	2016—01	48.00	595
数海拾贝	2016—01	48.00	590
数学中的美(第2版)	2019—04	68.00	1057
数论中的美学	2014—12	38.00	351
数学王者 科学巨人——高斯	2015—01	28.00	428
振兴祖国数学的圆梦之旅:中国初等数学研究史话	2015—06	98.00	490
二十世纪中国数学史料研究	2015—10	48.00	536
《九章算法比类大全》校注	2024—06	198.00	1695
数字谜、数阵图与棋盘覆盖	2016—01	58.00	298
数学概念的进化:一个初步的研究	2023—07	68.00	1683
数学发现的艺术:数学探索中的合情推理	2016—07	58.00	671
活跃在数学中的参数	2016—07	48.00	675
数海趣史	2021—05	98.00	1314
玩转幻中之幻	2023—08	88.00	1682
数学艺术品	2023—09	98.00	1685
数学博弈与游戏	2023—10	68.00	1692
数学解题——靠数学思想给力(上)	2011—07	38.00	131
数学解题——靠数学思想给力(中)	2011—07	48.00	132
数学解题——靠数学思想给力(下)	2011—07	38.00	133
我怎样解题	2013—01	48.00	227
数学解题中的物理方法	2011—06	28.00	114
数学解题的特殊方法	2011—06	48.00	115
中学数学计算技巧(第2版)	2020—10	48.00	1220
中学数学证明方法	2012—01	58.00	117
数学趣题巧解	2012—03	28.00	128
高中数学教学通鉴	2015—05	58.00	479
和高中生漫谈:数学与哲学的故事	2014—08	28.00	369
算术问题集	2017—03	38.00	789
张教授讲数学	2018—07	38.00	933
陈永明实话实说数学教学	2020—04	68.00	1132
中学数学学科知识与教学能力	2020—06	58.00	1155
怎样把课讲好:大罕数学教学随笔	2022—03	58.00	1484
中国高考评价体系下高考数学探秘	2022—03	48.00	1487
数苑漫步	2024—01	58.00	1670
自主招生考试中的参数方程问题	2015—01	28.00	435
自主招生考试中的极坐标问题	2015—04	28.00	463
近年全国重点大学自主招生数学试题全解及研究.华约卷	2015—02	38.00	441
近年全国重点大学自主招生数学试题全解及研究.北约卷	2016—05	38.00	619
自主招生数学解证宝典	2015—09	48.00	535
中国科学技术大学创新班数学真题解析	2022—03	48.00	1488
中国科学技术大学创新班物理真题解析	2022—03	58.00	1489
格点和面积	2012—07	18.00	191
射影几何趣谈	2012—04	28.00	175
斯潘纳尔引理——从一道加拿大数学奥林匹克试题谈起	2014—01	28.00	228
李普希兹条件——从几道近年高考数学试题谈起	2012—10	18.00	221
拉格朗日中值定理——从一道北京高考试题的解法谈起	2015—10	18.00	197

刘培杰数学工作室
已出版(即将出版)图书目录——初等数学

书 名	出版时间	定 价	编号
闵科夫斯基定理——从一道清华大学自主招生试题谈起	2014—01	28.00	198
哈尔测度——从一道冬令营试题的背景谈起	2012—08	28.00	202
切比雪夫逼近问题——从一道中国台北数学奥林匹克试题谈起	2013—04	38.00	238
伯恩斯坦多项式与贝齐尔曲面——从一道全国高中数学联赛试题谈起	2013—03	38.00	236
卡塔兰猜想——从一道普特南竞赛试题谈起	2013—06	18.00	256
麦卡锡函数和阿克曼函数——从一道前南斯拉夫数学奥林匹克试题谈起	2012—08	18.00	201
贝蒂定理与拉姆贝克莫斯尔定理——从一个拣石子游戏谈起	2012—08	18.00	217
皮亚诺曲线和豪斯道夫分球定理——从无限集谈起	2012—08	18.00	211
平面凸图形与凸多面体	2012—10	28.00	218
斯坦因豪斯问题——从一道二十五省市自治区中学数学竞赛试题谈起	2012—07	18.00	196
纽结理论中的亚历山大多项式与琼斯多项式——从一道北京市高一数学竞赛试题谈起	2012—07	28.00	195
原则与策略——从波利亚"解题表"谈起	2013—04	38.00	244
转化与化归——从三大尺规作图不能问题谈起	2012—08	28.00	214
代数几何中的贝祖定理(第一版)——从一道IMO试题的解法谈起	2013—08	18.00	193
成功连贯理论与约当块理论——从一道比利时数学竞赛试题谈起	2012—04	18.00	180
素数判定与大数分解	2014—08	18.00	199
置换多项式及其应用	2012—10	18.00	220
椭圆函数与模函数——从一道美国加州大学洛杉矶分校(UCLA)博士资格考题谈起	2012—10	28.00	219
差分方程的拉格朗日方法——从一道2011年全国高考理科试题的解法谈起	2012—08	28.00	200
力学在几何中的一些应用	2013—01	38.00	240
从根式解到伽罗瓦理论	2020—01	48.00	1121
康托洛维奇不等式——从一道全国高中联赛试题谈起	2013—03	28.00	337
拉克斯定理和阿廷定理——从一道IMO试题的解法谈起	2014—01	58.00	246
毕卡大定理——从一道美国大学数学竞赛试题谈起	2014—07	18.00	350
拉格朗日乘子定理——从一道2005年全国高中联赛试题的高等数学解法谈起	2015—05	28.00	480
雅可比定理——从一道日本数学奥林匹克试题谈起	2013—04	48.00	249
李天岩—约克定理——从一道波兰数学竞赛试题谈起	2014—06	28.00	349
受控理论与初等不等式:从一道IMO试题的解法谈起	2023—03	48.00	1601
布劳维不动点定理——从一道前苏联数学奥林匹克试题谈起	2014—01	38.00	273
莫德尔—韦伊定理——从一道日本数学奥林匹克试题谈起	2024—10	48.00	1602
斯蒂尔杰斯积分——从一道国际大学生数学竞赛试题的解法谈起	2024—10	68.00	1605
切博塔廖夫猜想——从一道1978年全国高中数学竞赛试题谈起	2024—10	38.00	1606
卡西尼卵形线:从一道高中数学期中考试试题谈起	2024—10	48.00	1607
格罗斯问题:亚纯函数的唯一性问题	2024—10	48.00	1608
布格尔问题——从一道第6届全国中学生物理竞赛预赛试题谈起	2024—09	68.00	1609
多项式逼近问题——从一道美国大学生数学竞赛试题谈起	2024—10	48.00	1748
中国剩余定理:总数法构建中国历史年表	2015—01	28.00	430
牛顿程序与方程求根——从一道全国高考试题解法谈起	即将出版		
库默尔定理——从一道IMO预选试题谈起	即将出版		
卢丁定理——从一道冬令营试题的解法谈起	即将出版		
沃斯滕霍姆定理——从一道IMO预选试题谈起	即将出版		
卡尔松不等式——从一道莫斯科数学奥林匹克试题谈起	即将出版		
信息论中的香农熵——从一道近年高考压轴题谈起	即将出版		

刘培杰数学工作室
已出版(即将出版)图书目录——初等数学

书　名	出版时间	定　价	编号
约当不等式——从一道希望杯竞赛试题谈起	即将出版		
拉比诺维奇定理	即将出版		
刘维尔定理——从一道《美国数学月刊》征解问题的解法谈起	即将出版		
卡塔兰恒等式与级数求和——从一道IMO试题的解法谈起	即将出版		
勒让德猜想与素数分布——从一道爱尔兰竞赛试题谈起	即将出版		
天平称重与信息论——从一道基辅市数学奥林匹克试题谈起	即将出版		
哈密尔顿-凯莱定理：从一道高中数学联赛试题谈起	2014－09	18.00	376
艾思特曼定理——从一道CMO试题的解法谈起	即将出版		
阿贝尔恒等式与经典不等式及应用	2018－06	98.00	923
迪利克雷除数问题	2018－07	48.00	930
幻方、幻立方与拉丁方	2019－08	48.00	1092
帕斯卡三角形	2014－03	18.00	294
蒲丰投针问题——从2009年清华大学的一道自主招生试题谈起	2014－01	38.00	295
斯图姆定理——从一道"华约"自主招生试题的解法谈起	2014－01	18.00	296
许瓦兹引理——从一道加利福尼亚大学伯克利分校数学系博士生试题谈起	2014－08	18.00	297
拉姆塞定理——从王诗宬院士的一个问题谈起	2016－04	48.00	299
坐标法	2013－12	28.00	332
数论三角形	2014－04	38.00	341
毕克定理	2014－07	18.00	352
数林掠影	2014－09	48.00	389
我们周围的概率	2014－10	38.00	390
凸函数最值定理：从一道华约自主招生题的解法谈起	2014－10	28.00	391
易学与数学奥林匹克	2014－10	38.00	392
生物数学趣谈	2015－01	18.00	409
反演	2015－01	28.00	420
因式分解与圆锥曲线	2015－01	18.00	426
轨迹	2015－01	28.00	427
面积原理：从常庚哲命的一道CMO试题的积分解法谈起	2015－01	48.00	431
形形色色的不动点定理：从一道28届IMO试题谈起	2015－01	38.00	439
柯西函数方程：从一道上海交大自主招生的试题谈起	2015－02	28.00	440
三角恒等式	2015－02	28.00	442
无理性判定：从一道2014年"北约"自主招生试题谈起	2015－01	38.00	443
数学归纳法	2015－03	18.00	451
极端原理与解题	2015－04	28.00	464
法雷级数	2014－08	18.00	367
摆线族	2015－01	38.00	438
函数方程及其解法	2015－05	38.00	470
含参数的方程和不等式	2012－09	28.00	213
希尔伯特第十问题	2016－01	38.00	543
无穷小量的求和	2016－01	28.00	545
切比雪夫多项式：从一道清华大学金秋营试题谈起	2016－01	38.00	583
泽肯多夫定理	2016－03	38.00	599
代数等式证题法	2016－01	28.00	600
三角等式证题法	2016－01	28.00	601
吴大任教授藏书中的一个因式分解公式：从一道美国数学邀请赛试题的解法谈起	2016－06	28.00	656
易卦——类万物的数学模型	2017－08	68.00	838
"不可思议"的数与数系可持续发展	2018－01	38.00	878
最短线	2018－01	38.00	879
数学在天文、地理、光学、机械力学中的一些应用	2023－03	88.00	1576
从阿基米德三角形谈起	2023－01	28.00	1578

刘培杰数学工作室
已出版(即将出版)图书目录——初等数学

书 名	出版时间	定 价	编号
幻方和魔方(第一卷)	2012—05	68.00	173
尘封的经典——初等数学经典文献选读(第一卷)	2012—07	48.00	205
尘封的经典——初等数学经典文献选读(第二卷)	2012—07	38.00	206
初级方程式论	2011—03	28.00	106
初等数学研究(Ⅰ)	2008—09	68.00	37
初等数学研究(Ⅱ)(上、下)	2009—05	118.00	46,47
初等数学专题研究	2022—10	68.00	1568
趣味初等方程妙题集锦	2014—09	48.00	388
趣味初等数论选美与欣赏	2015—02	48.00	445
耕读笔记(上卷):一位农民数学爱好者的初数探索	2015—04	28.00	459
耕读笔记(中卷):一位农民数学爱好者的初数探索	2015—05	28.00	483
耕读笔记(下卷):一位农民数学爱好者的初数探索	2015—05	28.00	484
几何不等式研究与欣赏.上卷	2016—01	88.00	547
几何不等式研究与欣赏.下卷	2016—01	48.00	552
初等数列研究与欣赏·上	2016—01	48.00	570
初等数列研究与欣赏·下	2016—01	48.00	571
趣味初等函数研究与欣赏.上	2016—09	48.00	684
趣味初等函数研究与欣赏.下	2018—09	48.00	685
三角不等式研究与欣赏	2020—10	68.00	1197
新编平面解析几何解题方法研究与欣赏	2021—10	78.00	1426
火柴游戏(第2版)	2022—05	38.00	1493
智力解谜.第1卷	2017—07	38.00	613
智力解谜.第2卷	2017—07	38.00	614
故事智力	2016—07	48.00	615
名人们喜欢的智力问题	2020—01	48.00	616
数学大师的发现、创造与失误	2018—01	48.00	617
异曲同工	2018—09	48.00	618
数学的味道(第2版)	2023—10	68.00	1686
数学千字文	2018—10	68.00	977
数贝偶拾——高考数学题研究	2014—04	28.00	274
数贝偶拾——初等数学研究	2014—04	38.00	275
数贝偶拾——奥数题研究	2014—04	48.00	276
钱昌本教你快乐学数学(上)	2011—12	48.00	155
钱昌本教你快乐学数学(下)	2012—03	58.00	171
集合、函数与方程	2014—01	28.00	300
数列与不等式	2014—01	38.00	301
三角与平面向量	2014—01	28.00	302
平面解析几何	2014—01	38.00	303
立体几何与组合	2014—01	28.00	304
极限与导数、数学归纳法	2014—01	38.00	305
趣味数学	2014—03	28.00	306
教材教法	2014—04	68.00	307
自主招生	2014—05	58.00	308
高考压轴题(上)	2015—01	48.00	309
高考压轴题(下)	2014—10	68.00	310

— 12 —

刘培杰数学工作室
已出版(即将出版)图书目录——初等数学

书　名	出版时间	定　价	编号
从费马到怀尔斯——费马大定理的历史	2013—10	198.00	Ⅰ
从庞加莱到佩雷尔曼——庞加莱猜想的历史	2013—10	298.00	Ⅱ
从切比雪夫到爱尔特希(上)——素数定理的初等证明	2013—07	48.00	Ⅲ
从切比雪夫到爱尔特希(下)——素数定理100年	2012—12	98.00	Ⅲ
从高斯到盖尔方特——二次域的高斯猜想	2013—10	198.00	Ⅳ
从库默尔到朗兰兹——朗兰兹猜想的历史	2014—01	98.00	Ⅴ
从比勃巴赫到德布朗斯——比勃巴赫猜想的历史	2014—02	298.00	Ⅵ
从麦比乌斯到陈省身——麦比乌斯变换与麦比乌斯带	2014—02	298.00	Ⅶ
从布尔到豪斯道夫——布尔方程与格论漫谈	2013—10	198.00	Ⅷ
从开普勒到阿诺德——三体问题的历史	2014—05	298.00	Ⅸ
从华林到华罗庚——华林问题的历史	2013—10	298.00	Ⅹ
美国高中数学竞赛五十讲.第1卷(英文)	2014—08	28.00	357
美国高中数学竞赛五十讲.第2卷(英文)	2014—08	28.00	358
美国高中数学竞赛五十讲.第3卷(英文)	2014—09	28.00	359
美国高中数学竞赛五十讲.第4卷(英文)	2014—09	28.00	360
美国高中数学竞赛五十讲.第5卷(英文)	2014—10	28.00	361
美国高中数学竞赛五十讲.第6卷(英文)	2014—11	28.00	362
美国高中数学竞赛五十讲.第7卷(英文)	2014—12	28.00	363
美国高中数学竞赛五十讲.第8卷(英文)	2015—01	28.00	364
美国高中数学竞赛五十讲.第9卷(英文)	2015—01	28.00	365
美国高中数学竞赛五十讲.第10卷(英文)	2015—02	38.00	366
三角函数(第2版)	2017—04	38.00	626
不等式	2014—01	38.00	312
数列	2014—01	38.00	313
方程(第2版)	2017—04	38.00	624
排列和组合	2014—01	28.00	315
极限与导数(第2版)	2016—04	38.00	635
向量(第2版)	2018—08	58.00	627
复数及其应用	2014—08	28.00	318
函数	2014—01	38.00	319
集合	2020—01	48.00	320
直线与平面	2014—01	28.00	321
立体几何(第2版)	2016—04	38.00	629
解三角形	即将出版		323
直线与圆(第2版)	2016—11	38.00	631
圆锥曲线(第2版)	2016—09	48.00	632
解题通法(一)	2014—07	38.00	326
解题通法(二)	2014—07	38.00	327
解题通法(三)	2014—05	38.00	328
概率与统计	2014—01	28.00	329
信息迁移与算法	即将出版		330

刘培杰数学工作室
已出版(即将出版)图书目录——初等数学

书　名	出版时间	定价	编号
IMO 50 年.第 1 卷(1959—1963)	2014—11	28.00	377
IMO 50 年.第 2 卷(1964—1968)	2014—11	28.00	378
IMO 50 年.第 3 卷(1969—1973)	2014—09	28.00	379
IMO 50 年.第 4 卷(1974—1978)	2016—04	38.00	380
IMO 50 年.第 5 卷(1979—1984)	2015—04	38.00	381
IMO 50 年.第 6 卷(1985—1989)	2015—04	58.00	382
IMO 50 年.第 7 卷(1990—1994)	2016—01	48.00	383
IMO 50 年.第 8 卷(1995—1999)	2016—06	38.00	384
IMO 50 年.第 9 卷(2000—2004)	2015—04	58.00	385
IMO 50 年.第 10 卷(2005—2009)	2016—01	48.00	386
IMO 50 年.第 11 卷(2010—2015)	2017—03	48.00	646
数学反思(2006—2007)	2020—09	88.00	915
数学反思(2008—2009)	2019—01	68.00	917
数学反思(2010—2011)	2018—05	58.00	916
数学反思(2012—2013)	2019—01	58.00	918
数学反思(2014—2015)	2019—03	78.00	919
数学反思(2016—2017)	2021—03	58.00	1286
数学反思(2018—2019)	2023—01	88.00	1593
历届美国大学生数学竞赛试题集.第一卷(1938—1949)	2015—01	28.00	397
历届美国大学生数学竞赛试题集.第二卷(1950—1959)	2015—01	28.00	398
历届美国大学生数学竞赛试题集.第三卷(1960—1969)	2015—01	28.00	399
历届美国大学生数学竞赛试题集.第四卷(1970—1979)	2015—01	18.00	400
历届美国大学生数学竞赛试题集.第五卷(1980—1989)	2015—01	28.00	401
历届美国大学生数学竞赛试题集.第六卷(1990—1999)	2015—01	28.00	402
历届美国大学生数学竞赛试题集.第七卷(2000—2009)	2015—08	18.00	403
历届美国大学生数学竞赛试题集.第八卷(2010—2012)	2015—01	18.00	404
新课标高考数学创新题解题诀窍:总论	2014—09	28.00	372
新课标高考数学创新题解题诀窍:必修 1～5 分册	2014—08	38.00	373
新课标高考数学创新题解题诀窍:选修 2—1,2—2,1—1,1—2分册	2014—09	38.00	374
新课标高考数学创新题解题诀窍:选修 2—3,4—4,4—5分册	2014—09	18.00	375
全国重点大学自主招生英文数学试题全攻略:词汇卷	2015—07	48.00	410
全国重点大学自主招生英文数学试题全攻略:概念卷	2015—01	28.00	411
全国重点大学自主招生英文数学试题全攻略:文章选读卷(上)	2016—09	38.00	412
全国重点大学自主招生英文数学试题全攻略:文章选读卷(下)	2017—01	58.00	413
全国重点大学自主招生英文数学试题全攻略:试题卷	2015—07	38.00	414
全国重点大学自主招生英文数学试题全攻略:名著欣赏卷	2017—03	48.00	415
劳埃德数学趣题大全.题目卷.1:英文	2016—01	18.00	516
劳埃德数学趣题大全.题目卷.2:英文	2016—01	18.00	517
劳埃德数学趣题大全.题目卷.3:英文	2016—01	18.00	518
劳埃德数学趣题大全.题目卷.4:英文	2016—01	18.00	519
劳埃德数学趣题大全.题目卷.5:英文	2016—01	18.00	520
劳埃德数学趣题大全.答案卷:英文	2016—01	18.00	521

刘培杰数学工作室
已出版(即将出版)图书目录——初等数学

书　　名	出版时间	定　价	编号
李成章教练奥数笔记.第1卷	2016—01	48.00	522
李成章教练奥数笔记.第2卷	2016—01	48.00	523
李成章教练奥数笔记.第3卷	2016—01	38.00	524
李成章教练奥数笔记.第4卷	2016—01	38.00	525
李成章教练奥数笔记.第5卷	2016—01	38.00	526
李成章教练奥数笔记.第6卷	2016—01	38.00	527
李成章教练奥数笔记.第7卷	2016—01	38.00	528
李成章教练奥数笔记.第8卷	2016—01	48.00	529
李成章教练奥数笔记.第9卷	2016—01	28.00	530
第19~23届"希望杯"全国数学邀请赛试题审题要津详细评注(初一版)	2014—03	28.00	333
第19~23届"希望杯"全国数学邀请赛试题审题要津详细评注(初二、初三版)	2014—03	38.00	334
第19~23届"希望杯"全国数学邀请赛试题审题要津详细评注(高一版)	2014—03	28.00	335
第19~23届"希望杯"全国数学邀请赛试题审题要津详细评注(高二版)	2014—03	38.00	336
第19~25届"希望杯"全国数学邀请赛试题审题要津详细评注(初一版)	2015—01	38.00	416
第19~25届"希望杯"全国数学邀请赛试题审题要津详细评注(初二、初三版)	2015—01	58.00	417
第19~25届"希望杯"全国数学邀请赛试题审题要津详细评注(高一版)	2015—01	48.00	418
第19~25届"希望杯"全国数学邀请赛试题审题要津详细评注(高二版)	2015—01	48.00	419
物理奥林匹克竞赛大题典——力学卷	2014—11	48.00	405
物理奥林匹克竞赛大题典——热学卷	2014—04	28.00	339
物理奥林匹克竞赛大题典——电磁学卷	2015—07	48.00	406
物理奥林匹克竞赛大题典——光学与近代物理卷	2014—06	28.00	345
历届中国东南地区数学奥林匹克试题及解答	2024—06	68.00	1724
历届中国西部地区数学奥林匹克试题集(2001~2012)	2014—07	18.00	347
历届中国女子数学奥林匹克试题集(2002~2012)	2014—08	18.00	348
数学奥林匹克在中国	2014—06	98.00	344
数学奥林匹克问题集	2014—01	38.00	267
数学奥林匹克不等式散论	2010—06	38.00	124
数学奥林匹克不等式欣赏	2011—09	38.00	138
数学奥林匹克超级题库(初中卷上)	2010—01	58.00	66
数学奥林匹克不等式证明方法和技巧(上、下)	2011—08	158.00	134,135
他们学什么:原民主德国中学数学课本	2016—09	38.00	658
他们学什么:英国中学数学课本	2016—09	38.00	659
他们学什么:法国中学数学课本.1	2016—09	38.00	660
他们学什么:法国中学数学课本.2	2016—09	28.00	661
他们学什么:法国中学数学课本.3	2016—09	38.00	662
他们学什么:苏联中学数学课本	2016—09	28.00	679

刘培杰数学工作室
已出版(即将出版)图书目录——初等数学

书 名	出版时间	定价	编号
高中数学题典——集合与简易逻辑·函数	2016—07	48.00	647
高中数学题典——导数	2016—07	48.00	648
高中数学题典——三角函数·平面向量	2016—07	48.00	649
高中数学题典——数列	2016—07	58.00	650
高中数学题典——不等式·推理与证明	2016—07	38.00	651
高中数学题典——立体几何	2016—07	48.00	652
高中数学题典——平面解析几何	2016—07	78.00	653
高中数学题典——计数原理·统计·概率·复数	2016—07	48.00	654
高中数学题典——算法·平面几何·初等数论·组合数学·其他	2016—07	68.00	655
台湾地区奥林匹克数学竞赛试题.小学一年级	2017—03	38.00	722
台湾地区奥林匹克数学竞赛试题.小学二年级	2017—03	38.00	723
台湾地区奥林匹克数学竞赛试题.小学三年级	2017—03	38.00	724
台湾地区奥林匹克数学竞赛试题.小学四年级	2017—03	38.00	725
台湾地区奥林匹克数学竞赛试题.小学五年级	2017—03	38.00	726
台湾地区奥林匹克数学竞赛试题.小学六年级	2017—03	38.00	727
台湾地区奥林匹克数学竞赛试题.初中一年级	2017—03	38.00	728
台湾地区奥林匹克数学竞赛试题.初中二年级	2017—03	38.00	729
台湾地区奥林匹克数学竞赛试题.初中三年级	2017—03	28.00	730
不等式证题法	2017—04	28.00	747
平面几何培优教程	2019—08	88.00	748
奥数鼎级培优教程.高一分册	2018—09	88.00	749
奥数鼎级培优教程.高二分册.上	2018—04	68.00	750
奥数鼎级培优教程.高二分册.下	2018—04	68.00	751
高中数学竞赛冲刺宝典	2019—04	68.00	883
初中尖子生数学超级题典.实数	2017—07	58.00	792
初中尖子生数学超级题典.式、方程与不等式	2017—08	58.00	793
初中尖子生数学超级题典.圆、面积	2017—08	38.00	794
初中尖子生数学超级题典.函数、逻辑推理	2017—08	48.00	795
初中尖子生数学超级题典.角、线段、三角形与多边形	2017—07	58.00	796
数学王子——高斯	2018—01	48.00	858
坎坷奇星——阿贝尔	2018—01	48.00	859
闪烁奇星——伽罗瓦	2018—01	58.00	860
无穷统帅——康托尔	2018—01	48.00	861
科学公主——柯瓦列夫斯卡娅	2018—01	48.00	862
抽象代数之母——埃米·诺特	2018—01	48.00	863
电脑先驱——图灵	2018—01	58.00	864
昔日神童——维纳	2018—01	48.00	865
数坛怪侠——爱尔特希	2018—01	68.00	866
传奇数学家徐利治	2019—09	88.00	1110

刘培杰数学工作室
已出版(即将出版)图书目录——初等数学

书　名	出版时间	定　价	编号
当代世界中的数学.数学思想与数学基础	2019—01	38.00	892
当代世界中的数学.数学问题	2019—01	38.00	893
当代世界中的数学.应用数学与数学应用	2019—01	38.00	894
当代世界中的数学.数学王国的新疆域(一)	2019—01	38.00	895
当代世界中的数学.数学王国的新疆域(二)	2019—01	38.00	896
当代世界中的数学.数林撷英(一)	2019—01	38.00	897
当代世界中的数学.数林撷英(二)	2019—01	48.00	898
当代世界中的数学.数学之路	2019—01	38.00	899
105个代数问题:来自AwesomeMath夏季课程	2019—02	58.00	956
106个几何问题:来自AwesomeMath夏季课程	2020—07	58.00	957
107个几何问题:来自AwesomeMath全年课程	2020—07	58.00	958
108个代数问题:来自AwesomeMath全年课程	2019—01	68.00	959
109个不等式:来自AwesomeMath夏季课程	2019—04	58.00	960
110个几何问题:选自各国数学奥林匹克竞赛	2024—04	58.00	961
111个代数和数论问题	2019—05	58.00	962
112个组合问题:来自AwesomeMath夏季课程	2019—05	58.00	963
113个几何不等式:来自AwesomeMath夏季课程	2020—08	58.00	964
114个指数和对数问题:来自AwesomeMath夏季课程	2019—09	48.00	965
115个三角问题:来自AwesomeMath夏季课程	2019—09	58.00	966
116个代数不等式:来自AwesomeMath全年课程	2019—04	58.00	967
117个多项式问题:来自AwesomeMath夏季课程	2021—09	58.00	1409
118个数学竞赛不等式	2022—08	78.00	1526
119个三角问题	2024—05	58.00	1726
119个三角问题	2024—05	58.00	1726
紫色彗星国际数学竞赛试题	2019—02	58.00	999
数学竞赛中的数学:为数学爱好者、父母、教师和教练准备的丰富资源.第一部	2020—04	58.00	1141
数学竞赛中的数学:为数学爱好者、父母、教师和教练准备的丰富资源.第二部	2020—07	48.00	1142
和与积	2020—10	38.00	1219
数论:概念和问题	2020—12	68.00	1257
初等数学问题研究	2021—03	48.00	1270
数学奥林匹克中的欧几里得几何	2021—10	68.00	1413
数学奥林匹克题解新编	2022—01	58.00	1430
图论入门	2022—09	58.00	1554
新的、更新的、最新的不等式	2023—07	58.00	1650
几何不等式相关问题	2024—04	58.00	1721
数学归纳法——一种高效而简捷的证明方法	2024—06	48.00	1738
数学竞赛中奇妙的多项式	2024—01	78.00	1646
120个奇妙的代数问题及20个奖励问题	2024—04	48.00	1647
几何不等式相关问题	2024—04	58.00	1721
数学竞赛中的十个代数主题	2024—10	58.00	1745

刘培杰数学工作室
已出版(即将出版)图书目录——初等数学

书　　名	出版时间	定　价	编号
澳大利亚中学数学竞赛试题及解答(初级卷)1978～1984	2019－02	28.00	1002
澳大利亚中学数学竞赛试题及解答(初级卷)1985～1991	2019－02	28.00	1003
澳大利亚中学数学竞赛试题及解答(初级卷)1992～1998	2019－02	28.00	1004
澳大利亚中学数学竞赛试题及解答(初级卷)1999～2005	2019－02	28.00	1005
澳大利亚中学数学竞赛试题及解答(中级卷)1978～1984	2019－03	28.00	1006
澳大利亚中学数学竞赛试题及解答(中级卷)1985～1991	2019－03	28.00	1007
澳大利亚中学数学竞赛试题及解答(中级卷)1992～1998	2019－03	28.00	1008
澳大利亚中学数学竞赛试题及解答(中级卷)1999～2005	2019－03	28.00	1009
澳大利亚中学数学竞赛试题及解答(高级卷)1978～1984	2019－05	28.00	1010
澳大利亚中学数学竞赛试题及解答(高级卷)1985～1991	2019－05	28.00	1011
澳大利亚中学数学竞赛试题及解答(高级卷)1992～1998	2019－05	28.00	1012
澳大利亚中学数学竞赛试题及解答(高级卷)1999～2005	2019－05	28.00	1013
天才中小学生智力测验题.第一卷	2019－03	38.00	1026
天才中小学生智力测验题.第二卷	2019－03	38.00	1027
天才中小学生智力测验题.第三卷	2019－03	38.00	1028
天才中小学生智力测验题.第四卷	2019－03	38.00	1029
天才中小学生智力测验题.第五卷	2019－03	38.00	1030
天才中小学生智力测验题.第六卷	2019－03	38.00	1031
天才中小学生智力测验题.第七卷	2019－03	38.00	1032
天才中小学生智力测验题.第八卷	2019－03	38.00	1033
天才中小学生智力测验题.第九卷	2019－03	38.00	1034
天才中小学生智力测验题.第十卷	2019－03	38.00	1035
天才中小学生智力测验题.第十一卷	2019－03	38.00	1036
天才中小学生智力测验题.第十二卷	2019－03	38.00	1037
天才中小学生智力测验题.第十三卷	2019－03	38.00	1038
重点大学自主招生数学备考全书:函数	2020－05	48.00	1047
重点大学自主招生数学备考全书:导数	2020－08	48.00	1048
重点大学自主招生数学备考全书:数列与不等式	2019－10	78.00	1049
重点大学自主招生数学备考全书:三角函数与平面向量	2020－08	68.00	1050
重点大学自主招生数学备考全书:平面解析几何	2020－07	58.00	1051
重点大学自主招生数学备考全书:立体几何与平面几何	2019－08	48.00	1052
重点大学自主招生数学备考全书:排列组合·概率统计·复数	2019－09	48.00	1053
重点大学自主招生数学备考全书:初等数论与组合数学	2019－08	48.00	1054
重点大学自主招生数学备考全书:重点大学自主招生真题.上	2019－04	68.00	1055
重点大学自主招生数学备考全书:重点大学自主招生真题.下	2019－04	58.00	1056
高中数学竞赛培训教程:平面几何问题的求解方法与策略.上	2018－05	68.00	906
高中数学竞赛培训教程:平面几何问题的求解方法与策略.下	2018－06	78.00	907
高中数学竞赛培训教程:整除与同余以及不定方程	2018－01	88.00	908
高中数学竞赛培训教程:组合计数与组合极值	2018－04	48.00	909
高中数学竞赛培训教程:初等代数	2019－04	78.00	1042
高中数学讲座:数学竞赛基础教程(第一册)	2019－06	48.00	1094
高中数学讲座:数学竞赛基础教程(第二册)	即将出版		1095
高中数学讲座:数学竞赛基础教程(第三册)	即将出版		1096
高中数学讲座:数学竞赛基础教程(第四册)	即将出版		1097

刘培杰数学工作室
已出版（即将出版）图书目录——初等数学

书　名	出版时间	定　价	编号
新编中学数学解题方法1000招丛书.实数(初中版)	2022—05	58.00	1291
新编中学数学解题方法1000招丛书.式(初中版)	2022—05	48.00	1292
新编中学数学解题方法1000招丛书.方程与不等式(初中版)	2021—04	58.00	1293
新编中学数学解题方法1000招丛书.函数(初中版)	2022—05	38.00	1294
新编中学数学解题方法1000招丛书.角(初中版)	2022—05	48.00	1295
新编中学数学解题方法1000招丛书.线段(初中版)	2022—05	48.00	1296
新编中学数学解题方法1000招丛书.三角形与多边形(初中版)	2021—04	48.00	1297
新编中学数学解题方法1000招丛书.圆(初中版)	2022—05	48.00	1298
新编中学数学解题方法1000招丛书.面积(初中版)	2021—07	28.00	1299
新编中学数学解题方法1000招丛书.逻辑推理(初中版)	2022—06	48.00	1300
高中数学题典精编.第一辑.函数	2022—01	58.00	1444
高中数学题典精编.第一辑.导数	2022—01	68.00	1445
高中数学题典精编.第一辑.三角函数·平面向量	2022—01	68.00	1446
高中数学题典精编.第一辑.数列	2022—01	58.00	1447
高中数学题典精编.第一辑.不等式·推理与证明	2022—01	58.00	1448
高中数学题典精编.第一辑.立体几何	2022—01	58.00	1449
高中数学题典精编.第一辑.平面解析几何	2022—01	68.00	1450
高中数学题典精编.第一辑.统计·概率·平面几何	2022—01	58.00	1451
高中数学题典精编.第一辑.初等数论·组合数学·数学文化·解题方法	2022—01	58.00	1452
历届全国初中数学竞赛试题分类解析.初等代数	2022—09	98.00	1555
历届全国初中数学竞赛试题分类解析.初等数论	2022—09	48.00	1556
历届全国初中数学竞赛试题分类解析.平面几何	2022—09	38.00	1557
历届全国初中数学竞赛试题分类解析.组合	2022—09	38.00	1558
从三道高三数学模拟题的背景谈起:兼谈傅里叶三角级数	2023—03	48.00	1651
从一道日本东京大学的入学试题谈起:兼谈π的方方面面	即将出版		1652
从两道2021年福建高三数学测试题谈起:兼谈球面几何学与球面三角学	即将出版		1653
从一道湖南高考数学试题谈起:兼谈有界变差数列	2024—01	48.00	1654
从一道高校自主招生试题谈起:兼谈詹森函数方程	即将出版		1655
从一道上海高考数学试题谈起:兼谈有界变差函数	即将出版		1656
从一道北京大学金秋营数学试题的解法谈起:兼谈伽罗瓦理论	2024—10	38.00	1657
从一道北京高考数学试题的解法谈起:兼谈毕克定理	即将出版		1658
从一道北京大学金秋营数学试题的解法谈起:兼谈帕塞瓦尔恒等式	2024—10	68.00	1659
从一道高三数学模拟测试题的背景谈起:兼谈等周问题与等周不等式	即将出版		1660
从一道2020年全国高考数学试题的解法谈起:兼谈斐波那契数列和纳卡穆拉定理及奥斯图达定理	即将出版		1661
从一道高考数学附加题谈起:兼谈广义斐波那契数列	即将出版		1662

刘培杰数学工作室
已出版(即将出版)图书目录——初等数学

书　名	出版时间	定　价	编号
从一道普通高中学业水平考试中数学卷的压轴题谈起——兼谈最佳逼近理论	2024—10	58.00	1759
从一道高考数学试题谈起——兼谈李普希兹条件	即将出版		1760
从一道北京市朝阳区高三期末数学考试题的解法谈起——兼谈希尔宾斯基垫片和分形几何	即将出版		1761
从一道高考数学试题谈起——兼谈巴拿赫压缩不动点定理	即将出版		1762
从一道中国台湾地区高考数学试题谈起——兼谈费马数与计算数论	即将出版		1763
从 2022 年全国高考数学压轴题的解法谈起——兼谈数值计算中的帕德逼近	即将出版		1764
从一道清华大学 2022 年强基计划数学测试题的解法谈起——兼谈拉马努金恒等式	即将出版		1765
从一篇有关数学建模的讲义谈起——兼谈信息熵与信息论	即将出版		1766
从一道清华大学自主招生的数学试题谈起——兼谈格点与闵可夫斯基定理	即将出版		1767
从一道 1979 年高考数学试题谈起——兼谈勾股定理和毕达哥拉斯定理	即将出版		1768
从一道 2020 年北京大学"强基计划"数学试题谈起——兼谈微分几何中的包络问题	即将出版		1769
从一道高考数学试题谈起——兼谈香农的信息理论	即将出版		1770
代数学教程.第一卷,集合论	2023—08	58.00	1664
代数学教程.第二卷,抽象代数基础	2023—08	68.00	1665
代数学教程.第三卷,数论原理	2023—08	58.00	1666
代数学教程.第四卷,代数方程式论	2023—08	48.00	1667
代数学教程.第五卷,多项式理论	2023—08	58.00	1668
代数学教程.第六卷,线性代数原理	2024—06	98.00	1669
中考数学培优教程——二次函数卷	2024—05	78.00	1718
中考数学培优教程——平面几何最值卷	2024—05	58.00	1719
中考数学培优教程——专题讲座卷	2024—05	58.00	1720

联系地址:哈尔滨市南岗区复华四道街 10 号　哈尔滨工业大学出版社刘培杰数学工作室
邮　　编:150006
联系电话:0451－86281378　　13904613167
E-mail:lpj1378@163.com